"十四五"高等教育智能制造专业群新工科新形态系列教材

机械设计基础实践

刘晓瑞◎主　编

荆忠亮　李瑞斌　姚志平◎副主编

中国铁道出版社有限公司

2024年·北京

内 容 简 介

本书为"十四五"高等教育智能制造专业群新工科新形态系列教材之一，旨在培养学生的机械设计能力和实践创新能力。全书按照"新工科建设指南"要求，以创新实践为目的，突出应用性，模块化设计，将课程设计与实验进行组合，以适应当前教学实际需要。

本书共分四篇：第一篇（第 1~6 章）为机械设计基础课程设计指导，主要介绍从整机到零部件的设计，包含设计方案、计算、制图、编制说明书、资料整理和答辩的方法和步骤等；第二篇（第 7~13 章）为机械设计常用标准和规范，整理了新近颁布的国家标准；第三篇（第 14 章）为机械设计实例，以蜗轮-齿轮减速器为例，提供了设计借鉴；第四篇（第 15~25 章）为机械设计基础实验，提供了多个实验项目指导，可供课程实验选用。本书附录部分为参考图例，给出了多种减速器装配图和零件图的参考图例。

本书适合作为高等学校机械工程、机械电子工程、机车车辆工程、交通运输工程、材料成型及控制工程等专业"机械设计""机械原理"等课程的配套教材，也可供相关专业师生和工程技术人员参考。

图书在版编目（CIP）数据

机械设计基础实践 / 刘晓瑞主编. -- 北京：中国铁道出版社有限公司, 2024. 8. --（"十四五"高等教育智能制造专业群新工科新形态系列教材）. -- ISBN 978-7-113-31323-4

Ⅰ. TH122

中国国家版本馆 CIP 数据核字第 2024KL8689 号

书　　名：	机械设计基础实践	
作　　者：	刘晓瑞	
策　　划：	曾露平	编辑部电话：(010) 63551926
责任编辑：	曾露平　包　宁	
编辑助理：	郭馨宇	
封面设计：	郑春鹏	
责任校对：	安海燕	
责任印制：	樊启鹏	

出版发行：中国铁道出版社有限公司（100054，北京市西城区右安门西街 8 号）
网　　址：https://www.tdpress.com/51eds/
印　　刷：河北燕山印务有限公司
版　　次：2024 年 8 月第 1 版　2024 年 8 月第 1 次印刷
开　　本：787 mm×1 092 mm　1/16　印张：17　插页：6　字数：450 千
书　　号：ISBN 978-7-113-31323-4
定　　价：54.00 元

版权所有　侵权必究

凡购买铁道版图书，如有印制质量问题，请与本社教材图书营销部联系调换。电话：(010) 63550836
打击盗版举报电话：(010) 63549461

前　言

本书为"十四五"高等教育智能制造专业群新工科新形态系列教材之一，按照"新工科建设指南"要求，全面落实立德树人根本任务，为培养应用型人才，秉持"学生中心、成果导向、持续改进"的工程教育理念，并结合编者在课程设计和实验的多年教学实践经验总结编写而成，目的是培养学生的机械设计能力和创新实践能力。

本书以创新实践为目的，突出应用性，模块化设计，把课程设计和实验进行组合，实用性更强。本书力求重点突出、表达严谨、图形准确。

本书分四篇，共25章。第一篇（第1～6章）为机械设计基础课程设计指导，主要介绍从整机到零部件的设计，包含设计方案、计算、制图、编制说明书、资料整理和答辩的方法和步骤等；第二篇（第7～13章）为机械设计常用标准和规范，包括常用数据与标准、常用工程材料、轴承、润滑与密封、联轴器、连接零件和电动机；第三篇（第14章）为机械设计实例，以蜗轮-齿轮减速器为例，涵盖了减速器的任务书和设计过程，可供参考借鉴；第四篇（第15～25章）为机械设计基础实验，提供了多个实验项目指导，可供课程实验选用。本书附录部分为参考图例，包括一级减速器装配图3张，二级减速器装配图4张，及轴、齿轮、锥齿轮、蜗轮、蜗杆、箱体、箱盖等零件图8张。

本书一方面可作为"机械设计""机械原理"等课程的配套教材，满足机械设计基础课程设计和课程实验的教学要求；另一方面可作为简明机械设计手册，供有关工程技术人员参考。

本书由山西工程技术学院刘晓瑞任主编，荆忠亮、李瑞斌、姚志平任副主编。具体编写分工如下：檀瑞龙编写第1、2、14章、附录A装配图，柴华逸编写第3章，李亮编写第4～6章、附录A零件图，李江编写第7～8章，荆忠亮编写第9章，李瑞斌负责编第10章，葛晓峰编写第11～13章，姚志平编写第15章，冯立军编写第16章，刘晓瑞编写第17～25章。同时担任本书审核和指导的有山西工程技术学院路亮（负责第一篇、第四篇）和阳泉市阀门股份有限公司韩晓君（负责第二篇、第三篇）。

在本书的编写过程中，参阅了一些同类论著，在此特向其作者表示衷心的感谢，同时本书也得到了相关学者、同事及责任编辑的大力支持和帮助，在此一并表示衷心的感谢。

由于编者水平有限，书中不妥之处在所难免，敬请读者批评指正。

编　者

2024 年 5 月

目 录

第一篇 机械设计基础课程设计指导

第1章 概 述 ……………………… 2
1.1 机械设计基础课程设计的目的 … 2
1.2 机械设计基础课程设计的内容 … 2
1.3 机械设计基础课程设计的步骤 … 3
1.4 机械设计基础课程设计中应注意的问题 …………………………… 4
1.5 计算机辅助设计绘图 …………… 5
思考题 ………………………………… 6
拓展阅读 ……………………………… 6

第2章 机械传动装置总体设计 ……… 8
2.1 传动装置的方案拟定 …………… 8
2.2 电动机的选择 …………………… 11
2.3 传动比的计算与分配 …………… 13
2.4 计算传动装置的运动和动力参数 …………………………… 14
2.5 减速器外传动件的设计 ………… 16
2.6 减速器内传动件的设计 ………… 17
思考题 ………………………………… 17

第3章 减速器装配图设计 …………… 18
3.1 概述 ……………………………… 18
3.2 减速器装配草图设计及绘制 …… 19
3.3 轴的结构设计 …………………… 20
3.4 轴、轴承及键的校核计算 ……… 26
3.5 轴系部件的结构设计 …………… 28
3.6 减速器箱体的结构设计 ………… 33
3.7 减速器的附件 …………………… 38
3.8 装配图图面要求 ………………… 43
思考题 ………………………………… 45

第4章 减速器零件图设计 …………… 46
4.1 对零件图的要求 ………………… 46
4.2 轴类零件图设计 ………………… 47
4.3 齿轮类零件图设计 ……………… 51
4.4 箱体类零件图设计 ……………… 53
思考题 ………………………………… 55
拓展阅读 ……………………………… 56

第5章 设计计算说明书、设计总结和答辩 ………………………… 57
5.1 设计计算说明书的内容 ………… 57
5.2 设计计算说明书的要求和注意事项 ……………………………… 58
5.3 设计计算说明书的书写格式示例 ……………………………… 58
5.4 设计总结 ………………………… 59
5.5 设计资料整理及答辩 …………… 60
思考题 ………………………………… 61

第6章 机械设计基础课程设计题目 … 62
题目1 设计用于带式输送机的传动装置 ……………………………… 62
题目2 设计用于搅拌机的传动装置 ……………………………… 65
题目3 设计用于起重机的传动装置 ……………………………… 66
题目4 设计用于简易卧式铣床的传动装置 ……………………………… 67
题目5 设计螺旋输送机的传动装置 ……………………………… 67
题目6 设计用于滚筒式冷渣机的传动装置 ……………………………… 68
题目7 设计用于刮板式捞渣机的传动装置 ……………………………… 69

第二篇 机械设计常用标准和规范

第7章 常用数据和一般标准 ………… 72
7.1 常用数据 ………………………… 72
7.2 一般标准 ………………………… 74

第8章 材料 ········· 86
- 8.1 黑色金属材料 ········· 86
- 8.2 有色金属材料 ········· 93

第9章 滚动轴承 ········· 97
- 9.1 常用滚动轴承 ········· 97
- 9.2 滚动轴承的配合 ········· 107

第10章 润滑与密封 ········· 109
- 10.1 润滑剂 ········· 109
- 10.2 润滑装置 ········· 111
- 10.3 密封装置 ········· 113

第11章 联轴器 ········· 116
- 11.1 联轴器轴孔和连接形式 ········· 116
- 11.2 刚性联轴器 ········· 117
- 11.3 挠性联轴器 ········· 118

第12章 连接零件 ········· 127
- 12.1 螺纹 ········· 127
- 12.2 螺栓、螺柱、螺钉 ········· 130
- 12.3 螺母、垫圈 ········· 137
- 12.4 挡圈 ········· 146
- 12.5 螺纹零件的结构要素 ········· 149
- 12.6 键、花键 ········· 151
- 12.7 销连接 ········· 153

第13章 电动机 ········· 155
- 13.1 Y系列三相异步电动机的技术参数 ········· 155
- 13.2 Y系列电动机的安装代号 ········· 156
- 13.3 Y系列电动机的安装及外形尺寸 ········· 157

第三篇 机械设计实例

第14章 机械设计实例 ········· 162
- 14.1 机械设计课程设计任务书 ········· 162
- 14.2 机械设计课程设计计算说明书 ········· 163

第四篇 机械设计基础实验

第15章 平面机构运动简图测绘实验 ········· 194
- 思考题 ········· 196
- 拓展阅读 ········· 196

第16章 智能硬支撑动平衡实验 ········· 198
- 思考题 ········· 201

第17章 螺栓连接实验 ········· 202
- 17.1 单螺栓连接静、动态特性实验 ········· 202
- 17.2 螺栓组连接实验 ········· 206
- 思考题 ········· 211
- 拓展阅读 ········· 211

第18章 渐开线齿轮范成原理实验 ········· 212
- 思考题 ········· 214

第19章 渐开线齿轮及其啮合参数测定实验 ········· 215
- 19.1 渐开线直齿圆柱齿轮几何参数测定实验 ········· 215
- 19.2 渐开线齿轮啮合传动实验 ········· 219
- 思考题 ········· 224
- 拓展阅读 ········· 224

第20章 机构运动创新设计实验 ········· 226
- 思考题 ········· 235

第21章 轴系结构的测绘与分析实验 ········· 236
- 思考题 ········· 241

第22章 减速器的结构分析与拆装实验 ········· 242
- 思考题 ········· 244

第23章 机械设计创意组合实验 ········· 245
- 思考题 ········· 251

第24章 机构传动性能综合测试实验 ········· 252
- 思考题 ········· 259

第25章 滚动轴承性能实验 ········· 260
- 思考题 ········· 265
- 拓展阅读 ········· 265

参考文献 ········· 266

附录A 参考图例

第一篇
机械设计基础课程设计指导

第1章 概 述

导读：

机械设计基础课程设计是在学习相关课程后进行的综合性训练，整个课程设计过程涉及大量专业性知识。本章主要介绍机械设计基础课程设计的目的、内容、步骤和注意事项，为后续进行课程设计做好准备。

学习目标：

1. 应用、巩固相关课程的理论和生产知识，培养学生的实际设计能力；
2. 了解课程设计的目的，掌握设计内容和设计步骤，能够在实践中灵活应用，并积累相关设计实践经验。

1.1 机械设计基础课程设计的目的

机械设计基础课程设计是机械专业学生在完成"机械原理""机械设计"等专业课程基础理论知识学习后进行的综合实践训练，通过该课程培训学生进行较为完整、系统的机械设计工作，为后续的毕业设计奠定基础。机械设计基础课程设计的课程学习应达到以下培养目的：

（1）培养学生对知识的综合运用能力。通过对专业基础课程和基础知识的整合与灵活应用，能够对生产生活中的实际问题进行分析并提出相应的解决方法，进一步巩固提升学生的机械设计能力。

（2）培养学生完整、系统的机械设计能力。通过对常见机械的传动系统、机械结构的设计，使学生了解整个设计流程与设计思路，进而培养学生完整、系统性的机械设计能力。

（3）培养学生自主学习能力，增强创新意识。在整个机械设计过程中涉及大量标准、规范、论文等相关资料的查阅和使用，学生通过查阅资料和计算数据完成课程设计，锻炼自主学习能力，同时能够积累相关知识，进一步深化完善自己的知识结构体系，提升创新意识。

1.2 机械设计基础课程设计的内容

机械装备一般由动力系统、传动系统、控制系统、执行系统和辅助系统等组成，整个装备的硬件部分均需进行设计计算。其中传动系统目前绝大多数采用以减速器为主的传动方式，减速器中涉及专业基础课程中的大量零部件设计，如圆柱齿轮、锥齿轮、蜗轮蜗杆，以及与之配套的带传动、链传动等，十分具有代表性。图1-1所示为带式输送机的传动装置及结构简图，可见减速器为传动系统的核心，由齿轮传动构成。

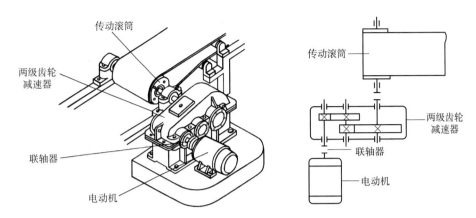

图 1-1 带式输送机传动装置及结构简图

机械设计基础课程设计包括以下内容:
(1) 传动装置的方案设计和总体设计。
(2) 各传动零件的设计。
(3) 减速器装配图和零件图的设计。
(4) 设计计算说明书的编写和答辩。

在整个课程设计过程中每个学生应完成以下工作量:
(1) 绘制 1 张减速器装配图（A0 或 A1 大小）。
(2) 绘制 1~2 张齿轮或轴的零件图（A2 或 A3 大小，可手绘）。
(3) 编写设计计算说明书 1 份。
(4) 配套三维建模 1 份（装配体，选做）。

1.3 机械设计基础课程设计的步骤

进行机械设计基础课程设计，首先根据设计要求，结合实际应用场景分析设计对象的传动方案，再根据传动要求如输入/输出转速、转矩等对传动零部件、轴、齿轮等进行计算，然后进行传动机构的设计，最后绘图，整理整个设计计算过程，完成设计说明书，作为最终传动系统的设计依据。在整个设计过程中会有很多因素对设计结果产生影响，这需要设计人员不能只以计算结果作为唯一设计依据，还需要多方考虑。整体设计过程需要边计算、边作图、边修改逐步完成。机械设计基础课程设计的主要步骤见表 1-1。

表 1-1 进行机械设计基础课程设计的步骤

步骤	内容	备注
1. 前期准备	(1) 熟悉设计要求，明确具体参数条件和设备使用环境； (2) 查阅相关资料、视频，或实地考察了解设计对象的工作原理和当前的实际应用结构组成； (3) 准备与设计过程有关的资料，如设计标准、选型手册、绘图工具等，复习与设计相关的专业性课程内容，包括机械设计和机械原理等	

续表

步　骤	内　容	备注
2. 方案制定	（1）制订设计计划； （2）制定传动系统的传动方案	
3. 传动系统设计	（1）选择动力源。根据传动要求计算动力源大小，选择合适的设备，一般选择电动机作为动力源，应确定电动机的类型、型号； （2）传动设备的设计，根据传动的速度、扭矩或功率确定合适的传动比，并进行合理分配	
4. 传动装置设计计算	（1）传动轴设计，包括功率、转速、转矩等； （2）传动轴上齿轮、蜗轮、键等的设计； （3）减速器外部的带传动、链传动等设计	
5. 装配图设计	（1）选择标准件联轴器、轴承等，结合轴的传动计算，初步确定轴的直径； （2）结合齿轮、轴的计算结果确定减速器的结构（设计减速器结构时应注意考虑安装位置是否有要求）； （3）确定轴的承重位置，注意受力点和整个轴的长度，对轴进行扭矩、弯矩、寿命校核； （4）根据最终轴的设计结果对齿轮等零件进行设计	
6. 绘制装配图	（1）对减速器箱体及其相应附件机构进行设计并绘制； （2）标注尺寸、配合和序号； （3）撰写技术要求、明细栏、标题栏等	
7. 绘制零件图	（1）单个零件的绘制； （2）标注尺寸、粗糙度、公差要求等； （3）撰写技术要求、标题栏等	
8. 整理设计说明书	（1）整理整个设计计算过程，按设计内容和格式要求撰写设计说明书； （2）整理所有设计资料，包括图纸、说明书等	
9. 绘制三维建模	根据设计结果绘制三维模型，组建三维实体动画	

1.4　机械设计基础课程设计中应注意的问题

机械设计基础课程设计作为学生首次进行的较为完整的设计工作，具有一定的挑战性。为更好地完成设计任务，掌握整体设计的方法技能，完成教学目标，设计过程有以下几方面需要引起注意。

1. 参考与创新

设计是针对特定环境、特定要求进行的工作，可以通过文献、视频或现场实际考察了解同类型设备系统的组成，并进行参考分析。在借鉴学习的同时应注意设计任务的具体要求，做到继承与发扬，勇于创新，而不是生搬硬套他人的设计成果。

2. 理论计算与最终结构设计和尺寸选择

根据给定的技术参数，通过计算能得到零件的尺寸，但是一个零件的最终尺寸还与使用材料、结构、布局和工艺有关，应该进行综合考虑。例如，轴与联轴器的连接，根据需要传动的转矩，计算出轴端的最小直径应取 19 mm，但联轴器选择时考虑互换性，选择的标准件内孔径为 22 mm，此时应将轴端的直径调整为与联轴器相配合的尺寸，即轴端直径为 22 mm，而不是采用计算的结果。

3. 零件结构设计要注意实际的生产加工情况

进行零件设计时，要注意在不影响系统的情况下兼顾加工情况。例如，如果是大批量的制造，优先选用铸造，小批量或者单件时可选择锻造。同时，零件的设计要考虑是否便于加工，应尽可能减小加工面积和加工表面数量。

4. 箱体结构设计时注意考虑安装及后期维护

箱体设计时应注意安装位置是否足够，预留的窥视孔能否满足设备在箱体内安装的要求。例如，箱体和零件外形上都没有问题，但是零件装到箱体内无法安装到位，原因就是前期设计考虑不足。

5. 标准件的使用

设计过程中，应严格遵守国家颁布的相关标准与技术规范。遵循标准化、通用化和系列化原则，达到保证互换性、减少成本的目的。设计时，标准件的尺寸应严格符合标准规定，尽量减少规格的数量和种类，使用市场上的通用标准件可实现既降低成本又方便使用、维护的目的。

6. 图文匹配

最终的设计说明书与图纸要做到严格对应，在设计过程中，会出现边计算、边绘图、边修改的情况，绘制完图纸后，涉及计算的部分应重新进行校核计算，确保正确性和对应性。同时注意计算正确、书写规范。

7. 独立自主

整个设计过程应该在老师的指导下独立完成，学生应充分发挥主观能动性，积极主动完成课程设计内容，巩固专业基础知识的同时，做到融会贯通，为后续毕业设计等综合性设计做好准备工作。

1.5 计算机辅助设计绘图

计算机辅助设计绘图是指在设计过程中使用计算机进行设计计算与绘图，包括二维工程图、三维模型和有限元分析等。目前使用较为广泛的二维和三维绘图软件有 CAXA、UG、AutoCAD、Solidworks、Pro/Engineer 等。

在机械设计基础课程设计中，可以通过手工计算、手工绘图的方式，也可以通过计算机设计并绘图的方式完成设计。使用计算机进行设计时，一般过程是：根据要求确定参数—建立数学模型—性能分析—结构设计—有限元分析修正—绘制工程图。使用计算机设计绘图时应注意以下几点：

（1）选择合适的软件。应尽量选择使用范围广的软件，如 AutoCAD、Solidworks 等，能够提供丰富的绘图和建模工具、具备仿真功能、可以进行机构分析。

（2）绘图过程中应注意标准与规范。以 AutoCAD 为例，绘制二维图纸时，应注意图层、颜色、线型、线宽的选择和设置（见表 1-2），字体的大小与使用的图幅应相适应（见表 1-3）。

表1-2　图层、颜色、线型的设置

序号	描　述	图　例	线　型	颜　色	含　义
01	粗实线	——————	CONTINUOUS	白色	可见轮廓线
02	细实线	——————	CONTINUOUS	绿色	尺寸线、尺寸界限、剖面线、引出线
03	虚线	– – – – – –	DASHED	黄色	不可见的轮廓线
04	细点画线	—·—·—·—	CENTER	红色	轴线、对称中心线
05	粗点画线	—·—·—·—	Long-dash dot	棕色	
06	双点画线	—··—··—··	DIVIDE	紫色	假想投影轮廓线、中断线
07	文字	KING	CONTINUOUS	绿色	

表1-3　字体与图幅的匹配关系　　　　　　　　　　　　　　　　　　　　　　单位：mm

图幅	A0	A1	A2	A3	A4
汉字（一般使用仿宋，GB/T 2312）	$h=5$			$h=3.5$	
字母与数字（一般使用斜体，ISOPC.SHX 字体）					

注：h 为汉字、字母、数字的高度，其中公差应小一号，零件序号等应大一号。

（3）注意整体与局部。绘图时应从整体分析设计，但也要注意局部细节，严格按比例尺进行绘制并计算零件尺寸，针对细节部分应考虑周全，零部件要绘制完整，以避免整体结构完整，但是局部结构设计不完善的情况发生。

（4）分析应完整全面。对零部件结构进行有限元分析时，应考虑其实际约束和所受载荷，受力点分布应符合实际情况，且不能出现遗漏，根据最终的分析结果对设计进行校核修正。

（5）使用 CAD 绘图比手工绘图具有更多优点，但计算机屏幕较小，绘制时不能直观全图，需要注意结构设计的整体性。

思　考　题

1. 综合性设计过程会用到哪些基础性课程？
2. 可以通过哪些方法收集相关设计资料？
3. 设计过程中如何对待创新？
4. 机械设计基础课程设计过程可以分成哪几个阶段，分别需要注意什么？
5. 机械设计基础课程设计为什么要统一标准和规范？

拓　展　阅　读

国际标准体系是国际技术交流的纽带，标准和图样的标准化水平会影响国家在竞争中的战略地位。如一些发达国家利用标准化进行技术垄断，以标准化为武器设置技术壁垒，在高新技术领域尤为突出。因此，标准成为企业竞争的利器，谁掌握了标准，谁就掌握了话语权和竞争的主动权。

当前，我国标准化发展已取得重大成就，如传统机床行业国际标准指定的话语权掌握在欧美发达国家手里，但中国航空工业对机床的薄弱环节进行攻关，建立了五轴加工中心的检测准则和精度的调试方法准则，于2012年首次提出了《高档数控机床S试件检测标准》并获得通过，为我国在国际机床标准化组织中的话语权做出了贡献。

标准的制定是国家综合实力的体现，既不能妄自菲薄更不能崇洋媚外，须知提升国际竞争力要靠自主探索、自主创新，"等、靠、要"是行不通的。必须明白每项标准的制定都是来之不易的，其背后都有一群默默为国奉献的科技工作者，他们是国家发展的中流砥柱和坚挺脊梁。作为青年学生要有学习热情、责任感和使命感，要怀揣科技报国的信心，为成为中国科技工作者而努力学习。

第 2 章 机械传动装置总体设计

导读：

机械装备通常包含动力系统、传动系统、控制系统、执行系统和辅助系统五部分。其中传动系统将动力系统和执行系统衔接在一起，通过将动力系统输出的力或速度进行调整后传递到执行系统，传动系统的好坏直接影响着整个系统效率的高低。因此传动系统的传动装置设计是整个机械设计中很重要的一部分。机械传动装置总体设计包括传动方案拟定、电动机的选择、传动比的计算与分配、零部件的设计、计算与校核。

学习目标：

1. 能够综合应用专业知识进行传动方案的设计，掌握基本选型和计算方法；
2. 了解设计过程和具体零部件设计要点及注意事项；
3. 熟悉并运用设计资料，具有运用标准、规范、手册及其他有关技术资料的能力、计算能力和绘图能力。

2.1 传动装置的方案拟定

传动装置通常包括链传动、带传动、齿轮传动、蜗杆传动等，应用时可单独使用其中一种或进行组合使用，具体要根据实际需求确定。传动装置起到传递运动和动力的作用，并在传递过程中能够改变运动的方式、速度、转矩等，在很大程度上决定了系统的效率和质量，对整套设备的性能和品质起着决定性作用。常用的传动装置及其性能见表 2-1。

表 2-1 常用传动装置及其性能

传动形式		效率 η	速度 $v/(m/s)$	功率 P/kW		寿 命
				常用值	最大值	
带传动	平带	0.94~0.98	≤60	≤20	3 500	带轮的直径较大时，寿命较长。普通 V 带寿命为 3 500~5 000 h
	V 带	0.90~0.94	≤25~30	≤40	500	
	同步带	0.96~0.98	≤50	≤10	100	
齿轮传动	圆柱齿轮	闭式 0.96~0.99 开式 0.94~0.96	7 级精度≤25 5 级精度斜齿≤130		直齿≤750 斜齿、人字齿 ≤50 000	润滑和密封好时，寿命可达到数十年
	圆锥齿轮	闭式 0.94~0.98 开式 0.92~0.95	直齿<5 曲齿 5~40		直齿 1 000	
蜗杆传动		闭式 0.7~0.92 开式 0.5~0.7	≤15	≤50	750	精度和润滑较好时，寿命较长
链传动		闭式 0.95~0.97 开式 0.90~0.93	≤20 最大 30~40	≤100	3 500	链条寿命为 5 000~15 000 h

进行传动装置方案设计时，如果设计任务中已确定传动方案，则需要根据已有方案进行设计计算，论证其合理性和优缺点，在现有基础上进行设计和优化。否则应当从多方面进行考虑，首先要考虑满足机械设备的使用要求、性能要求和工作环境；此外设计的传动装置还应该具备效率高、故障少、结构简单、尺寸合适、安装简单、加工制造成本低、维护便捷等特点。同时满足以上要求是较为困难的，在设计时，应先尽可能提出各种方案，通过对比分析确定最优解，最后选出最优设计方案，然后继续进行具体设计。

传动装置方案设计一般有以下原则：

1）合理选择传动形式

功率大小：小功率传动应尽可能选择结构简单、成本低的传动，如带传动、链传动，尽可能降低制造难度、降低成本；大功率传动考虑其能耗，应优先选择效率高的传动，如齿轮传动，降低运行成本。

安装空间：要求尺寸紧凑时，应优先考虑使用齿轮、蜗轮蜗杆以及行星齿轮传动。

环境恶劣：工作环境存在高温、潮湿、粉尘等情况时，应尽可能使用齿轮传动，避免使用带传动。

传动比：适合对传动比有严格要求的场所，如果是小功率，可以考虑使用同步带传动；如果是大功率应优先使用齿轮传动、蜗杆传动、链传动，不能使用带传动。

变速要求：当存在有级变速时，可选择使用圆柱齿轮传动，能够直接进行换挡并实现有级变速；如果是无级变速，可采用机械无级变速或液压无级调速、电力无级调速。

2）传动链的选择

在保证设备满足使用要求的情况下，传动装置的传动链应尽可能简短，结构尽可能简单，有利于降低成本、方便维护、提高效率、提升可靠性。

3）传动装置的各级顺序安排

在传动系统中，各级的传动先后顺序应当安排合理。一般原则是：带传动具有过载保护和缓冲吸振的作用，一般安排在传动装置的起始位置，与电动机相连接；斜齿轮和人字齿轮传动平稳，一般安排在高速端，直齿轮安排在低速端。

4）安全与经济性

在某些传动系统中，应当注意过载导致的设备损坏，考虑设计相应的安全保护装置。如推土机传动系统在过载时应具备安全离合器防止过载。传动方案应从设计制造、能源、管理和维护等方面整体考虑，尽可能降低费用。

传动装置由减速器和减速器外传动件组成，减速器外传动件包括带传动、链传动、开式齿轮及联轴器，常用减速器的类型和特点见表2-2。

表 2-2　常用减速器的类型和特点

类　型	示　意　图	特　点
一级圆柱齿轮减速器		传动比一般选择 3~6，齿轮可以为直齿、斜齿或人字齿，选择斜齿时存在轴向力。结构简单、效率高、传动功率大、应用广泛。轴线可根据使用要求布局为水平或立式
二级圆柱齿轮减速器	（展开式） （分流式） （同轴式）	传动比一般选择 8~40，齿轮可以为直齿、斜齿或人字齿。展开式因其结构的不对称性，轴承布局不对称，要求轴的刚度要好；分流式为对称布局，载荷分布均匀，承载力大，常用于大功率、变载荷场合；同轴式减少了长度方向的尺寸，但是轴向尺寸增加，中间轴较长，刚性较差
一级锥齿轮减速器		传动比一般为 2~3，齿轮可以为直齿、斜齿或曲齿。两轴相交传动，一般夹角为 90°。存在轴向力，轴承选择应能够承受轴向力
二级锥-圆柱齿轮减速器		传动比一般为 10~25，为便于加工，将锥齿轮位于高速级，低速级一般选择斜齿轮，能够抵消一部分锥齿轮产生的轴向力，同时传动更加平稳
一级蜗杆减速器		传动比一般为 10~40，具有结构简单、尺寸紧凑的特点。但是效率较低，发热较为严重，不适用于大功率场合，适用于传送轴交错的场合。一般蜗杆的圆周速度小于 4 m/s 时，蜗杆采用下置；大于 4 m/s 时采用上置，蜗杆位于顶部

续表

类　　型	示　意　图	特　　点
蜗杆-齿轮减速器	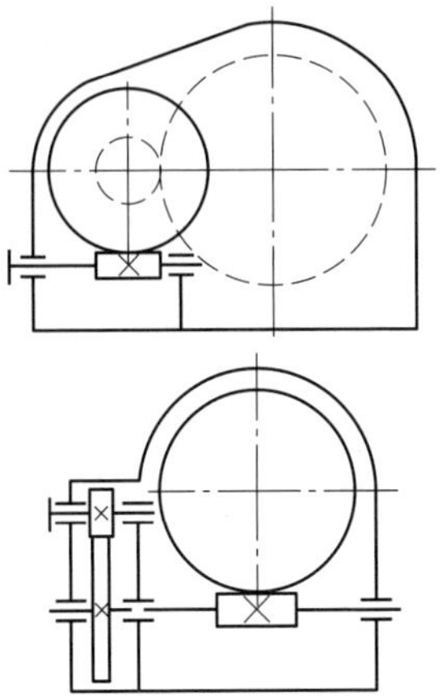	传动比一般为 10~40，蜗杆在高速级时传动效率较高，在低速级时结构更小
渐开线行星齿轮减速器	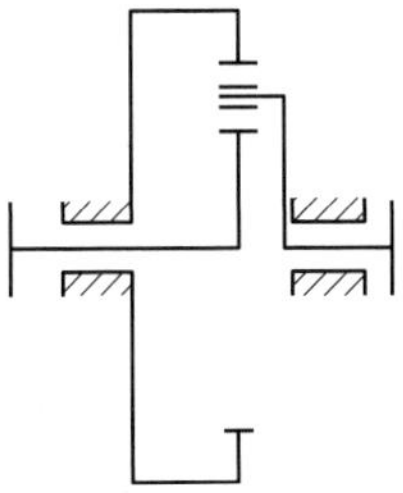	传动比一般为 10~40，具有体积小、效率高、工作平稳等特点，传递功率范围大，应用广泛

2.2　电动机的选择

电动机是将电能转化为机械能的设备，电动机提供动力将电能通过传动装置传递到执行装置。电动机的种类繁多，在机械设计基础课程设计时应当根据实际需要的使用要求、环境、负荷等选择合适的电动机。

1. 电动机种类

电动机按用途不同可以分为驱动用电动机和控制用电动机。驱动用电动机一般用于驱动各式生产机械，如水泵、风机、皮带传动机等；控制用电动机一般用于生产机械的运动控制，可大致分为伺服电动机和步进电动机，广泛应用于各类自动化生产线和高精度加工机床上，可通过控制器控制电流和电压信号直接快速地控制电动机的运动状态。

电动机按电源使用的不同可以分为交流电动机和直流电动机，按电压的不同可以分为单相电动机和三相电动机，按运转特性的不同可以分为同步电动机和异步电动机。同步电动机在运行时的转子转速与定子中旋转磁场的转速相同，异步电动机则不同，转子转速要小于定子中旋转磁场的转速。

不同的使用场景对电动机的要求也不一样。在选择电动机时应综合考虑各方面的需要，如转矩、转速、使用环境、启动和制动、负载类型等。一般在没有特殊要求时，可以选择三相异步电动机，其具有价格低廉、维护简单、应用广泛的优点。

2. 能效

为响应目前低碳环保、节约能源的要求，在选择电动机时应优先选择能效等级高的电动机，如 YE2 和 YE3 系列的三相异步电动机。

3. 功率

电动机功率选择应当合适，选择过大，电能浪费严重；选择过小，电动机运行时会出现过载损坏。电动机的额定功率应等于或略大于生产设备所需要的功率。生产设备需要的功率计算方式为

$$P_w = \frac{F_w v_w}{1\,000 \eta_{总}} \tag{2-1}$$

或

$$P_w = \frac{T_w n_w}{9\,550 \eta_{总}} \tag{2-2}$$

式中　F_w——生产设备的工作阻力，N；

　　　v_w——生产设备的线速度，m/s；

　　　T_w——生产设备的阻力矩，N·m；

　　　n_w——生产设备的轴转速，r/min；

　　　$\eta_{总}$——生产设备的机械传动效率，见表 2-1。

传送系统的效率 $\eta_{总}$ 应等于各部分效率的乘积（传动系统是串联），即

$$\eta_{总} = \eta_1 \eta_2 \eta_3 \cdots \eta_n \tag{2-3}$$

在查表选择效率时，应注意选择中间值，如果是使用环境条件差、不宜维护的场景应选择效率偏小值。

由式（2-1）、式（2-2）、式（2-3）可知生产设备需要的功率为

$$P_d = \frac{P_w}{\eta_{总}} \tag{2-4}$$

在选择电动机时，电动机功率应大于或等于该计算结果 P_d。

4. 结构型式

现场使用环境的优劣会对电动机的结构产生影响，电动机结构型式一般分为以下四类：

（1）基础防护型电动机：防护等级 IP23，能够防止水滴、杂物等进入电动机内，适用于一般性场合。

（2）封闭型电动机：防护等级 IP44，外部完全封闭，无通风孔，适用于灰尘多、潮湿、腐蚀性气体等场合。

（3）密封型电动机：防护等级 IP68，密封等级高，气体和液体均不能进入，适用于液体环境，如潜水泵电动机。

（4）防爆型电动机：完全密封且机械强度高，适用于易燃易爆场所，如煤矿、油气场等。

5. 其他

选择电动机时应考虑功率和现场的使用电压，一般使用 380 V，功率较大时可选择

3 kV、6 kV 和 10 kV。

在选择电动机的转速时，应考虑是否有减速器，以及实际运行的转速进行综合考虑，课程设计时优先考虑转速为 1 500 r/min 和 3 000 r/min。

最后，根据选定的电动机类型、功率、转速等参数选定具体的电动机型号。

2.3 传动比的计算与分配

在电动机选定后，根据电动机的满载转速 n_m 和执行机构的转速 n_w 即可确定出传动装置的总传动比，即

$$i = \frac{n_m}{n_w} \tag{2-5}$$

式中　n_m——电动机的满载转速，r/min；
　　　n_w——执行机构的转速，r/min。

在多级传动装置中，总传动比为

$$i = i_1 i_2 i_3 \cdots i_n \tag{2-6}$$

其中，i_1，i_2，i_3，…，i_n 为各级传动装置的传动比。

是否能够合理地对总传动比进行分配，对传动装置的传动级数、结构布局、轮廓尺寸、润滑状态和动力传递有很大影响。传动比的分配需要注意以下几点：

（1）单级传动比不应过大，否则会导致结构尺寸较大，如图 2-1 所示，V 带传动的带轮外圆半径大于齿轮减速器的中心高，造成齿轮不协调或安装困难。传动比的选择应尽可能使用推荐范围内的传动比，见表 2-3。

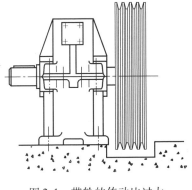

图 2-1　带轮的传动比过大

表 2-3　传动装置推荐传动比

传动类型	传动比
摩擦轮传动	≤7 ~ 10
平带传动	≤5
V 带传动	≤7
同步带传动	≤10
锥齿轮传动	2 ~ 3
蜗轮蜗杆传动	10 ~ 40
链传动	≤5 ~ 8
圆柱齿轮传动	3 ~ 5

（2）传动装置结构尺寸应尽可能小，以减轻重量，同时需要注意各级传动之间不能产生干涉。如图 2-2 所示，展开式二级圆柱齿轮减速器中，高速级传动比过大，导致高速级的大齿轮齿顶圆与低速级的输出轴相干涉。

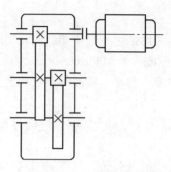

图 2-2　高速级大齿轮与低速级输出轴干涉

（3）齿轮传动时，特别是存在两级以上的大齿轮传动，应注意为保证齿轮能浸入润滑油中，各大齿轮的直径应相近。如图 2-3 所示，方案 1 中两个大齿轮直径相差不大，浸油深度基本相同，结构较为紧凑；方案 2 中两个大齿轮的浸油深度不同，整体尺寸也较大。

实际选择可参考以下数值：

展开式二级圆柱齿轮减速器：$i_1 \approx (1.3 \sim 1.5) i_2$；

同轴式二级圆柱齿轮减速器：$i_1 \approx i_2$；

圆锥圆柱齿轮减速器：$i_1 \approx 0.25 i_2$；

齿轮蜗杆减速器：$i_1 \approx (0.03 \sim 0.06) i_2$；

二级蜗杆减速器：$i_1 \approx i_2$。

各级传动比确定后，实际进行传动装置设计时，传动比实际数值由齿轮齿数或带轮直径确定，会与设计值存在一定偏差，一般允许的传动比误差为 ±3% ~ ±5%。

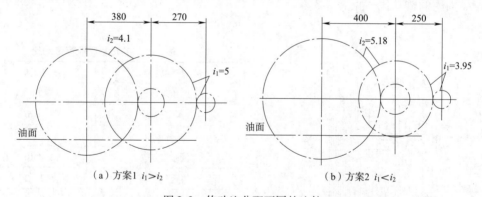

图 2-3　传动比分配不同的比较

2.4　计算传动装置的运动和动力参数

传动装置的运动和动力参数，主要是指各轴的转速、功率和转矩，是进行传动零件设计计算的重要依据。可将电动机轴编号为 0 轴，减速器中由输入轴至输出轴依次编号为Ⅰ轴、Ⅱ轴等，再按顺序依次计算。图 2-4 所示为提升机传动装置（二级展开式圆柱齿轮减速器），有三根轴，其参数计算方式如下。

1. 转速（n）

$$\left.\begin{array}{l}n_{\mathrm{I}}=n_{\mathrm{m}}\\ n_{\mathrm{II}}=n_{\mathrm{I}}/i_{\mathrm{I}}\\ n_{\mathrm{III}}=n_{\mathrm{II}}/i_{\mathrm{II}}\\ n_{卷}=n_{\mathrm{III}}\end{array}\right\} \tag{2-7}$$

其中，n_{m} 表示电动机满载运动的转速，单位为 r/min；n_{I}、n_{II}、n_{III} 分别为轴 I、II、III 的转速，单位为 r/min；$n_{卷}$ 为卷筒的转速，单位为 r/min；i_{I}、i_{II} 分别为轴 I 与轴 II、轴 II 与轴 III 的传动比。

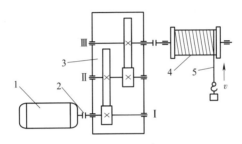

1—电动机；2—联轴器；3—减速器；4—卷筒；5—钢丝绳。

图 2-4 提升机传动装置

2. 机械效率（η）

传动装置中，总的机械效率为各个传动效率的乘积，各个传动效率包含轴承、联轴器及各级传动（如齿轮传动、链传动、带传动等）。该提升机传动装置的总体机械效率 $\eta_{总}$ 为

$$\eta_{总}=\eta_1\eta_2\eta_{轴承1}\eta_{轴承2}\eta_{轴承3}\eta_{联1}\eta_{联2} \tag{2-8}$$

其中，η_1、η_2 为两级齿轮的效率；$\eta_{轴承1}$、$\eta_{轴承2}$、$\eta_{轴承3}$ 为每对轴承的效率；$\eta_{联1}$、$\eta_{联2}$ 为两个联轴器的效率。

3. 功率（P）

$$\left.\begin{array}{l}P_{\mathrm{I}}=P_{\mathrm{d}}\eta_{联1}\\ P_{\mathrm{II}}=P_{\mathrm{I}}\eta_1\eta_{轴承1}\\ P_{\mathrm{III}}=P_{\mathrm{II}}\eta_2\eta_{轴承2}\\ P_{卷}=P_{\mathrm{III}}\eta_{轴承3}\eta_{联2}\end{array}\right\} \tag{2-9}$$

其中，P_{d} 为电动机的输出功率，单位为 kW；P_{I}、P_{II}、P_{III}、$P_{卷}$ 分别为 I、II、III、卷筒轴的输入功率，单位为 kW。

4. 转矩（T）

$$\left.\begin{array}{l}T_{\mathrm{d}}=9\,550\dfrac{P_{\mathrm{d}}}{n_{\mathrm{m}}}\\ T_{\mathrm{I}}=T_{\mathrm{d}}\eta_{联1}\\ T_{\mathrm{II}}=T_{\mathrm{I}}i_{\mathrm{I}}\eta_1\eta_{轴承1}\\ T_{\mathrm{III}}=T_{\mathrm{II}}i_{\mathrm{II}}\eta_2\eta_{轴承2}\\ T_{卷}=T_{\mathrm{III}}\eta_{轴承3}\eta_{联2}\end{array}\right\} \tag{2-10}$$

其中，T_d 为电动机的输出转矩，单位为 N·m；$T_Ⅰ$、$T_Ⅱ$、$T_Ⅲ$、$T_卷$ 分别为轴Ⅰ、轴Ⅱ、轴Ⅲ、卷筒轴的输入转矩，单位为 N·m。

2.5　减速器外传动件的设计

传动装置进行设计计算时，如果有减速器外传动件，应当注意计算的先后顺序，当存在带传动时，由于其具有缓冲、吸振作用，一般布置在高速级与电动机相连，应先确定带传动的传动比（根据带轮的直径确定），再进行减速器传动比的设计（由齿轮齿数确定），可以减少整套传动装置传动比的误差；当存在链传动时，由于其具有传动时瞬时速度不均匀、平稳性差、噪声较大等特点，一般位于低速级，与减速器和执行装置相连，计算时应先进行减速器的设计，确定传动比后再进行链传动的设计，这样可以修正通过链传动的传动比，减少整套传动装置传动比的误差。

减速器外传动件的具体设计计算方法，可见相关机械设计教材。本书仅针对课程设计中需要注意的问题进行说明。

1. 带传动

带传动设计需要确定带的型号、数量、长度、轴间距、带轮材质、直径等参数。应注意以下几点：

（1）带轮的外形尺寸大小。电动机端的小带轮外圆半径不应大于电动机的中心高，大带轮的外圆半径不应过大，否则会导致其与设备基座发生干涉，如图 2-1 所示。

（2）带轮轴孔的大小与长度应与电动机或减速器的轴相匹配。

（3）带轮的直径确定后，能够得到准确的传动比，应通过计算实际传动比和转速对减速器的减速比进行修正。

2. 链传动

链传动设计需要确定链的型号、排数、链节数、链轮直径、轴间距等参数。应注意以下几点：

（1）链传动的外轮廓尺寸不宜过大，应与其他部件相匹配，单排链尺寸过大时应采用双排或多排。

（2）在选取链轮齿数时，应同时考虑到均匀磨损的问题。由于链节数最好选用偶数，所以链轮齿数最好选用质数或不能整除链节数的数。

3. 开式齿轮

开式齿轮与闭式齿轮相比，更易被灰尘污染，导致其工作环境差、润滑条件差、磨损严重，通常位于低速级。开式齿轮设计需要确定齿轮的齿数、模数、分度圆直径、轴间距、齿宽、材质和热处理方式等。应注意以下几点：

（1）由于磨损较为严重，只需计算齿轮的弯曲疲劳强度。

（2）应选择耐磨性能好的材料加工齿轮。

开式齿轮一般安装在悬臂轴端，齿轮的直径不宜过大，避免与其他设备或基础发生干涉。同时悬臂轴刚性较小，齿轮设计时齿宽系数应选小一些，减小齿宽方向载荷分布不均的情况。

4. 联轴器

联轴器用于连接两个转轴，传递转速和转矩，具有缓冲、吸振的功能，部分联轴器还能起到补偿轴线偏移的作用。联轴器可根据需要直接选择成品，需要确定类型与型号。

联轴器使用的位置不同，选择类型也不同。连接大转矩重载的场合，可选择齿式联轴器；存在频繁冲击载荷和振动的场合，可选择具有较高弹性的联轴器，如簧片联轴器；高速场合下，为减小启动载荷和冲击，可选择具有较小转动惯量和具有弹性的挠性联轴器，如弹性柱销联轴器；轴线偏移较大的场合，可选择滑块联轴器或万向联轴器。

联轴器的型号根据传递转矩、转速和轴的直径确定。选择的联轴器许用转矩、转速应大于计算转矩和实际转速，联轴器的轴孔尺寸应与连接的轴相匹配。选择具体类型和型号见本书第13章。

2.6 减速器内传动件的设计

减速器是传动装置的核心部件，能够在很大程度上影响传动装置的性能。减速器内的传动件有圆柱齿轮（包括直齿轮、斜齿轮和人字齿轮）、圆锥齿轮和蜗轮蜗杆。通过相互组合设计出合适的减速器，详细设计方法见本书第3章，另外还需要注意以下几点：

（1）齿轮材料的选择应考虑齿轮的大小与毛坯制造方式。齿轮直径较大时（$d>400$ mm），多采用铸造毛坯，选择铸钢或球墨铸铁；齿轮直径较小时（$d<400$ mm）采用锻造毛坯，选择锻钢；齿轮直径与轴径相差较小时，齿轮和轴加工成一体。

（2）为减小齿轮在运行过程中磨损、胶合、点蚀、变形和断裂等情况的出现，需要对齿面进行热处理提升性能。实际设计时应根据工作条件和齿轮的直径大小选择相应的热处理方式。齿轮的齿面硬度分为硬齿面（硬度 >350 HBW）和软齿面（硬度 <350 HBW），为使齿轮的寿命相近，相互啮合的大小齿轮中，小齿轮应比大齿轮的齿面硬度高 30~50 HBW。

（3）齿轮传动设计中，选择参数时应尽可能选择标准值和取整数，如模数的选择标准值和齿宽取整。啮合尺寸和螺旋角等则必须计算出精确值，如节圆应精确到微米（μm），螺旋角精确到秒（″）。

（4）蜗轮蜗杆传动时可能存在摩擦严重的情况，选择材料时应注意材料的耐磨性和抗胶合性。根据计算的转速和滑动速度，校验材料选择是否合适。

（5）蜗轮蜗杆的旋向一般选择右旋。蜗杆位于蜗轮的上部还是下部，应根据蜗杆分度圆的圆周速度 v 确定，当 $v \leq 4$ m/s 时，蜗杆位于蜗轮下方；当 $v > 4$ m/s 时，蜗杆位于蜗轮上方。

（6）蜗杆需要进行强度、刚度以及热平衡的计算。

思 考 题

1. 进行传动装置设计时，哪些条件对设计方案影响较大，应该如何取舍？
2. 对比分析几种常见传动方式，是否能够将它们两两组合？日常应用中见到了哪几种组合方式？
3. 动力源的选择是否只能是电动机？什么情况下可能选择其他设备？

第 3 章　减速器装配图设计

导读：
　　在传动装置整体方案设计、传动零件设计计算等工作完成后，即可进行减速器装配图的设计工作。装配图表达了机器总体结构的设计思想、部件的工作原理和装配关系，也表达出各零件的相互位置、尺寸及结构形状。设计通常是从绘制装配图着手，确定所有零件的位置、结构和尺寸，并以此为依据绘制零件工作图。装配图也是机器组装、调试、维护等环节的技术依据，所以绘制装配图是设计过程中的重要环节，设计时必须综合考虑零件的材料、强度、刚度、加工工艺、装配和润滑等要求，使用足够的视图和剖面图将其表达清楚。

学习目标：
1. 学会减速箱以及相似机械结构的装配图设计方法；
2. 掌握自上而下的机械设计方法；
3. 掌握通过查阅手册的方式进行机械零件设计的方法；
4. 掌握通过查阅理论公式或经验公式进行零件校核的方法。

3.1　概　　述

1. 装配图内容
装配图的绘制应该包括以下四方面内容：
（1）能够完整、清晰、准确地表达减速器全貌的一组视图。
（2）必要的尺寸标注，包括特性尺寸、外形尺寸、安装尺寸和配合尺寸。
（3）技术要求及装配、调试和检修说明。
（4）零件编号、零件明细表和标题栏。

2. 设计装配图步骤
　　装配图的设计过程中，涉及的内容较多，既包含结构设计，又有校核计算，过程较为复杂，往往需要采用"边计算、边绘图、边修改"的方法逐步完成，在不同的设计步骤内又需要反复计算、反复修改，直到符合设计要求。因此，为了减少工作量同时避免重复劳动，也为了获得结构合理、表达规范的图样，在装配图的设计中往往需要先进行草图绘制，最后再完成装配图。

3. 装配图设计内容
　　装配图设计，主要是轴系部件和箱体的设计，设计内容如下：
（1）通过装配图的草图绘制，检验设计中传动比分配的合理性及传动相关零件尺寸的合理性。
（2）选定箱体的结构形式，确定传动零件的结构与箱体之间的位置关系。

（3）通过轴的结构设计初选轴承型号，并进行寿命计算。
（4）确定轴、键的尺寸，并对其进行结构计算。
（5）根据轴系的尺寸设计减速器箱体及箱体附件的尺寸。
（6）补全尺寸标注、公差标注、零件标号及零件明细栏和技术要求。

3.2 减速器装配草图设计及绘制

1. 装配图草图绘制前需要做的准备工作

在设计减速器装配草图前，应仔细阅读有关资料，认真识读典型的减速器装配图[①]，并通过减速器装拆实验熟悉减速器的组成和结构特点，理解减速器各零部件的功用和相互关系，做到对设计内容心中有数。

2. 确定齿轮、轴承座端面及与机体内壁的位置

齿轮、轴和轴承是减速器的主要零件，而其他零件的结构和尺寸是根据主要零件的位置和结构确定的。所以设计时应先画主要零件，后画其他零件；先画齿轮的中心线和轮廓线，后画结构细节。这一阶段零部件结构和尺寸的确定方法如下：

（1）确定机座内壁和轴承端面的位置。在初步确定轴径后可以考虑将轴安装到减速箱箱体中。大体来说，减速箱箱体分为内壁和外壁，内壁用于固定、支撑减速箱内部的轴类结构，因此当轴类的基本轴径确定后就可以大致确定机体内壁和轴承端面的位置。

在绘制一级圆柱齿轮减速器装配图时，机座内壁和轴承端面位置如图 3-1 所示。

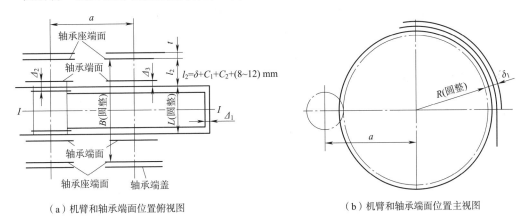

（a）机臂和轴承端面位置俯视图　　　　（b）机臂和轴承端面位置主视图

图 3-1　齿轮、轴承座端面及与机体内壁的位置

图中　a——一级减速器中大齿轮和小齿轮的中心距，mm；
　　　δ——机座壁厚，mm，$\delta = 0.025a + 1$，考虑铸造工艺，最小值壁厚应大于或等于 8 mm；
　　　δ_1——机盖壁厚，mm，$\delta_1 = 0.02a + 1$，考虑铸造工艺，最小值壁厚应大于或等于 8 mm；
　　　Δ_1——大齿轮齿顶圆与机座壁留有的间隙，mm，应大于 1.2δ；
　　　Δ_2——小齿轮端面与机座壁留有的间隙，mm，应大于 δ；

---

① 典型减速器装配图见附录 A。

Δ_3——轴承内侧至机座内壁之间的距离，mm，如果轴承用润滑油润滑，则需要安装挡油盘，具体数值参考图 3-12（a）；如果轴承采用润滑脂润滑，则需要安装挡油板，具体数值参考图 3-12（b）；

l_2——机座内壁至轴承端面的距离，mm，如果考虑扳手空间则 $l_2 = \delta + C_1 + C_2 +$（8~12），其中，$C_1$、$C_2$ 的具体数值见表 3-8；

L——机座内壁距离，mm，数值应圆整；

B——轴承座端面距离，mm，数值应圆整；

R——轴心到机盖的距离，mm，数值应圆整；

t——轴承端盖凸缘厚度，mm。

（2）初选轴承型号。滚动轴承的类型由载荷、转速和工作条件等要求确定。对于固定端，一般直齿圆柱齿轮传动的轴可选择深沟球轴承，斜齿圆柱齿轮传动的轴可根据轴向力的大小选用深沟球轴承、角接触球轴承或圆锥滚子轴承；对于游动端，可选用深沟球轴承或圆柱滚子轴承。

滚动轴承的内径尺寸在轴的径向尺寸设计中确定，包括宽度和外径尺寸的选择。由于没有进行受力分析，通常按照从高速轴到低速轴尺寸逐渐加大的原则进行，如高速轴轴承初选特轻或轻系列，中间轴初选轻系列或中系列，低速轴初选中系列或重系列。此时选择的轴承型号只是初选，随后需根据寿命计算结果再进行必要的调整。

对于两端各单向固定的支撑方式，一根轴上的两个支点宜采用同一型号和尺寸的轴承，这样，轴承座孔可以一次镗出，以保证加工精度。

3.3 轴的结构设计

1. 轴的初步结构设计

在轴的支撑尚未确定的情况下，无法利用强度确定轴径。此时就需要先行估算轴径，估算的方法是按传递功率和轴的转速初步确定轴径 d，计算公式为

$$d \geq C \sqrt[3]{\frac{P}{n}} \tag{3-1}$$

式中　P——轴传递的功率，kW；

n——轴的转速，r/min；

C——由轴的材料和承载情况确定的常数，见表 3-1。

表 3-1　常用材料的承载情况确定常数

轴的材料	40Cr、35SiMn、42SiMn、38SiMnMo、200CrMnTi	45	35	Q235、20
C	98~107	107~118	118~135	135~160

注：1. 轴上所受到弯矩较小或只受转矩时，C 取较小值，否则取较大值。
　　2. 材料用 Q235、35SiMn 时，取较大的 C 值。
　　3. 轴上只有一个键槽时，d 值扩大 4%~5%，有两个键槽时扩大 7%~10%。

此外，对外伸轴，初算轴径常作为轴的最小直径（即轴端直径），这时应取较小的 C 值；对非外伸轴，初算轴径常作为轴的最大直径，应取较大的 C 值。由于轴要与联轴器配

合,因此在计算得到最小轴径值后,需要尽量将其圆整为标准值。轴径圆整后的标准值可以参考表7-7标准尺寸中的优先值。

2. 阶梯轴各段的结构设计

轴的结构设计应使轴的各部分具有合理的形状和尺寸,既满足受力合理、强度足够的要求,又保证轴有良好的使用性能,使轴上的零件定位准确、固定可靠、装拆方便,并有良好的加工工艺性。按照这些要求设计出的轴通常为阶梯轴。

以一级圆柱齿轮减速器的输入轴为例,说明轴的结构和设计方法。

1)轴各段直径确定

首先需要确定轴上各段的直径,在考虑直径时,不仅要考虑轴的安装和固定,还需要考虑轴上的受力情况,同时还应该考虑定位、固定、加工精度和表面粗糙度等其他方面的要求。通常来说,为了保证轴便于安装,轴的直径从轴端面位置向中间逐渐增大,轴径到达最大后又逐渐减小,形成阶梯轴的结构。轴的设计以式(3-1)初步计算得到的轴径d为基础进行。

如图3-2所示,不承受轴向力也不固定轴上的零件时,相邻直径变化较小,通常变化值仅取1~3 mm。但是如果轴上需要安装标准零件,如轴承等,则需要轴径与轴承内圈相匹配。通常来说,轴径应该取较为标准的数值,一般是以0、5结尾的数值。由于一根轴上的轴承通常是成对使用的,所以安装轴承部位的轴径可以取相等值,即$d_2 = d_5$,且这个数值与选用轴承内径一致。

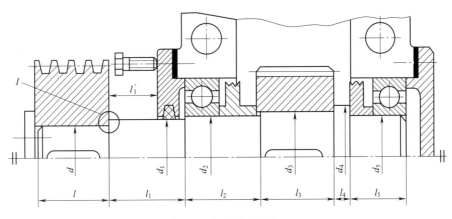

图3-2 典型传动轴结构

阶梯轴轴肩的作用之一是用于轴承的轴向定位。如图3-3(a)所示,轴承在结构上为了便于安装,其内孔有过渡圆角r,为了保证轴承定位的准确性,就需要保证阶梯轴过渡时的过渡圆角$r_a < r$。轴承内圈安装所用圆角可以通过查阅轴承手册获得。在$r_a < r$的情况下,轴承内圈会直接卡在轴肩处,也可以使用套筒等方法直接将轴承内圈卡住。但考虑到便于轴承拆卸的情况,不论轴肩或是轴套的最大直径D,在定位轴承内圈时均应小于轴承内圈的半径,如图3-3(b)、(c)所示。

当轴直径变化处的端面是为了固定轴上零件或承受轴向力时,直径变化值要大些,一般取6~8 mm。如图3-2中d和d_1、d_3和d_4、d_4和d_5的变化都是为了轴上的定位,所以直径变化值大些。轴段各直径的确定方法见表3-2。

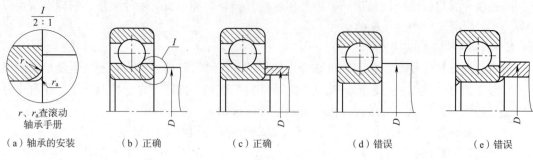

图 3-3 轴承的轴向定位

表 3-2 轴段各直径的确定方法

直径/mm	确定方法及说明
d	轴中最小直径,由式(3-1)确定。同时需要圆整到联轴器的安装直径
d_1	$d_1 = d + 2h$,h 为轴肩高度,$h = 3 \sim 5$ mm。此段轴径需要考虑密封毡圈尺寸
d_2	$d_2 = d_1 + 2h$,h 为轴肩高度,$h = 1 \sim 2$ mm。此段轴径需要考虑轴承内孔的尺寸
d_3	齿轮安装轴,也有可能设计为齿轮轴。需要考虑齿轮的内径
d_4	$d_4 = d_3 + 2h$,h 为轴肩高度,$h = 2 \sim 3$ mm
d_5	同一根轴尽量选择相同轴承,因此 $d_5 = d_2$

2) 各段长度的确定

当轴的各段直径确定后,即可确定轴的轴向尺寸。在确定阶梯轴轴向尺寸,即阶梯轴各段的长度时,要充分考虑每段轴中排布的零件及该零件的结构、零件安装后的位置、配合长度等条件,如果不充分考虑则可能出现所有轴上零件安装完后轴总长度不够或超出太多的情况。

对于安装齿轮、带轮或链轮的轴段,要考虑轮毂宽度。轮毂宽度一般取轴直径 d 的 $1.25 \sim 2$ 倍,即 $l = (1.25 \sim 2) d$。为了保证这类零件的端面与轴向固定件(如套筒、挡圈等)可靠接触与固定,该轴段的长度又应略短于相配轮毂的宽度,一般取 $L = 2 \sim 3$ mm,如图 3-4(a)所示。

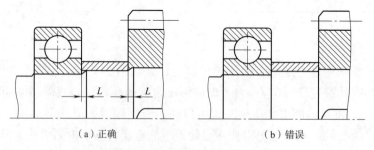

图 3-4 轴的端面与零件的距离

如图 3-4(b)所示,假设在轴上安装时不进行错位,在制造过程中通常会有误差,这就可能导致因制造误差而无法装配。为了防止这种情况的出现,通常在设计时不会将各个零件与轴正好贴合,而是留出一定的距离。此时在机械制造有误差的情况下,仍可以保证零件在轴向的定位。

在有外伸段的轴段，轴段的外伸长度与外接零件、密封装置及轴承端盖的结构有关。轴的外伸长度与外接零件及轴承端盖的结构有关。若轴端装有弹性套柱销联轴器，则必须保留足够的装配尺寸 B，如图 3-5（a）所示；若采用凸缘式端盖，轴的外伸长度必须考虑拆卸端盖螺钉所需的足够长度 L，如图 3-5（b）所示，以便在不拆卸联轴器的情况下，打开减速器机盖。如果外接零件的轮毂不影响螺钉的拆卸，则可以采用嵌入式端盖，此时螺钉的距离 L 可以取得小一些。

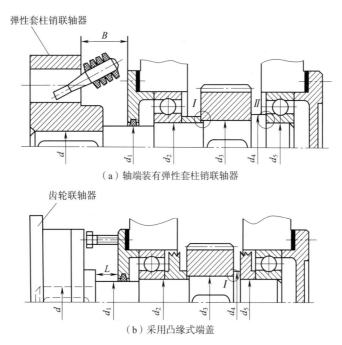

图 3-5 轴上外接零件与端盖的距离

对于没有外伸段的轴段，如图 3-2 轴的右端。当轴承内圈不需要固定时，轴的端面与轴承的外侧通常对齐，如图 3-6（a）所示；若轴承内圈需要用弹簧挡圈或止动垫片和圆螺母固定，则轴的端面比轴承的外侧长 5~8 mm，如图 3-6（b）、（c）所示；若轴承内圈需要用轴端挡圈固定，则轴的端面比轴承的外侧短 $\Delta l = 2 \sim 3$ mm，如图 3-6（d）所示。

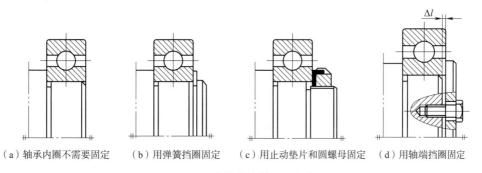

图 3-6 没有外伸端轴段的长度

安装滚动轴承的轴段不论是否为外伸端，轴承在轴承座中的位置与轴承的润滑方式均有关，这也决定了安装滚动轴承轴段的长度。若轴承采用脂润滑，轴承到箱体内壁的距离 Δ_5 = 8～12 mm，轴上要加装挡油盘，如图 3-7（a）所示；若轴承采用油润滑，则 Δ_5 = 3～5 mm，如图 3-7（b）所示。

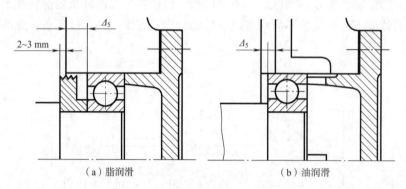

（a）脂润滑　　　　　　（b）油润滑

图 3-7　轴承位置与润滑方式的关系

3）轴设计应注意的问题

首先需要注意的是轴在设计时应考虑轴上的工艺性要求。

轴的形状，从满足强度和节省材料的角度考虑，最好是纺锤状的抛物线回转体，但是这种形状的轴既不便于加工，也不便于轴上零件的固定；从加工角度考虑，设计结果往往是直径不变的光轴，但光轴不利于零件的拆装和定位。由于阶梯轴接近于等强度，且便于加工以及轴上零件的定位和拆装，所以实际上的轴多为阶梯形。为了能选用合适的圆钢并减少切削用量，阶梯轴各轴段的直径不宜相差过大，一般取 5～10 mm。

为了便于切削加工，一根轴上的圆角应尽可能取相同的半径，退刀槽取相同的宽度，倒角尺寸相同；一根轴上各键槽应开在同一母线上，若开有键槽的轴段直径相差不大时，应尽可能采用相同宽度的键槽，以减少加工时的换刀次数。带有相同半径圆角和相同宽度键槽的阶梯轴如图 3-8 所示。

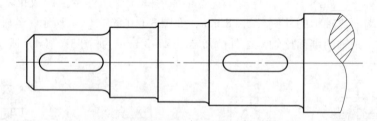

图 3-8　带有相同半径圆角和键槽的阶梯轴

需要磨削的轴段，应留有砂轮越程槽，以便磨削时砂轮可以磨削至轴肩的端部，如图 3-9（a）所示；需要切制螺纹的轴段，应留有退刀槽，以保证螺纹牙均能达到预期的高度，如图 3-9（b）所示。砂轮越程槽尺寸可以参考表 7-13，退刀槽尺寸可以参考表 7-16。

为了便于装配，轴端应加工出倒角（一般为45°），以免装配时把轴上零件的孔壁擦伤；过盈配合零件的装入端应加工出导向锥面，以便零件能顺利地压入。一般用途圆锥的锥度与圆锥角可以参考表7-8进行设计。

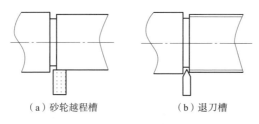

（a）砂轮越程槽　　　　　（b）退刀槽

图3-9　砂轮越程槽和退刀槽

另外应考虑如何避免应力集中的问题。轴上的应力集中会严重削弱轴的疲劳强度，因此轴的结构应尽量避免和减小应力集中。为了减小应力集中，应将阶梯轴中半径突变的地方设计成适当的过渡圆角，由于轴肩定位面要与零件接触，加大圆角半径经常受到限制，这时可以采用凹切圆角或肩环结构等。轴上倒角与圆角尺寸可以参考表7-12进行设计。

3. 轴上键槽的位置和尺寸确定

普通平键应小于所在轴段的长度，并且需要留有一定的间隙，一般取间隙 $\Delta = 1 \sim 3$ mm，如图3-10（a）所示。为了便于安装，键槽要靠近装入零件的一侧，即靠近轴径减小的一侧，以便零件轮毂上的键槽与键容易对准。当轴上有多个键槽时，各个键槽应布置在同一条母线上。如果轴径尺寸相差不大，各键槽端面可以按照直径较小轴段取相同尺寸，这样可以在加工时使用同一把刀具，提高零件的工艺性。图3-10（b）所示为错误示例，图中的键槽位置分布不合理，导致轴的工艺性较差。图中键槽靠近轴肩的距离太大，这会为轮毂与轴装配时带来困难；同时图中键槽不在同一条母线处，工艺性较差。这里需要特别说明的是，如果轴的设计中出现了两个及以上的键槽，则轴的粗估直径应扩大7%～10%。

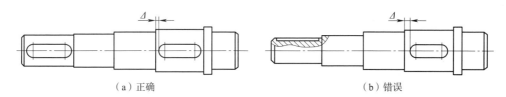

（a）正确　　　　　　　　　（b）错误

图3-10　键槽在轴上的位置

4. 轴的支点距离和力作用点的确定

根据轴上零件的位置和轴的外伸长度，可以确定轴的支点距离和轴上零件的力作用点位置，进一步可以绘制装配图草图。对于轴上力的作用点来说，带轮和齿轮的力作用线位置可取在轮缘中部，滚动轴承支反力作用点可近似认为在轴承宽度的中部。

如图3-11所示，Ⅰ轴两支点距离为 $A_1 + B_1$，Ⅱ轴两支点距离为 $A_2 + B_2$。

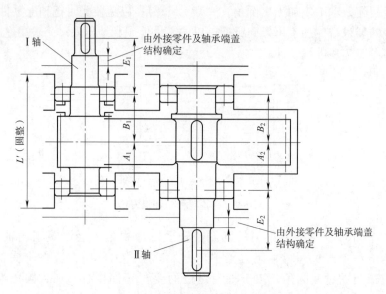

图 3-11　一级圆柱齿轮减速器装配图草图

3.4　轴、轴承及键的校核计算

1. 轴的强度校核

在轴长度及结构形式未知的情况下,往往无法求出支承反力和弯矩图,因此无法对轴进行疲劳强度计算。此时通常按照抗扭强度计算公式进行轴径的初步估算,并采用降低许用切应力的方法考虑弯曲的影响,以求出等直径的钢轴;然后以该光轴为基准,按轴上零件及工艺要求进行轴的结构设计,得出轴的结构草图,从而确定各轴段的直径和长度、载荷作用点和支承位置等,然后进行轴的强度校核计算。经过校核计算,判断轴的强度是否满足需要,结构、尺寸是否需要修改。

确定支点距离及零件的力作用点后,即可进行受力分析并画出弯矩图。根据轴的结构尺寸、应力集中的大小和力矩图判定一个或几个危险截面,按弯扭合成的受力状态对轴进行强度校核。

如果强度不够,则必须对轴的一些参数,如轴径、圆角半径、断面变化尺寸等进行修改;如果强度富余过多,可待轴承寿命及键连接的强度校核后,再综合考虑是否修改及如何修改轴的结构。

当主要考虑扭转作用时,根据力学知识可知:

$$\tau = \frac{T}{W_n} = \frac{9\,550 \times \dfrac{P}{n}}{W_n} \leq [\tau] \tag{3-2}$$

式中　τ——扭转切应力,MPa;
　　　T——转轴传递的扭矩,N·m;
　　　W_n——轴的抗扭截面模量,mm³;

P——轴传递的功率，kW；

n——轴的转速，r/min；

$[\tau]$——材料的许用扭转应力，MPa。

对于实心轴来说，轴的抗扭截面模量计算方法为

$$W_n = \frac{\pi d^3}{16} \approx 0.2d^3 \tag{3-3}$$

式中 d——实心轴的直径，mm。

对于一般转轴，强度校核的基本公式为

$$\sigma_e = \frac{\sqrt{M^2 + (\alpha T)^2}}{W_e} \leq [\sigma_{-1}]_b \tag{3-4}$$

式中 σ_e——危险剖面上的当量应力，MPa；

W_e——危险截面的抗弯截面模量，mm；

$[\sigma_{-1}]_b$——许用疲劳应力；

α——转矩的校正系数。

对于转矩校正系数 α 来说，对大小和转向持续不变的转矩取 $\alpha=0.3$，对脉动循环变化的单向转矩取 $\alpha=0.6$，对对称循环转矩（如频繁正反转的轴）取 $\alpha=1$。如果单向回转的轴仅已知转矩，其变化规律不太清楚时，一般按照脉动循环转矩处理。通常在一级圆柱齿轮减速器设计中，按照 $\alpha=0.6$ 取值。

对于实心轴，危险截面的抗弯截面模量为

$$W_e = \frac{\pi d^3}{32} \approx 0.1d^3 \tag{3-5}$$

疲劳强度的校核是在考虑应力集中、表面状态和绝对尺寸的影响后，对轴的危险截面进行精确校核。判断危险截面的依据是：受力较大、相对尺寸较小以及应力集中比较严重的截面。通常很难精确判断出某一截面是否是危险截面，因此要根据上述条件确定几个可能的危险截面再分别进行校核。这就需要在轴强度校核的过程中绘制出准确的受力分析图和弯矩图，对于受力分析图和弯矩图的绘制可以参考相关教材。

但考虑到轴在设计过程中不可避免存在退刀槽、砂轮越程槽或键槽等结构，会导致轴的强度进一步降低。为了更容易计算校核，即使轴上有退刀槽也视作圆形实心轴进行强度校核，但需要考虑一定的安全系数。因此对于轴强度的校核还需要除以一个不大于1的安全系数 δ，即

$$\frac{\sigma_e}{\delta} \leq [\sigma_{-1}]_b \tag{3-6}$$

式中 δ——安全系数，在有键槽的情况下取0.8，如还存在退刀槽时可以取 0.6~0.7。

在校核轴强度时应注意：若验算轴的强度不够，即 $\sigma_e > [\sigma_{-1}]_b$ 时，可用增大轴的直径、改用强度较高的材料或改变热处理方法等措施提高轴的强度；若 σ_e 比 $[\sigma_{-1}]_b$ 小很多时，是否要减小轴的直径，应综合考虑其他因素而定。

2. 轴承的寿命计算

轴承的寿命一般按减速器的工作寿命或检修期（2~3年）确定，当按后者确定时，需

要定期更换轴承。通用齿轮减速器的工作寿命一般为 36 000 h，其轴承的最低寿命为 10 000 h；蜗杆减速器的工作寿命为 20 000 h，其轴承的最低寿命为 5 000 h，可供设计时参考。经验算，当轴承寿命不符合要求时，一般不要轻易改变轴承的内孔直径，可通过改变轴承类型或直径系列，提高轴承的基本额定动载荷，使之符合要求。

3. 键的强度校核

对于采用常用材料并按标准选取尺寸的平键连接，主要校核其挤压强度。校核计算时应取键的工作长度为计算长度，许用的挤压应力应选取键、轴、轮毂三者中材料强度较弱的，一般是轮毂。当键的强度不满足要求时，可采取改变键的长度、使用双键、加大轴径以选用较大截面的键等途径满足强度要求，亦可采用花键连接。当采用双键时，两键应对称布置，考虑载荷分布的不均匀性，双键连接的强度按 1.5 个键计算。对上述各项校核计算完毕，并对初绘草图做必要修改后，进入完成装配草图设计阶段。

3.5 轴系部件的结构设计

1. 传动零件及其附件结构设计

1）齿轮结构设计

齿轮结构、形状和尺寸与可采用的材料、毛坯大小及制造方法有关。在一级圆柱齿轮减速器设计中，齿轮选用多为中、小型的锻造齿轮，在进行齿轮设计时，需要考虑该齿轮的结构及加工工艺。齿轮根据尺寸大小可设计为齿轮轴、实心式齿轮、腹板式齿轮和轮辐式齿轮。圆柱齿轮的结构及尺寸见表 3-3。

表 3-3 圆柱齿轮的结构及尺寸

序号	结构形式	结构尺寸/mm
1	齿轮轴	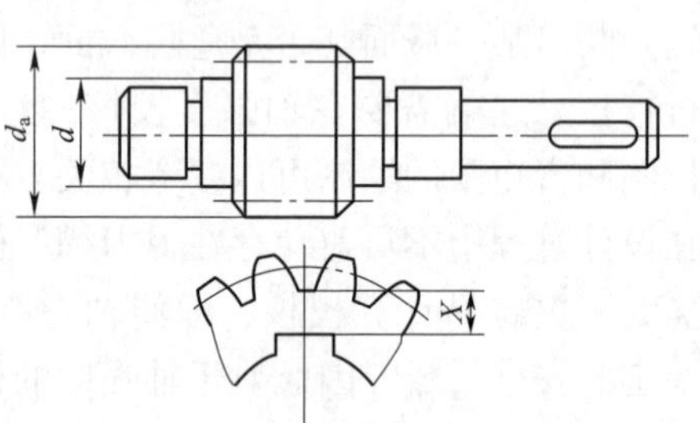 当 $d_a < 2d$ 或 $X < 2.5 m_n$（m_n 为齿轮模数）时，应将齿轮设计为齿轮轴
2	实心齿轮	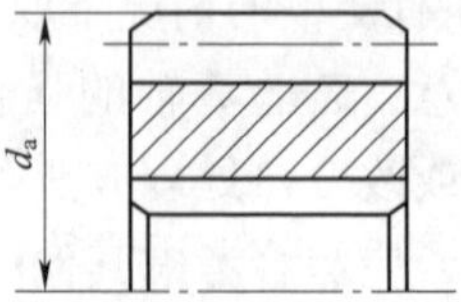 当 $d_a < 200$ mm 时，采用实心结构齿轮，用轧制圆钢或锻钢制造

续表

序号	结构形式	结构尺寸/mm
3	腹板式结构的齿轮	$d_a < 500$ mm 时，常用铸钢或锻钢制成腹板式结构的齿轮 $D_1 \approx (D_0 + D_3)/2$，$D_2 \approx (0.25 \sim 0.35) \cdot (D_0 - D_3)$ $D_3 \approx 1.6 D_4$（钢材），$D_3 \approx 1.7 D_4$（铸铁） $n_1 \approx 0.5 m_n$，$r \approx 5$ mm 圆柱齿轮：$D_0 \approx d_a - (10 \sim 14) m_n$，$C \approx (0.2 \sim 0.3) B$
4	轮辐式结构的齿轮	$d_a > 400 \sim 1\,000$ mm 时，采用轮辐式结构的齿轮 $B < 240$ mm，$D_3 \approx 1.6 D_4$（铸钢），$D_3 \approx 1.7 D_4$（铸铁） $\Delta_1 \approx (3 \sim 4) m_n > 8$ mm，$\Delta_2 \approx (1 \sim 1.2) \Delta_1$ $H \approx 0.8 D_4$（铸钢），$H \approx 0.9 D_4$（铸铁） $H_1 \approx 0.8 H$，$C \approx H/5$，$C_1 \approx H/6$，$R \approx 0.5 H$ $1.5 D_4 > l \geqslant B$，轮辐数常取值为 6

2) 轴承端盖的结构

轴承端盖的作用为固定轴承以及调整轴承间隙并承受轴向力,轴承端盖分为嵌入式和凸缘式两种。嵌入式端盖可以卡进减速箱箱体,不需要用螺钉连接;但凸缘式轴承端盖需要使用螺纹或其他方法与减速箱箱体结合。

凸缘式轴承端盖调整轴承间隙时不需要打开机盖,使用方便且密封性好,实际应用较多;轴承端盖对铸造工艺性要求较高,材料多为铸铁。嵌入式端盖不需要用螺栓连接,结构简单,装入轴承孔后外形平整,但是密封性较差,这就需要在轴承端盖中设置O型橡胶密封圈提高其密封性。

凸缘式轴承端盖和嵌入式轴承端盖的结构及尺寸见表3-4和表3-5。

表3-4 凸缘式轴承端盖的结构及尺寸(材料为Q235-A 或 HT150)

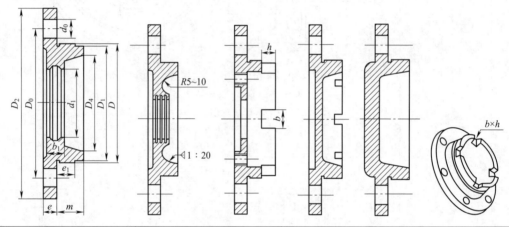

$d_0 = d_3 + 1$ d_3 为轴承端盖螺栓连接直径 $D_0 = D + 2.5 d_3$ $D_2 = D_0 + 2.5 d_3$ $e = 1.2 d_3$ $e_1 \geqslant e$	m 由结构确定 $D_4 = D - (10 \sim 15)$ $D_1 = D - (2 \sim 4)$ b_1、d_1 由密封件尺寸确定 $b = 5 \sim 10$ $h = (0.8 \sim 1) \, b$	轴承外径 D/mm	螺钉直径 d_3/mm	螺钉数
		45~69	6	4
		70~109	8	4
		110~149	10	6
		150~230	12~16	6

表3-5 嵌入式轴承端盖的结构及尺寸(材料为Q235-A 或 HT150)

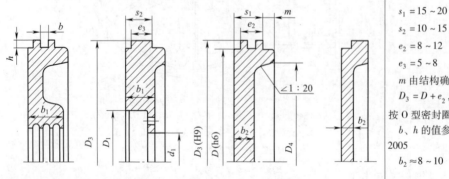

$s_1 = 15 \sim 20$
$s_2 = 10 \sim 15$
$e_2 = 8 \sim 12$
$e_3 = 5 \sim 8$
m 由结构确定
$D_3 = D + e_2$,装有O型密封圈,按O型密封圈外径取整
b、h 的值参考 GB/T 3452.1—2005
$b_2 \approx 8 \sim 10$

2. 润滑与密封

在机械设备中，润滑能够有效降低摩擦系数、减少工件之间的磨损，此外还能起到防止腐蚀、保护零件的作用。在一级圆柱齿轮减速器的设计中，尤其需要考虑润滑的部位是齿轮啮合和轴承配合的部位，因此在结构设计前就需要给出润滑方案，并且按照润滑方案进行调整和修改。

1）齿轮的润滑

在一级圆柱齿轮减速器的设计中，减速器多为闭式设计，此时的润滑方案需要根据齿轮圆周速度 v 的大小确定。当 $v \leq 12$ m/s 时，多采用油池润滑，大齿轮浸入油池一定深度，在实际啮合运转时会将润滑油带至啮合区保护齿轮，同时齿轮的运转能将润滑油抛甩到机壁上，起到一定的散热作用。此时，润滑油浸入深度与齿轮圆周速度 v 有关。当 v 较大时，润滑油浸入深度为一个齿高，高速的齿轮转动会带动润滑油至啮合区；当 v 较小（0.5～0.8 m/s）时，浸入深度可以达到齿轮半径的 1/6。在 $v > 12$ m/s 时可采用喷油润滑，利用油泵将润滑油直接喷至啮合区。

实际进行装配图设计时，需要根据一级齿轮的圆周速度选定齿轮部位的润滑方式。若选用油池润滑还需要根据润滑油浸没位置设计注油孔和排油孔以及润滑油路；选用喷油润滑除了需要考虑润滑油路外还要额外设计油泵装置。

2）轴承的润滑

轴承的润滑可以采用润滑脂润滑和润滑油润滑两种方式。润滑脂润滑便于密封和维护，填充后可以运转很长时间再进行更换；润滑油摩擦阻力小，有利于散热，多用于高速重载场合。使用润滑油时，可以设计挡油盘阻挡机体内部的润滑油溢出，挡油盘内端面距离轴承端面距离 $\Delta_3 = 3 \sim 5$ mm，与箱体轴承座的间隙为 1～2 mm，如图 3-12（a）所示。

轴承的润滑方式可以按速度因数 dn 确定，其中，d 代表轴承内径，n 代表轴承套圈的转速。当 $dn < (1.5 \sim 2) \times 10^5$ mm·r/min 时，滚动轴承可采用润滑脂润滑。但是要注意的是，如果选定轴承润滑方式为润滑脂润滑，则需要防止由于齿轮啮合部位的润滑油与润滑脂接触导致润滑脂被冲刷、稀释，应在轴承内侧设计盖板防止轴承用润滑脂和齿轮啮合用润滑油接触，挡油板内端面距离轴承端面 $\Delta_3 = 8 \sim 12$ mm，与箱体轴承座的间隙为 2～3 mm，如图 3-12(b)所示。

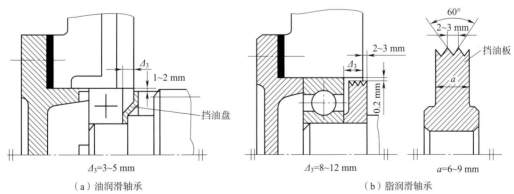

图 3-12 轴承润滑方式

轴承润滑时润滑脂填入量与轴承的速度有关。如果轴承转速 $n < 1\,500$ r/min，润滑脂的填入量不得超过轴承空隙体积的 2/3；如果转速 $n > 1\,500$ r/min，润滑脂填入量不得超过轴承空隙体积的 1/3～1/2。润滑脂的过量填入会导致轴承转动时阻力增加，引起温升，从而影响减速箱轴的刚度和轴承润滑效果。

当 $dn > (1.5～2) \times 10^5$ mm·r/min 时，减速箱内部转速足以将润滑油飞溅直接润滑轴承，此时采用润滑油润滑。在这种情况下，轴承端盖需要开槽防止装配时端盖上的槽堵塞油路，同时轴承端盖的端部直径需要取小一些，使端盖上任何位置的润滑油都能回流到轴承。另外，为了提高机体结合面的密封性，即使轴承不采用润滑油润滑，也需要在基座凸缘表面加工出回油槽，使润滑油能够回流到机体内部。端盖的油槽结构如图 3-13 所示。

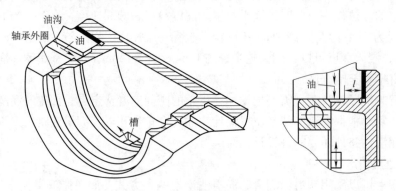

图 3-13　轴承端盖上的油槽

在这部分的装配图设计时，需要根据轴的转速选择轴承的润滑方式，并且根据不同的润滑方式修改装配图中的轴承端盖及机座的结构。

3) 滚动轴承的密封

在减速器输入轴或输出轴外伸处，为防止由于润滑剂向外泄漏及外界灰尘、水分和其他杂质的渗入，导致轴承磨损或腐蚀，应设置密封装置。密封类型很多，其密封效果也各不相同。常见密封形式及其性能说明见表 3-6。

表 3-6　轴承密封形式及性能说明

密封类型	密封形式	图示	适用场合	说明
接触式密封	毡圈密封	(a) (b)	脂润滑，要求环境清洁，轴颈圆周速度不大于 4～5 m/s，工作温度不超过 90 ℃	矩形断面的毛毡圈被安装在梯形槽内，它对轴产生一定的压力从而起到密封作用

续表

密封类型	密封形式	图 示	适用场合	说 明
接触式密封	唇形密封圈	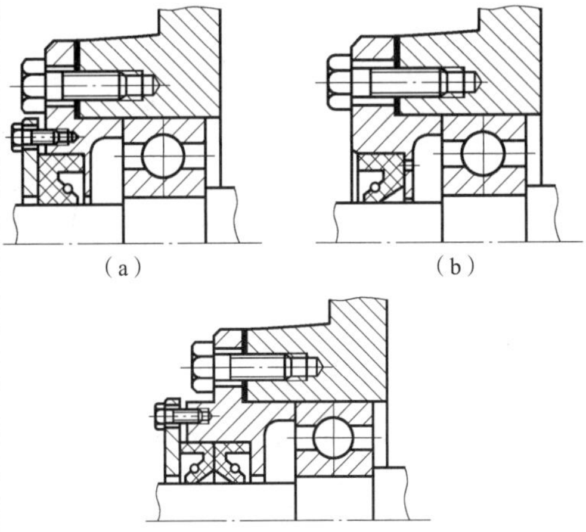 (a) (b) (c)	脂或油润滑，圆周速度 $v<7$ m/s，工作温度范围为 40～100 ℃	唇形密封圈用皮革、塑料或耐油橡胶制成，有的具有金属骨架，皮碗是标准件。图（a）密封唇向内，目的是防漏油；图（b）密封唇向外，目的是防止灰尘、杂质进入
非接触式密封	油沟密封	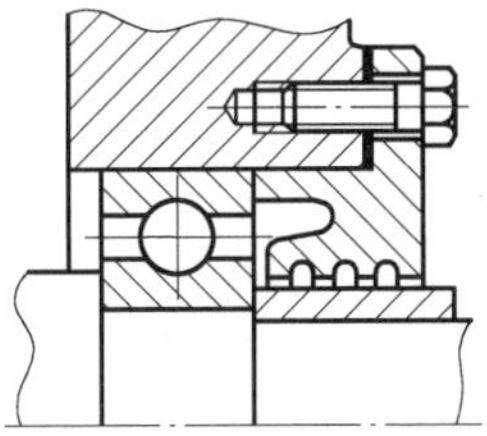	脂润滑，干燥清洁环境	靠轴与盖间的细小环形油沟密封，间隙取 0.1～0.3 mm。在轴承盖上车出沟槽，在槽中填充润滑脂，可提高密封效果
	曲路密封	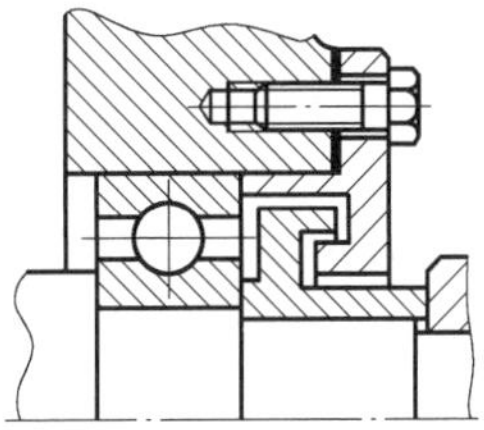	脂润滑或油润滑，工作温度不高于密封用脂的滴点，这种密封效果可靠	将旋转件与静止件之间的间隙做成迷宫形式，在间隙中充填润滑脂以加强密封效果

3.6 减速器箱体的结构设计

在进行装配图设计时应按照核心部件向外围部件的方向进行。在装配图绘制的前两个阶段，对减速器中传动部分、传动轴以及传动轴的配置进行设计、选型和校核；在装配图设计的第三阶段，将设计非核心的外围部分，如减速器机体、减速器机体附件等，应按照先机体、后附件，先主体、后局部，先轮廓、后细节的结构设计顺序进行设计，并注意装配图中的良好表达以及各个零件之间的相互关系。

1. 减速器结构设计

减速器的类型很多，但其基本结构均由传动件、轴系部件、机体及附件等组成。一级圆柱齿轮减速器的典型结构如图 3-14 所示。

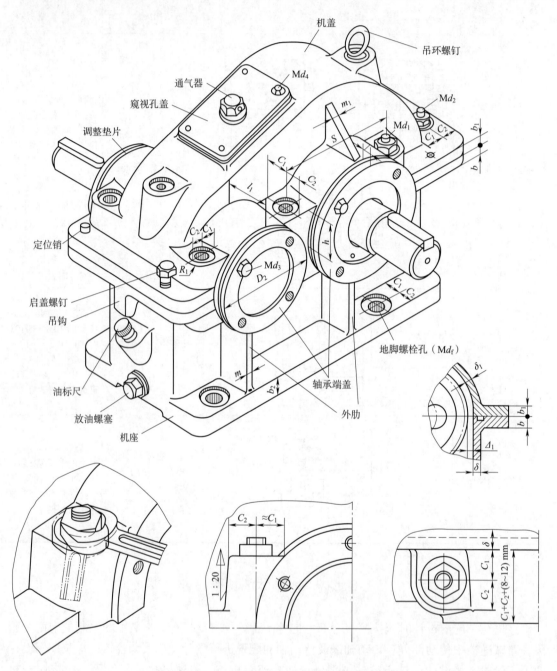

图 3-14　一级圆柱齿轮减速器的典型结构

各结构的经验设计数值见表 3-7。

表 3-7　减速器各机体结构经验尺寸

名　称	符号/单位	尺寸关系
基座壁厚	δ/mm	$0.025a+1 \geqslant 8$
机盖壁厚	δ_1/mm	$0.02a+1 \geqslant 8$
机座凸缘厚度	b/mm	1.5δ
机盖凸缘厚度	b_1/mm	$1.5\delta_1$
机座底凸缘厚度	b_2/mm	2.5δ
地脚螺钉直径	d_f/mm	$0.36a+12$
地脚螺钉数目	n	当 $a \leqslant 250$ 时，$n=4$ 当 $a>250 \sim 500$ 时，$n=6$ 当 $a>500$ 时，$n=8$
轴承旁连接螺栓直径	d_1/mm	$0.75d_f$
机盖与机座连接螺栓直径	d_2/mm	$(0.5 \sim 0.6)d_f$
连接螺栓 d_2 之间的间隙	l/mm	$150 \sim 200$
轴承端盖螺钉直径	d_3/mm	$(0.4 \sim 0.5)d_f$
窥视孔盖螺钉直径	d_4/mm	$(0.3 \sim 0.4)d_f$
定位销直径	d/mm	$(0.7 \sim 0.8)d_2$
d_f、d_1、d_2 至外机壁的距离	C_1/mm	见表 3.8
d_f、d_1、d_2 至凸缘边缘的距离	C_2/mm	见表 3.8
轴承旁凸台半径	R_1/mm	C_2
凸台高度	h/mm	便于扳手操作即可
外机壁至轴承座端面距离	l_1/mm	$C_1 + C_2 + (8 \sim 12)$
大齿轮齿顶圆与内机壁距离	Δ_1/mm	$>1.2\delta$
齿轮端面与内机壁的距离	Δ_2/mm	$>\delta$
机盖、机座肋厚	m_1、m/mm	$m_1 \approx 0.85\delta_1$，$m \approx 0.85\delta$
轴承端盖外径	D_2/mm	凸缘式端盖：$D_2 = D + (5 \sim 5.5)d_3$ D 为轴承外径
轴承端盖凸缘厚度	t/mm	$(1 \sim 1.2)d_3$
轴承旁连接螺栓距离	s/mm	做到尽量靠近但不干涉

表 3-8　连接螺栓扳手空间 C_1、C_2 的值和沉头座直径　　　　　　　　　　单位：mm

螺栓直径	M8	M10	M12	(M14)	M16	(M18)	M20	(M22)	M24	(M27)	M30
C_1	$\geqslant 13$	$\geqslant 16$	$\geqslant 18$	$\geqslant 20$	$\geqslant 22$	$\geqslant 24$	$\geqslant 26$	$\geqslant 30$	$\geqslant 34$	$\geqslant 36$	$\geqslant 40$
C_2	$\geqslant 11$	$\geqslant 14$	$\geqslant 16$	$\geqslant 18$	$\geqslant 20$	$\geqslant 22$	$\geqslant 24$	$\geqslant 26$	$\geqslant 28$	$\geqslant 32$	$\geqslant 34$
沉头座直径	18	22	26	30	33	36	40	43	48	53	61

2. 减速器机体设计

1) 机座高度

对于传动件采用的浸油润滑减速器，机座高度除了应满足齿顶圆到油池底面的距离不小于 30～50 mm 外，还应保证能够容纳一定的润滑油，保证润滑和散热达到要求。

如图 3-15 所示，在进行设计时，应在离开大齿轮齿顶圆 30～50 mm 处，画出机体油池的底面线，并且初步确定为机座高度 H，即

$$H = \frac{d_{a2}}{2} + (30 \sim 50) + \Delta \tag{3-7}$$

式中　d_{a2}——大齿轮齿顶圆直径，mm；

　　　Δ——机座底面至机座油池底面的距离，mm，推荐值为 20 mm。

然后根据传动件的浸油深度确定油面高度，即可估算出润滑油的贮油量。如果计算出的贮油量不够，则机体设计时应将底部适当下移，增加机座高度。

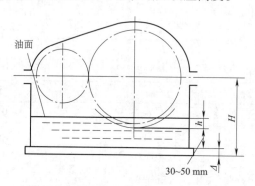

图 3-15　一级圆柱齿轮减速器油池润滑

2）机体壁厚

机体要有合理的壁厚，尤其是轴承座、机体底座承受的载荷较大，需要更大的壁厚，其余地方的壁厚可以参照表 3-7 确定。机座底面宽度 B 一般在外壁的外部处，伸出长度通常取 $B = C_1 + C_2 + 2\delta$。

3）轴承座螺栓凸台

在设计轴承座时，如果轴承的配合方式是直接安装在减速箱机体上，装配过程复杂，需要考虑轴承内外圈的公差配合；如果轴承座是一体式则需要考虑轴承、轴承座和箱体之间的公差配合；如果设计为分体式的轴承座，则轴承座两侧的连接螺栓应尽量靠近以保证刚度。为了保证安装和拆卸方便，需要设置螺栓凸台，参数设计参照表 3-7。

轴承座凸台上螺栓孔的间距 $s \approx D_2$。D_2 为轴承端盖外径，轴承端盖的设计在前文中已经有所描述。凸台高度 h 与扳手空间的尺寸有关。

4）机盖外轮廓

机盖顶部的外缘轮廓通常由弧线和直线组成。如图 3-16 所示，圆弧部分的目的是包围齿轮，直线的排布是为了机盖顶部具有更好的工艺性。大齿轮一侧通常为圆弧，而大齿轮与小齿轮通过直线连接，大齿轮一侧圆弧半径为

$$R = \frac{d_{a2}}{2} + \Delta_1 + \delta_1 \tag{3-8}$$

需要注意的是，计算出圆弧半径后同样需要圆整到整数值。

一级圆柱齿轮减速器输入轴一侧的圆弧半径，即小齿轮所在位置的圆弧半径，应根据结

构由作图法确定。凸台圆弧 R 大于机盖圆弧 R' 时，输入轴轴承座螺栓凸台位于机盖圆弧内侧，如图 3-16(a) 所示；凸台圆弧 R 小于机盖圆弧 R' 时，则螺栓凸台位于机盖圆弧外侧，如图 3-16(b) 所示。

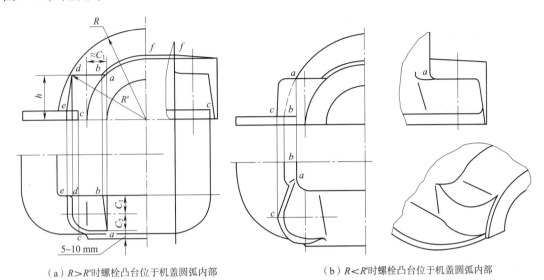

(a) $R>R'$ 时螺栓凸台位于机盖圆弧内部　　　　(b) $R<R'$ 时螺栓凸台位于机盖圆弧内部

图 3-16　输入轴轴承座旁的螺栓凸台

5) 机体凸缘尺寸

为了保证机体刚度和良好的铸造工艺性，机盖与机座连接处凸缘、机体底座凸缘需要有一定的宽度，宽度数值可以参照表 3-7 中的经验公式粗估确定。轴承座外端面应凸出 5~10 mm，以便铸造后的切削加工。机体凸缘的连接螺栓在布置时间距不宜过大，一般为 150~200 mm，并应均匀布置，以保证剖面部分的密封性和箱体的结构性。

6) 油沟的形式

为了减少磨损、带走传动时产生的热量并保护传动零件，一级圆柱齿轮减速器必须进行润滑。当利用机体内齿轮运转带动飞溅的润滑油润滑轴承时，通常需要在机座的凸缘面开设油沟，使飞溅到机盖上的润滑油经过输油沟进入轴承，输油沟的设计如图 3-17 所示。图 3-17 (a) 所示为输油沟的位置和输油方向，如果使用圆柱端铣刀加工箱体表面得到输油沟，则应参照 3-17 (b) 进行设计，图 3-17 (c) 所示为部分输油沟设计时的参考尺寸。

输油沟的布置形式和尺寸与其制造工艺有着密切的关系。图 3-18 所示为常见的输油沟布置形式，如果使用铸造输油沟的方式，则铸造模具较为复杂，但是可以一次成型，此时输油沟的尺寸应避免尖锐转角，取而代之的是柔和的铸造圆角，且需要尽可能保证铸造输油沟两侧厚度均匀以提高铸造的工艺性。

若使用铣削方式加工输油沟，则箱体铸造时模具结构简单，但需要多一步的金属切削工艺。在使用铣削时，输油沟形式和尺寸需要根据不同的铣刀确定，但是不论使用何种形式的铣刀，都无法加工出柔和的转角，因此需要将铣削出的输油沟进行交叉，以保证铣削的工艺性。使用圆柱端铣刀铣削输油沟时，输油沟的末端形式与铣刀相似，为圆弧状；使用盘形铣刀加工输油沟时，铣刀不同于圆柱铣刀的布置形式，输油沟末端的形状也与圆柱铣刀不同，为矩形。

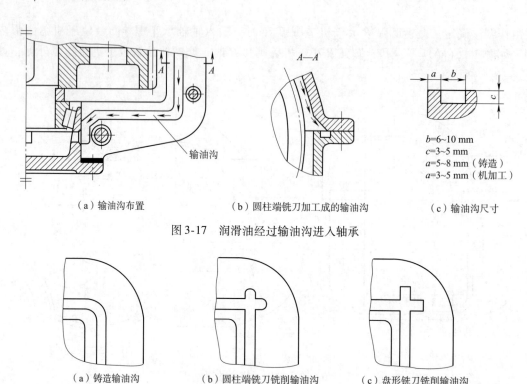

(a) 输油沟布置　　　　(b) 圆柱端铣刀加工成的输油沟　　　　(c) 输油沟尺寸

图 3-17　润滑油经过输油沟进入轴承

(a) 铸造输油沟　　　　(b) 圆柱端铣刀铣削输油沟　　　　(c) 盘形铣刀铣削输油沟

图 3-18　输油沟布置形式

为了保证润滑油能重新流回机体内部，在机座凸缘经常铣出回油沟，回油沟的结构如图 3-19 所示。

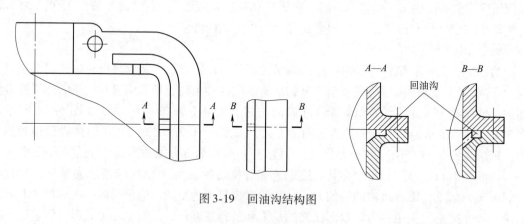

图 3-19　回油沟结构图

3.7　减速器的附件

1. 窥视孔和窥视孔盖

窥视孔应设在机盖的上部，用于观察传动件啮合区的位置，其尺寸应足够大，以便于检查和手伸入机体内操作。减速器内的润滑油也由窥视孔注入，为了减少油的杂质，可在窥视孔口安装过滤网。窥视孔要有盖板，机体上开窥视孔处应凸起一块，以便机械加工出支撑盖板的表面，并用垫片加强密封。盖板常用钢板或铸铁制成，用 M6～M10 螺钉紧固，其典型结构如图 3-20 所示。窥视孔和窥视孔盖的结构和尺寸见表 3-9。

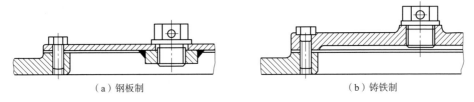

(a) 钢板制　　　　　　　　　　(b) 铸铁制

图 3-20　窥视孔和窥视孔盖

表 3-9　窥视孔和窥视孔盖的结构和尺寸（材料为 Q235-A 或 HT150）　　　　单位：mm

A	100　120　150　180　200
A_1	$A + (5\sim6)\ d_4$
A_2	$\dfrac{1}{2}(A + A_1)$
B	$B_1 - (5\sim6)\ d_4$
B_1	箱体宽 $-(15\sim20)$
B_2	$\dfrac{1}{2}(B + B_1)$
d_4	M6～M8，螺钉数 4～6 个
R	5～10
h	3～5

2. 通气器

通气器的作用是排放内部空气和水分，排出热量，从而保持减速器的正常运行，通气孔不直接通向顶端，以免灰尘落入。用于杂乱的场合还可以使用带过滤网式通气器，当减速器停止工作后，过滤网可阻止灰尘随空气进入机体内。通气器多安装在窥视孔盖或机盖上，安装在钢板制的窥视孔盖或机盖上时，用一个扁螺母固定，有时为防止螺母松动脱落到机体内，可将螺母焊在窥视孔盖上，这种形式结构简单，应用广泛；安装在铸铁制窥视孔盖或机盖上时，应在铸件上加工螺纹孔和端部平面。通气器的结构和尺寸见表 3-10 和表 3-11。

表 3-10　通气器的结构和尺寸　　　　单位：mm

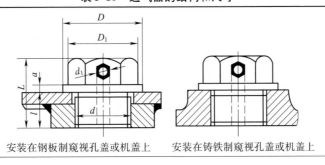

安装在钢板制窥视孔盖或机盖上　　安装在铸铁制窥视孔盖或机盖上

续表

d	D	D_1	s	L	l	a	d_1
M12×1.25	18	16.5	14	19	10	2	4
M16×1.5	22	19.6	17	23	12	2	5
M20×1.5	30	25.4	22	28	15	4	6
M22×1.5	32	25.4	22	29	15	4	7
M27×1.5	38	31.2	27	34	18	4	8
M30×2	42	36.9	32	36	18	4	8
M33×2	45	36.9	32	38	20	4	8
M36×2	50	41.6	36	46	25	5	8

注：材料为Q235-A；s 为螺母扳手宽度。

表 3-11　带过滤网通气器的结构及尺寸　　　　　　　　　　　　单位：mm

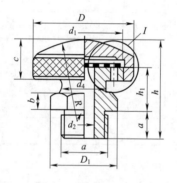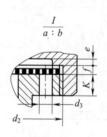

d	d_1	d_2	d_3	d_4	D	h	a	b	c	h_1	R	D_1	s	K	e	f
M18×1.5	M33×1.5	8	9	16	40	40	12	7	16	18	40	25.4	22	6	2	2
M27×1.5	M48×1.5	12	4.5	24	60	54	15	10	22	24	60	36.9	32	7	2	2
M36×1.5	M64×1.5	16	6	30	80	70	20	13	28	32	80	53.1	41	10	3	3

3. 油标

常见的油标有油标尺、圆形油标、长形油标等，这些油标都有螺纹，安装方便。油标的作用主要是为了观测润滑油的油液高度，从而方便减速器的保养和维护。油标尺结构简单，在减速器中应用较多。为便于加工和节省材料，油标尺的手柄和尺杆常由两个元件铆接或焊接在一起。油标孔位设计时应合理确定油标尺插孔的位置及倾斜角度，既要避免机体内的润滑油溢出，又要便于油标尺的插取及油标尺插孔的加工。油标尺上的油面刻度线应按传动件浸入深度确定。杆式油标尺设计尺寸见表3-12。

表 3-12 杆式油标尺设计尺寸（部分）　　　　　　　　单位：mm

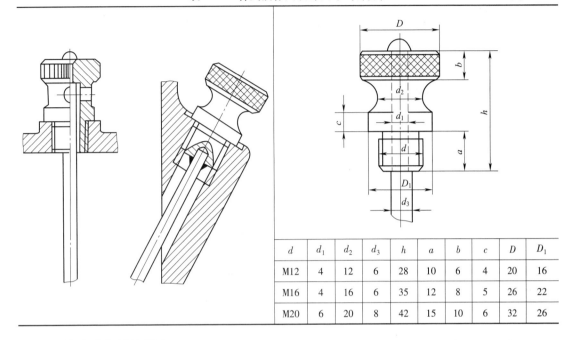

d	d_1	d_2	d_3	h	a	b	c	D	D_1
M12	4	12	6	28	10	6	4	20	16
M16	4	16	6	35	12	8	5	26	22
M20	6	20	8	42	15	10	6	32	26

4. 放油孔和放油螺塞

放油孔的作用是方便排出已经不能继续使用的润滑油。减速器润滑油中的杂质沉降后，易集中残留在最低处，因此放油孔的位置应在油池的最低位置，还需要安排在减速器不与其他部件靠近的一侧，以便于放油。放油螺塞在使用或装配时应该堵住，因此油孔处的机体外壁应凸起一块，经机械加工成为螺塞头部的支撑面，并加垫片以加强密封。放油孔、螺塞及封油垫的结构和尺寸见表 3-13。

表 3-13 放油孔、螺塞及封油垫的结构和尺寸　　　　　　　　单位：mm

d	M14×1.5	M16×1.5	M20×1.5
d_0	22	26	30
L	19	22	25
l	12	12	15
a	3	3	4
D	19.6	21.9	25.4
s	17	19	22
D_1	≈0.95s		
d_1	15	17	22
H	2		

5. 启盖螺钉和定位销

启盖螺钉的直径一般等于凸缘连接螺栓的直径，螺纹有效长度应大于凸缘厚度。螺钉杆端部要做成圆柱形大倒角或半圆形，以免损伤螺纹。启盖螺钉的安装如图 3-21 所示。

定位销的直径一般取 $d = (0.7 \sim 0.8) d_2$，d_2 为机体连接螺栓的直径（见表3-7）。定位销的长度应大于机盖和机座连接凸缘的总厚度，以便装拆。定位销的安装如图3-22所示。

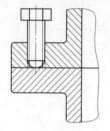

图 3-21　启盖螺钉的安装

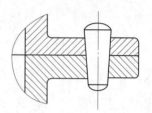

图 3-22　定位销的安装

6. 吊环、吊耳和吊钩

为方便拆卸和搬运，应在机盖上装配吊环螺钉或铸出吊环、吊耳，并在机座上铸出吊钩。吊耳、吊环和吊钩的参考尺寸可查阅有关手册或图册，也可参考表3-14进行设计。

表 3-14　起重吊耳、吊环和吊钩的结构和尺寸

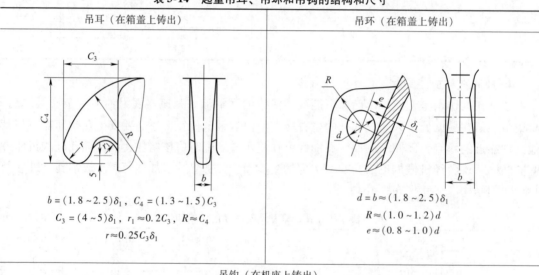

吊耳（在箱盖上铸出）	吊环（在箱盖上铸出）
$b = (1.8 \sim 2.5)\delta_1$，$C_4 = (1.3 \sim 1.5)C_3$ $C_3 = (4 \sim 5)\delta_1$，$r_1 \approx 0.2 C_3$，$R \approx C_4$ $r \approx 0.25 C_3 \delta_1$	$d = b \approx (1.8 \sim 2.5)\delta_1$ $R \approx (1.0 \sim 1.2)d$ $e \approx (0.8 \sim 1.0)d$

吊钩（在机座上铸出）

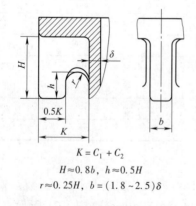

$K = C_1 + C_2$
$H \approx 0.8b$，$h \approx 0.5H$
$r \approx 0.25H$，$b = (1.8 \sim 2.5)\delta$

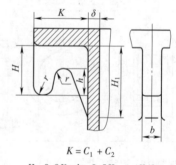

$K = C_1 + C_2$
$H \approx 0.8K$，$h \approx 0.5H$，$r \approx K/6$
$r \approx K/6$，$b = (1.8 \sim 2.5)\delta H_1$，$H_1$ 按结构确定

吊环螺钉为标准件，可按起重量在机械设计手册中选取，用于拆卸机盖，也允许用于吊运轻型减速器。使用吊环螺钉增加了机加工工序，所以常在机盖上直接铸出吊钩或吊耳，机座两端也多铸出吊钩，用以起吊或搬运较重的减速器。

3.8 装配图图面要求

1. 装配图草图

根据装配图绘制第一阶段要求，将一级圆柱齿轮减速器各核心传动部件选型并计算后，先绘制到草图上；然后根据装配图绘制第二阶段要求，按照核心传动部件的选型选择传动附件，从而形成减速器中最核心的部分；最后根据装配图绘制第三阶段要求，绘制减速器机体和其他结构，最终完成减速器绘制的草图部分，如图 3-23 所示。

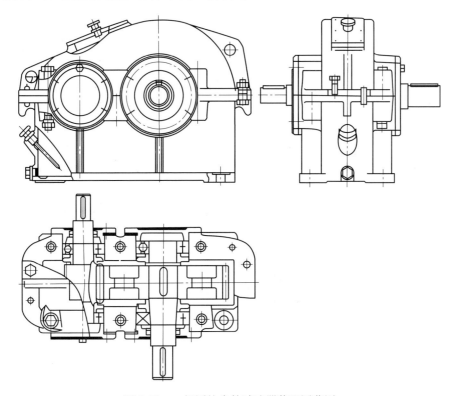

图 3-23　一级圆柱齿轮减速器装配图草图

草图部分完成后就需要对草图进行标注完成最终装配图。应标注的内容有：标注尺寸、技术特性与技术要求、零件标号和零件明细表。

2. 标注尺寸

（1）特性尺寸：传动零件的中心距及其偏差。本书主要标注一级齿轮传动的中心距。

（2）外形尺寸：构件总长、总宽和总高等，它们是表示减速器大小的尺寸，以便考虑所需空间大小及工作范围，供车间布置及装箱运输时参考。

（3）安装尺寸：包括机体底座尺寸（长、宽、高）、地脚螺栓孔中心的定位尺寸、地脚螺栓孔的中心距和直径、减速器的中心高、输入轴与输出轴外伸端的配合长度和直径，以及轴外伸端端面与减速器某基准轴线的距离。

（4）配合尺寸：包括轴与带轮、齿轮、联轴器、轴承的配合尺寸，轴承与轴承座孔的配合尺寸等。主要零件的配合处都应标出尺寸、配合性质和精度等级。配合性质和精度的选择对减速器的工作性能、加工工艺及制造成本等有很大影响，应根据相关资料认真确定。

3. 编写技术特性和技术要求

在装配图的适当位置写出减速器的技术特性，包括减速器的输入功率、输入轴的转速和减速器的传动比等。

在装配图上还需要写出一些在视图上无法表示的关于装配、调整、检验和维护等方面的技术要求。正确制定这些技术要求可以保证减速器的各种性能良好，技术要求通常包括以下几个方面的内容：

（1）对零件的要求。例如，装配前，检验零件的配合尺寸，合格的零件才能进行装配。所有零件应用煤油清洗，滚动轴承用汽油清洗，机体内不允许有任何杂物存在，机体内壁应涂上防腐蚀的涂料。

（2）对润滑剂的要求。润滑剂对减速器的传动性能有很大影响，可起到减少摩擦、降低磨损和散热冷却的作用，同时也有助于减振、防锈及冲洗杂质。因此，对传动零件及轴承所用的润滑剂牌号、用量、补充及更换时间等都要标明。

（3）传动侧隙量和接触斑点。齿轮、蜗轮或蜗杆安装后，要求的啮合侧隙由传动精度确定。啮合侧隙的检查可用塞尺或压铅法进行。压铅法是指将铅丝放入相互啮合的两齿面间，然后测量铅丝变形后的厚度。

对相互啮合的传动零件，可通过装配时对传动零件接触斑点的检验保证接触精度。在多级传动中，当各级传动的侧隙和接触斑点要求不同时，应分别在技术要求中注明。

（4）对安装调整的要求。安装齿轮时，必须保证一定的传动侧隙以保证齿轮的相对运动；安装滚动轴承时，要保证适当的轴向游隙。对于固定间隙的向心球轴承，一般留有轴向间隙 $\Delta = 0.25 \sim 0.4$ mm；对可调间隙轴承的轴向间隙可查阅机械设计手册，并注明轴向间隙值。

（5）对密封的要求。检查减速器剖分面，所有连接面及外伸轴颈处都不允许漏油。部分面上允许涂密封胶或水玻璃，但不允许使用任何垫片。外伸轴颈处应加装密封元件。

（6）对包装、运输及外观的要求。例如，对外伸轴的机器配合零件部分需涂油包装严密，机体表面应涂漆，运输及装卸不可倒置等。

在编写技术要求时需要对上述六个方面分别给出相应的要求，对一些需要参考机械设计手册才能给出的技术要求，需要严格参考手册选择合适的数值。

4. 零件标号并列出明细栏

零件编号要完整，但不能重复，图纸上相同零件只能有一个编号。零件编号方法可以采用不区分标准件和非标准件的方法，统一编号；也可以将标准件和非标准件分开，分别编号。编号线不能相交，也不能与剖面线平行。由几个零件组成的独立组件（如滚动轴承、通气器等）可作为一个零件编号。编号可按顺时针或逆时针方向顺序排列。零件编号的表示应符合国家制图标准的规定。

明细表是减速器所有零件的详细目录，填写明细表的过程也是最后确定零件材料和标准件的过程。明细表由下向上填写。

标准件必须按照规定的标记，完整地写出零件名称、材料、主要尺寸及标准代号，同时还应注明材料的牌号；非标准件应给出设计代号，设计代号和其零件图的图纸编号一一对应；齿轮必须注明其主要参数，如模数 m、齿数 z、螺旋角 β 等。

本书设计图纸布局如图 3-24 所示。

5. 检查装配图

完成装配图的绘制后，应仔细检查图纸的设计质量，需要检查的主要内容如下：

（1）视图的数量是否足够，是否能够清楚地表达减速器的工作原理和装配关系。

（2）各零件的结构是否合理，加工、拆装、调整、维修及润滑是否可行且方便。

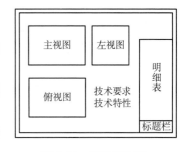

图 3-24 装配图布局

（3）尺寸是否符合标准系列或已进行圆整，标注是否正确，重要零件的位置及尺寸（如齿轮、轴、支点距离等）是否符合设计计算的要求，是否与零件工作图一致，相关零件的尺寸是否协调，配合与精度的选择是否恰当等。

（4）技术要求和技术性能是否完善正确。

（5）零件编号是否齐全，标题栏及明细表各项是否正确，有无遗漏。

（6）制图是否符合国家标准。

画完零件图，并检查、修改后，应再加深描粗。所有文字和数字应按制图规定的格式和字体清晰写出，图纸应保持整洁。

思 考 题

1. 装配图的作用是什么？减速器装配图包括哪些主要内容？
2. 减速器中哪些零件需要润滑？如何选择润滑剂？
3. 减速器装配图的技术要求主要包括哪些内容？通常注写在图纸的什么位置？

第 4 章　减速器零件图设计

导读：
　　减速器由若干零件装配而成，装配图表达各零件的装配关系，每个零件的结构、尺寸、技术要求等内容须在零件图①中表达。零件图不仅反映设计者的设计意图，还是零件加工和检验的依据，应包括制造和检验所需的全部内容。零件图的绘制既应满足设计要求，也要充分考虑加工工艺的合理性和可行性。
　　本章重点介绍零件图的绘制方法，包括如何合理选择视图、正确标注尺寸、公差、粗糙度以及技术要求编写等内容。同时选取减速器代表性的轴、齿轮、箱体三种零件，分别介绍其零件图的绘制方法和注意事项。

学习目标：
　　1. 掌握零件图绘制过程中视图选择、尺寸标注、公差和粗糙度标注、技术要求编写的方法；
　　2. 能够绘制减速器轴、齿轮、箱体等典型零件的零件图；
　　3. 具备运用所学专业知识和技能，正确、合理地绘制零件图，编制零件加工、检验、装配等工艺技术要求的能力；
　　4. 了解现代机械设计技术及其在实际工程中的应用，掌握一般机械设计的基本方法和技能。

4.1　对零件图的要求

1. 图幅及视图选择
　　零件图应清楚表达零件内全部的结构、形状和尺寸，设计者在绘制零件图时应根据零件结构的复杂程度，合理选择图纸幅面，做到视图布局合理、齐整、表达清楚。一般减速器轴类、齿轮类零件图选用 A3 横幅幅面。
　　在充分分析零件的结构形状、在设备中的工作位置、装配关系、加工方式等因素后进行视图选择，选择最能够表达零件结构特征的视图作为主视图，配合其他视图进行绘制。一张图纸中视图选择要恰当，做到视图少、表达清楚、布局整齐。

2. 尺寸标注
　　零件图中的尺寸决定零件几何结构的位置和大小，是零件加工和检验的重要依据。尺寸基准的选择应满足设计要求且便于加工，按零件形状结构、加工工艺、检验等需求进行标注，做到不漏不重、清晰、美观。同时尺寸标注还要合理，这方面非常考验设计者机械设计和机加工知识的储备以及工程实践能力。零件图中尺寸应与装配图保持一致。

---

　① 典型机构零件图见附录 A。

3. 公差标注

根据设备各零件的装配关系，零件图中应标注必要的极限偏差，以限制尺寸的加工精度。零件重要表面和形状的相对位置，应标注必要的几何公差，用以满足零件加工精度和装配要求，同时也是评定零件质量的重要指标。

4. 表面粗糙度标注

零件的每一结构、要素表面均应标注表面粗糙度，在满足设计要求的条件下，表面粗糙度应选用较大值，便于加工。当有多个表面粗糙度相同时，可采用简化注法，在图纸标题栏上方空白处统一标注。

5. 技术要求

零件在制造、检验、组装、使用和维护等环节需要满足一定的技术要求，设计者应在图纸上注明。不同零件根据其加工工艺、工作特性等方面的不同，技术要求内容也不同，一般有以下几种：

（1）材料的力学性能和供货状态要求。
（2）零件热处理要求。
（3）零件加工过程中的特殊要求，如加工顺序或配合加工等。
（4）检验的要求，如零件表面无损检测方式和合格级别的要求。
（5）未注倒圆、倒角要求。
（6）其他特殊要求。

6. 传动件的啮合特性表

对于齿轮、蜗轮、蜗杆等啮合传动件，应在零件图右上角紧贴边框位置列出啮合特性表，便于制造工艺编制时合理选择加工刀具和进行误差检验。啮合特性表应列出主要几何参数、精度等级、检验项目、偏差等内容。

7. 标题栏

标题栏应按照机械制图标准紧贴图框右下角绘制，本书推荐使用标准标题栏，对接工厂实践，增强应用能力。需要指出在零件图绘制过程中，如发现装配图有不合理处，可对其进行修改，最终定稿的装配图与零件图应保持一致。

4.2 轴类零件图设计

1. 视图选择

轴类零件形状为一段或多段同轴回转体，轴线方向根据零件的工作和加工需要确定，通常有键槽、倒角、退刀槽、螺纹等结构。一般选取轴向水平放置为主视图，图框用横幅，若轴为细长轴，为表达清晰，可将较长轴段断开绘制。键槽和孔采用移出断面图表达，断面图剖切面通过回转形成的孔，应按剖视图绘制，如图 4-1 所示。对于尺寸较小的倒角、退刀槽、砂轮越程槽等结构应采用局部放大图表达。

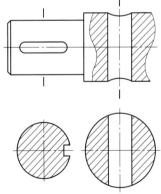

图 4-1 轴上键槽和孔移出断面图的画法

2. 标注尺寸

轴类零件尺寸有径向尺寸、轴向尺寸和其余倒角、键槽等尺寸。径向尺寸每一轴段均应标出，不能因相同直径轴段而省略标注，对于有配合的轴段应标出极限尺寸。

轴向尺寸标注应根据加工工艺选好基准面。对于起到轴向定位的轴段长度应直接标出，如齿轮安装定位、轴承安装定位等。长度误差不影响轴工作和装配的轴段可不直接标注，避免出现封闭尺寸链，该轴段长度可由其他尺寸计算得出，如安装油封轴段、端部轴承段。轴向尺寸链标注应等距地由小到大、由内到外标注，轴总长尺寸应在轴向长度尺寸最外侧标出，使尺寸清晰、美观，利于检查和读取。

图 4-2 所示为减速器轴零件图尺寸标注示例，所注尺寸反映了表 4-1 中轴车削主要加工工序顺序。选择 d_3 轴段左侧为基准面，L_2、L_3、L_4、L_5 均以该基准面为基准，减少重要轴段加工误差。尺寸 L_2 确保齿轮和左侧轴承定位可靠，尺寸 L_4 确保右侧轴承支撑点的位置精度。L_6 连接联轴器，L_7 为次要尺寸，密封轴段 d_6 和左侧轴承安装轴段 d_1 的长度误差对减速器的装配和使用影响最小，将其作为封闭环，通过计算得出，避免出现封闭尺寸链。

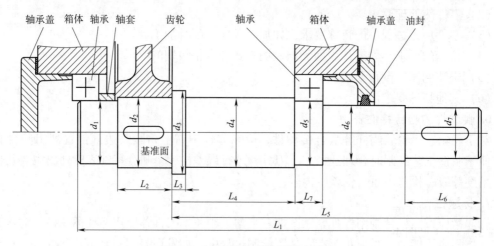

图 4-2 减速器轴零件图尺寸标注

表 4-1 轴车削加工主要工序

工序号	工序名称	工序草图	所需尺寸
1	下料，车端面，打中心孔，车外圆	（尺寸为 L_1，d_3 的圆柱）	L_1，d_3
2	夹住一端，量出 $L_5 - L_3$，车 d_4	（尺寸为 L_5-L_3，d_4 的阶梯轴）	$L_5 - L_3$，d_4

续表

工序号	工序名称	工序草图	所需尺寸
3	量出 $L_4 - L_3$，车 d_5		$L_4 - L_3$，d_5
4	量出 L_7，车 d_6		L_7，d_6
5	量出 L_6，车 d_7		L_6，d_7
6	夹住另外一端，量出 L_3，车 d_2		L_3，d_2
7	量出 L_2，车 d_1		L_2，d_1

键槽定位尺寸和长度尺寸在轴的主视图中标出，键槽宽度和深度可在断面图中标出。为方便测量，键槽深度尺寸基准应以轴外圆轮廓为基准 [见图 4-3（a）]，不应选取轴中心对称线为基准 [见图 4-3（b）]。轴上倒圆、倒角、退刀槽等结构可在局部放大图中标注尺寸，若尺寸相同则可在技术要求中统一说明。

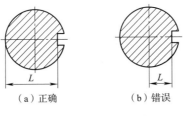

图 4-3 键槽深度尺寸标注

3. 公差标注

（1）尺寸公差。轴上有装配要求的轴段直径应标注其极限尺寸，即在直径尺寸数字后标注公差代号（见图 4-4 中 d_1 轴段所注示例）或极限偏差（见图 4-4 中 d_5 轴段所注示例）。键槽的宽度和深度以及其他需要标注尺寸偏差的结构也应标出，其数值可查阅相关机械标准获得。

（2）几何公差。轴的重要表面和对要素间相对位置要求高的部位应标注几何公差，以满足轴的设计要求,能够提高轴的加工精度、装配质量,达到设计要求的工作性能。一般情况下,几何公差的精度随着轴的转速、载荷的增加而提高。

轴上安装传动件(齿轮、涡轮等)的轴段,为达到良好的啮合传动,应在该轴段标注径向圆跳动公差,传动件定位的轴肩应标注轴向圆跳动公差。对于高转速、精度要求高的传动,还应标注圆度或圆柱度。

轴承对轴的转动起支撑作用,其安装精度要求较高。为保证良好的旋转精度,一般在安装轴承的轴段标注径向圆跳动公差、圆度或圆柱度公差,轴承定位轴肩处标注轴向圆跳动公差。

轴的输入或输出端一般安装联轴器或带轮、链轮,轴向精度要求不高,所以只需标注径向圆跳动公差。键槽起到连接传动件的作用,通常标注键槽宽度的对称度公差,以保证键和轴对中。

轴公差标注示例如图4-4所示,轴类零件常用几何公差推荐项目见表4-2。

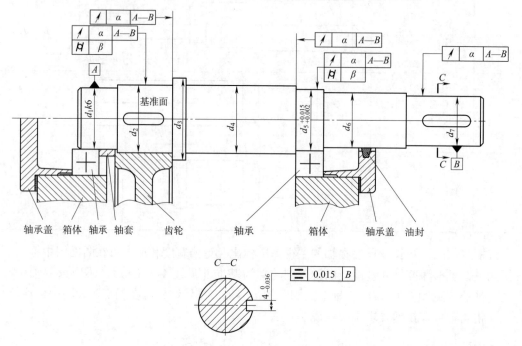

图4-4 轴公差标注示例

表4-2 轴类零件常用几何公差推荐项目

公差类别	标注位置	符号	精度等级	作用
形状公差	与传动零件配合的轴段圆度、圆柱度	○	7~8	保证轴与轴承配合的松紧度和对中性
	与轴承配合的轴段圆度、圆柱度	⌭	6~7	
跳动公差	传动件、轴承定位端面对轴心线的圆跳动	↗	6~8	保证定位精度且承受载荷均匀
	与传动件、轴承相配合轴段直径对轴线的圆跳动			保证运转同心度
位置公差	键槽两侧面对轴中心线对称度	≡	7~9	影响键和轴受载的均匀性及拆装难易程度

4. 表面粗糙度标注

轴表面粗糙度可参考表 4-3 结合具体情况进行标注。

表 4-3　轴表面粗糙度参考值

轴段表面	表面粗糙度 $Ra/\mu m$	轴段表面	表面粗糙度 $Ra/\mu m$
与 P0（G）级滚动轴承配合的轴段表面	0.8～3.2	平键键槽	工作面：1.6～6.4 非工作面：6.3
与 P0（G）级滚动轴承配合的轴肩表面	3.2	与填料密封接触的表面	$v \leqslant 3$ m/s：1.6、3.2 $v > 3$ m/s：0.8、1.6
与传动件或联轴器配合的轴段表面	0.4～3.2	与骨架油封接触的表面	$3 < v \leqslant 5$ m/s：0.4～1.6 $v > 5$ m/s：0.2～0.8
与传动件或联轴器配合的轴肩表面	1.6、3.2、6.4	间隙及迷宫密封	1.6～3.2

5. 技术要求编写

轴类零件图技术要求可参照以下几方面：
（1）热处理要求，表面硬度要求。
（2）未注倒角。
（3）未注圆角半径。
（4）特殊加工工艺说明。
（5）特殊检验、装配说明，如表面要求磁粉检测。

4.3　齿轮类零件图设计

1. 视图选择

齿轮类零件与轴类零件类似，也是回转体，长径比较小，有轮毂孔、键槽、传动齿等结构。一般选用非圆半剖或全剖视图作为主视图表达轮齿、轮毂结构尺寸，配以左视图或局部视图表达键槽等结构尺寸。

组合式蜗轮应以部件图的形式绘制，再分别绘制齿圈和轮芯的零件图。齿轮轴和蜗杆的视图与轴类零件图相似，如需表达齿形参数，可增加局部剖视图。

2. 尺寸标注

齿轮零件图中主要标注径向和轴向尺寸，即直径和宽度。轮毂孔是齿轮和轴装配的部位，也是齿轮加工、检验的基准，故齿轮径向尺寸基准选取轮毂孔的轴心线。径向尺寸需标注分度圆直径、齿顶圆直径、轮毂直径和轮缘、腹板上孔的尺寸等。齿根圆直径由齿轮参数可得，不必标注。齿轮轴向尺寸以轮毂端面（即安装和检测基准）为基准，主要标注齿轮厚度［见图 4-5（a）］。

锥齿轮的锥距和锥角为保证构件啮合良好的重要尺寸，故锥齿轮除以上尺寸标注外，还须将锥距和锥角进行标注，一般标注外锥距、分锥角、根锥角。锥距精确到 μm，锥角精确到分,分锥角精确到秒[见图4-5(b)]。

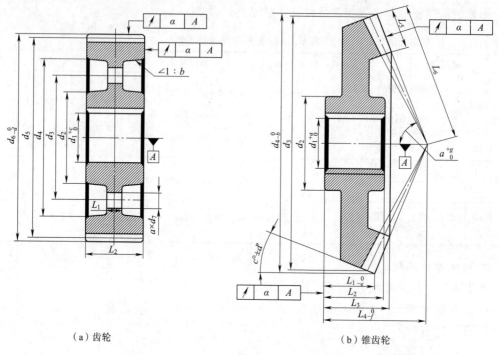

（a）齿轮　　　　　　　　　　（b）锥齿轮

图 4-5　齿轮、锥齿轮尺寸标注示例

组合结构的蜗轮部件图应标注装配尺寸。齿轮上铸造或锻造的结构尺寸应标注拔模斜度。

3. 公差标注

（1）尺寸公差。齿轮齿顶圆、轮毂圆、键槽分别与配对齿轮、轴、键进行配合,应按配合要求在零件图上标注极限偏差,锥齿轮还应标注端面到锥齿大端和锥顶角的极限偏差。涡轮应标注中心距和端面到中分面轴向距离的极限偏差,如图4-6所示。相关偏差可根据齿轮类零件的直径和精度等级选取。

（2）几何公差。齿轮类零件图须在齿顶圆和轮毂端面标注圆跳动度,保证齿轮运转时受载均匀及良好的传动精度。轮毂孔标注圆度或圆柱度,保证齿轮和轴的安装满足设计要求,如图4-5和图4-6所示。在键槽两侧面须标注对称度。齿轮类零件常用几何公差推荐项目见表4-4。

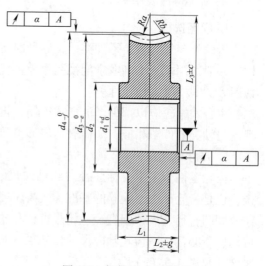

图 4-6　蜗轮尺寸标注示例

表 4-4　齿轮类零件常用几何公差推荐项目

公差类别	标注位置	符号	精度等级	所起作用
形状公差	轮毂孔圆度、圆柱度	○ ⌀	6~8	保证齿轮与轴配合的松紧度和对中性
跳动公差	齿顶圆对轴心线的圆跳动	↗	根据齿轮尺寸及精度等级选取	保证传动精度且承受载荷均匀
	齿轮轴向安装端面对轴线的圆跳动			
位置公差	轮毂键槽对轴中心线的对称度	=	7~9	影响键和键槽受载的均匀性及拆装难易程度

4. 表面粗糙度标注

齿轮类零件轮毂孔、与轴肩配合端面粗糙度可参考轴类零件标注，齿面和齿顶圆表面粗糙度参考值见表 4-5，模数小的齿面粗糙度选相对小值，模数大的齿面粗糙度选大值。

表 4-5　齿面和齿顶圆表面粗糙度参考值 Ra　　　　　　　　　　　　　　　　单位：μm

齿面和齿顶圆		精度等级					
		5	6	7	8	9	10
齿面		0.32~0.63	0.4~0.8	0.8~1.6	1.6~3.2	3.2~5.0	5.0~8.0
齿顶圆	作为测量基准	1.25~1.6	1.6	1.6~3.2		3.2~6.3	6.3~8.0
	不作为测量基准	2.5	3.2	6.3	3.2~6.3	6.3~12.5	10

5. 啮合特性表

啮合传动零件图中应编写啮合特性表，齿轮的主要参数不能在图中标注的均应在啮合特性表中体现，其内容包括齿轮参数、精度等级、检验项目等。具体标准内容可参考附录 A 中的相关零件图，啮合特性表应紧贴图框右上角空白处列出。

视 频
插齿加工齿轮

6. 技术要求

齿轮类零件图的技术要求主要包括以下几方面：
（1）材料力学性能、热处理要求。
（2）未注倒圆、倒角、公差等级。
（3）有型式试验要求的齿轮应详细注明，如动平衡试验。
（4）特殊的加工和检验要求。
（5）其他技术要求。

视 频
滚齿加工齿轮

4.4　箱体类零件图设计

减速器箱体由铸造或焊接而成，分为缸体和缸盖，转动件、密封件、视油窗等零部件均安装在箱体，故其结构较为复杂，箱体零件图须对箱体内外结构

视 频
变位齿轮加工

进行清晰表达。

1. 视图选择

主视图选取一般按工作位置表达箱体的主要形状。俯视图采用结合面方向投影，表达结合面紧固件开孔和箱体内部结构，前后两部分大致呈对称结构。左视图和右侧向视图表达箱体左右两侧结构尺寸。视图中须配以剖视图表达箱体厚度和孔洞结构，对于细节部位再加以局部视图、放大图等详细表达。

2. 尺寸标注

箱体类零件图尺寸常选用轴承安装孔轴线、结合面、对称面、安装面作为尺寸基准。

（1）长度尺寸。长度方向尺寸基准通常选取轴承安装孔轴线（加强筋中线），主要标注轴承安装孔定位尺寸、结合面紧固螺栓孔和销孔定位尺寸、地脚螺栓孔定位尺寸、箱体长度、结合面外延长度和其他结构尺寸。

（2）宽度尺寸。宽度方向尺寸基准选用箱体中线，主要标注箱体宽度、结合面外延宽度、结合面紧固螺栓孔和销孔定位尺寸、地脚螺栓孔定位尺寸等。

（3）高度尺寸。高度方向尺寸选取安装面或结合面作为基准，主要标注箱体高度、底座厚度、结合面厚度、视油窗定位等尺寸。

减速器箱体尺寸和公差标注示例如图 4-7 所示。

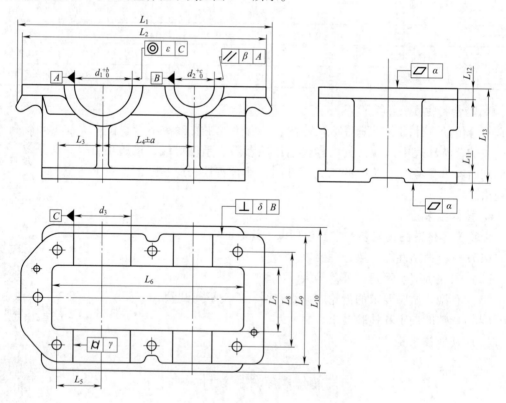

图 4-7 减速器箱体尺寸和公差标注示例

3. 公差标注

（1）尺寸公差。箱体尺寸公差标注主要在轴承安装孔，孔的定位尺寸对转动件安装精度影响较大，故需要标注偏差尺寸。孔和轴承配合，径向尺寸需要标注极限偏差。

（2）几何公差。减速器箱体结合面、轴承端盖密封面应标注平面度公差，确保使用过程中不泄漏润滑油。轴承安装孔应标注圆柱度、同轴度等公差，保证转动零件的安装和运行精度。其他部位根据设计要求进行合理标注。

4. 表面粗糙度标注

箱体零件需进行机加工的表面均应标注粗糙度，粗糙度选取可参考表4-6，一般配合要求高的表面粗糙度要求也高。

表4-6 箱体类零件常用几何公差推荐项目

公差类别	标注位置	符号	精度等级	所起作用
形状公差	轴承安装孔圆度、圆柱度	○ ⌭	6~7	影响轴承外圈与箱体的装配质量和运转精度
	箱体结合面、轴承端盖密封面平面度	▱	7~8	影响密封性
位置公差	轴承安装孔轴心线相互之间平行度	∥	6~7	影响转动件的安装精度和传动精度
	成对轴承安装孔轴心线同轴度	◎	6~8	
	轴承安装孔端面和轴心线垂直度	⊥	7~8	影响轴承外圈固定

5. 技术要求

箱体类零件图技术要求应根据设计需要编写，可参考以下几方面：

（1）铸件表面清砂，时效处理。
（2）铸造质量要求。
（3）内部清理要求，防止杂质残留，污染润滑油脂。
（4）内外表面除锈防腐要求。
（5）箱体装配要求，结合面涂胶种类说明，组装完成后的密封要求。
（6）未注倒圆、倒角标注。
（7）其他特殊要求。

思 考 题

1. 主视图的选择应从哪几方面考虑？
2. 零件图是否必须将零件的三视图全部画出？
3. 轴类零件键槽一般采用哪种视图表达？
4. 轴类零件轴向尺寸中哪些轴段尺寸应直接标注？

5. 技术要求的编写应从哪几方面考虑？
6. 零件图和装配图的关系是什么？

拓 展 阅 读

为什么要确定设计准则？"不树正气不能立大业，没有规矩不能成方圆。"机械设计过程中有了准则，才能设计出适应工况的合格零部件。做人做事也应有正确的准则，否则将会偏离社会主义核心价值观。

第5章　设计计算说明书、设计总结和答辩

导读：
本章介绍了设计计算说明书的内容、格式要求，设计总结的编写，课程设计资料的整理，以及如何进行答辩准备。

学习目标：
1. 掌握设计计算说明书需要编写的内容，能够按要求编写设计计算说明书；
2. 规范整理设计资料；
3. 完成答辩准备，顺利答辩；
4. 培养遵守答辩纪律、良好表达设计内容、规范整理资料的习惯。

5.1　设计计算说明书的内容

设计计算说明书是机械设计技术资料的重要组成部分，是设计的理论依据。它不仅是设计过程的呈现，还会在设备制造、使用、维护等环节供技术人员查阅。设计计算说明书主要包括以下内容：

(1) 说明书封面。
(2) 目录。
(3) 设计条件，即设计题目原始数据、设计要求，可附条件图。
(4) 传动方案设计，根据设计条件分析不同传动方案的优缺点，选定传动方案，绘制传动简图。
(5) 原动机选择，原动机有电动机、柴油发动机、汽轮机等，减速器一般选用电动机作为原动机。
(6) 传动装置运动、动力计算，包括总传动比、各级传动比计算，各轴转速、功率、转矩计算。
(7) 传动零件设计计算，包括输入端的带传动、链传动等零件设计，减速箱内齿轮、蜗轮蜗杆等零件详细设计计算。
(8) 轴的设计计算和强度校核。
(9) 轴承的选择和计算。
(10) 传动连接件的选择和计算，主要是键的选择和计算及强度校核。
(11) 润滑方式、润滑油的选择，密封形式设计。
(12) 箱体及附件的设计说明。
(13) 总结。
(14) 参考文献。

5.2 设计计算说明书的要求和注意事项

设计计算说明书应按照指导教师给出的格式要求编写，规范编写说明书能够形成良好的文档书写习惯，对设计文件形成规范认知。具体应做到如下要求：

（1）说明书应按统一格式加装封面和封底，并填写题目和相关信息。

（2）无论手写还是打印，均应编写目录。目录页码应和正文区别标注。

（3）说明书三级标题按统一要求的格式编写，第四级及后续标题按正文格式编写。

（4）计算公式应按要求字体编写，居中布置。主要公式应编号，方便文中引用。计算过程可以省略，计算结果明确给出，并注明单位。

（5）插图和表格应有编号和名称，插图编号和图名居中标注在图的下方，表格编号和表名标注在表的上方。图表应清晰、规范，位置应在相关内容附近。

（6）需要引用的内容应注明引用文献编号，在参考文献中列出。

（7）计算结果、设计结论应在文档右侧"结果"栏中列出。

（8）用简练的语句准确表达设计内容，规范使用专业术语，避免口语化词句。

（9）参考文献根据国家标准《信息与文献　参考文献著录规则》（GB/T 7714—2015）编写。参考文献编写示例：

［1］王军, 田同海, 何晓玲. 机械设计课程设计［M］. 北京：机械工业出版社, 2018.

5.3 设计计算说明书的书写格式示例

机械设计工作中，在设备的功能实现、结构形式、方案选择上，设计者可以充分发挥个人能力，运用所学知识，推陈出新。但说明书格式应按指导教师要求格式编写，不得随意变更，应做到规范、统一。设计计算说明书的书写格式见表 5-1。

表 5-1　设计计算说明书书写格式示例

计算及说明				结果
六、传动装置运动、动力计算 …… 各轴的运动及动力参数见表×-1。				$F_{Cx} = \times \times \, \text{N}$
表 ×-1　各轴的运动及动力参数				
	电动机轴	高速轴	低速轴	
功率 P/kW	××	××	××	
转矩 T/（N·mm）	××	××	××	
转速 n/（r/min）	××	××	××	
传动比 i	××		××	
效率 η	××		××	
……				

计算及说明	结果
八、轴的设计计算和强度校核 　1. 高速轴 　（1）结构设计 　根据轴的最小直径 $d_{\mathrm{Imin}}=\times\times\mathrm{mm}$…… 　（2）强度计算 　轴的结构设计和受力模型如图×-1所示…… $$F_{Cx}=\frac{F_{Bt}\times L_1}{L_1+L_2}=\cdots=\times\times\mathrm{N} \qquad (\times\text{-}1)$$ 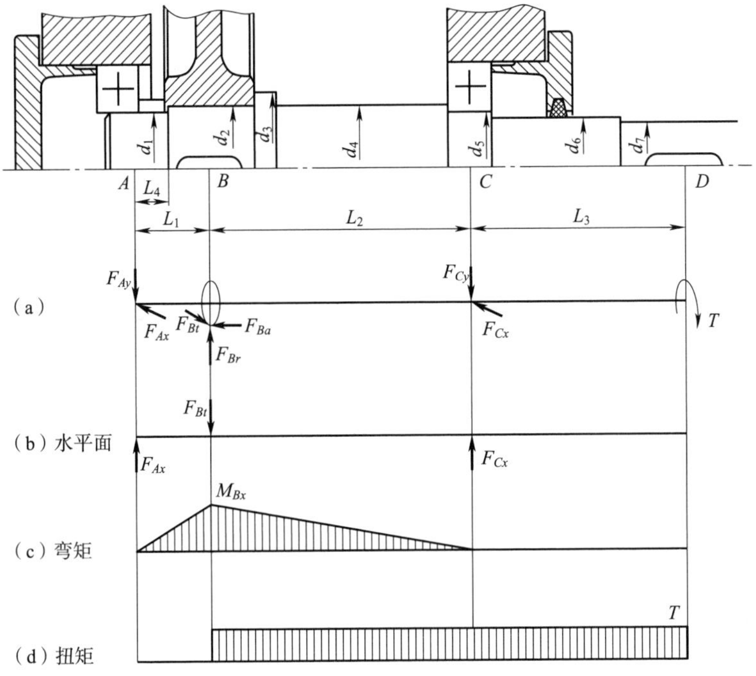 图×-1　轴的结构设计和受力模型	$F_{Cx}=\times\times\mathrm{N}$

5.4　设计总结

完成课程设计说明书的编写和图纸绘制后，应对设计进行总结，分析得失，找出不足，改进提高。总结应编写在设计计算说明书正文的最后一章（参考文献前）。

设计总结应从设计计算、图纸绘制、设计过程和方法等方面开展。设计计算从方案拟定、转动件设计计算、标准件选型等方面分析设计过程中的优点和不足，通过系统和局部不同角度的分析，得出本次设计的亮点和欠缺，以便今后能够针对性提高自身理论和实践能力。在设备图纸绘制过程中，可以发现对哪些绘图知识和技能掌握还不够熟练，可分类总结,提高制图能力。通过课程设计,能够总结出机械设计的步骤,在设计总结中分条列出。对设计过程中如何查阅资料、共同合作、计算与绘图协调进行等过程性收获进行总结,提升发现问题、分析问题、解决问题、改进设计的能力。

5.5　设计资料整理及答辩

1. 设计资料整理

答辩前应将全部设计资料进行装订整理,设计资料包括最后定稿的任务书、设计计算说明书、图纸、过程性资料四部分。任务书和说明书分开装订,装配图和零部件图应进行折叠,图 5-1 所示为一张 A0 图纸的折叠示例,先将图纸展开,竖向沿 1 线对折,再分别沿 2、3 线折叠,横向沿 4 线对折,再分别沿 5、6 线折叠成 A4 图幅大小,注意要将标题栏置于叠好后图纸的正面,利于查阅。折叠后将零部件图按图号由小到大放入装配图的中分面,如图 5-2 所示。最后按任务书、说明书、图纸、过程性资料的顺序装入文件袋。

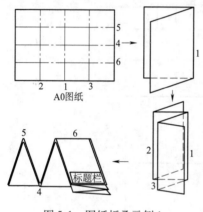

图 5-1　图纸折叠示例 1

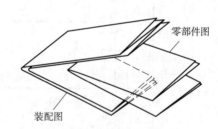

图 5-2　图纸折叠示例 2

文件袋封面应将设计题目、设计者信息、资料清单填写完整。资料清单填写示例如图 5-3 所示。

资料清单

序号	名　称	页数	件数
1	任务书	2	1
2	设计计算说明书	30	1
3	减速器装配图(A1)	1	1
4	轴零件图(A3)	1	1
5	指导记录	2	1
6	答辩记录	2	1
⋮			

图 5-3　资料清单填写示例

2. 答辩

课程设计答辩是对设计者和设计质量进行最终审阅和评定的环节,通过答辩准备、答辩过程和答辩后的修改,能够改进设计不足、提高设计质量,同时也是设计者展示自我、锻炼表达的良好机会。设计者可以把答辩看作一个新品发布会,设计的设备就是新产品,需要经过充分准备将设计过程和设计结果展现在答辩老师面前。通过答辩过程中的问答和探讨,从不同人的不同角度发现设计中的优点和不足,进一步学习、提高。答辩后,应根据答辩结果对设计进行修改,形成最终的设计资料,进行存档。

答辩中常见的问题可以分为以下几类:

(1) 传动方案拟定。例如,从哪几方面分析不同传动方案的优缺点;选择该传动方案的理由。

(2) 原动机选型。例如,电动机功率和转速如何确定;电动机有无防爆要求。

(3) 传动类型和传动件的设计。例如,本设计为何选用带传动;链传动适用何种场合;传动比如何分配;齿轮的参数如何确定;齿轮和蜗轮蜗杆分别适用哪些场合;如何确保传动精度。

(4) 轴的设计计算。例如,轴径如何确定;对轴进行了哪些计算;各轴段的作用。

(5) 材料相关。例如,如何选取轴、齿轮、减速箱的材料;热处理要求是什么;进行时效处理的原因。

(6) 标准件选型。例如,为何选用圆锥滚子轴承;轴承与轴采用何种配合;采用何种润滑形式;轴承如何散热;键的尺寸如何确定。

(7) 箱体及附件相关问题。例如,采用何种密封方式;如何查看油位;如何保证缸体和缸盖的配合精度。

(8) 图纸绘制。例如,尺寸基准如何选取;配合公差如何标注;零件图的组成和作用;技术要求有哪几部分内容。

(9) 设计过程和方法。例如,通过本次设计你发现自身哪些不足;简述机械设计的步骤;本次设计你学到了什么。

思 考 题

1. 说明书中对标题有何要求?
2. 说明书中图、表插入有哪些格式要求,如何进行公式编号?
3. 设计总结应从哪几方面进行?
4. 图纸应折叠成多大尺寸?
5. 答辩中出现的设计不合理问题如何处理?

第6章 机械设计基础课程设计题目

题目1 设计用于带式输送机的传动装置

带式输送机是煤矿、煤炭等深加工行业运输物料的设备,带式输送机由机头部分的电动机、液力耦合器、制动器、减速器、传动滚筒,机身部分的机架、托辊、清扫装置、卸煤装置,机尾滚筒和皮带等组成。皮带由驱动滚筒带动运转,物料通过卸料斗落到皮带上,随着皮带运转输送到指定位置。

1. 已知条件

(1) 皮带输送机传动示意图如图6-1所示。
(2) 单向运转,载荷较平稳,下料有轻微冲击。输送物料为煤炭。
(3) 工作环境:室温,粉尘(煤粉)。
(4) 使用寿命12年,24 h间断运输,每天累计运行12~15 h。
(5) 每年大修一次,日常可在停机间隙进行维护、小修。
(6) 三相交流供电,电压为380/220 V。
(7) 输送机工作速度允许误差为±3%。
(8) 小批量生产。

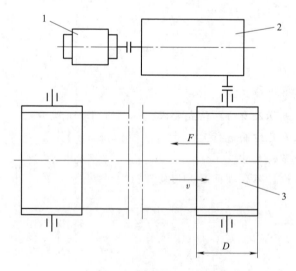

1—电动机;2—减速器;3—输送带。
图6-1 带式输送机传动示意图

2. 设计数据

1) 带传动 + 一级圆柱齿轮减速器（见图 6-2 和表 6-1）

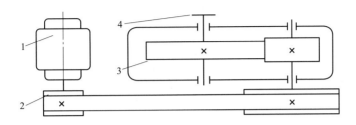

1—电动机；2—V 带传动；3——级圆柱齿轮减速器；4—半联轴器。

图 6-2　带传动 + 一级圆柱齿轮减速器示意图

表 6-1　带传动 + 一级圆柱齿轮减速器设计数据

参数	编号							
	1	2	3	4	5	6	7	8
输送带拉力 F/N	1 400	1 600	1 800	2 000	2 200	2 500	2 800	3 000
输送带工作速度 $v/(m/s)$	2.0	1.8	1.5	1.4	1.3	1.4	1.5	1.2
滚筒直径 D/mm	280	250	220	200	180	300	200	250

2) 带传动 + 二级展开式圆柱齿轮减速器（见图 6-3 和表 6-2）

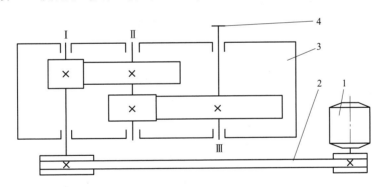

1—电动机；2—V 带传动；3—二级展开式圆柱齿轮减速器；4—半联轴器。

图 6-3　带传动 + 二级展开式圆柱齿轮减速器示意图

表 6-2　带传动 + 二级展开式圆柱齿轮减速器设计数据

参数	编号							
	1	2	3	4	5	6	7	8
输送带拉力 F/N	3 200	3 500	4 000	4 500	5 000	5 500	6 000	6 500
输送带工作速度 $v/(m/s)$	1.0	1.3	0.9	1.2	1.1	1.0	0.8	0.7
滚筒直径 D/mm	400	380	480	400	380	400	400	420

3) 二级分流式圆柱齿轮减速器（见图6-4和表6-3）

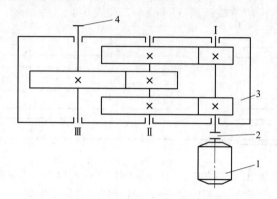

1—电动机；2—联轴器；3—二级分流式圆柱齿轮减速器；4—半联轴器。

图6-4 二级分流式圆柱齿轮减速器示意图

表6-3 二级分流式圆柱齿轮减速器设计数据

参数	编号							
	1	2	3	4	5	6	7	8
输送带拉力 F/N	3 000	3 200	3 500	4 000	4 200	4 500	4 800	5 000
输送带工作速度 $v/(m/s)$	1.8	1.7	1.5	1.3	1.2	1.4	1.2	1.2
滚筒直径 D/mm	400	400	420	440	450	480	500	460

4) 带传动 + 二级同轴式圆柱齿轮减速器（见图6-5和表6-4）

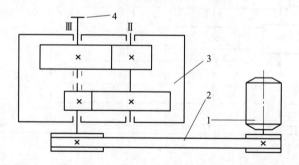

1—电动机；2—V带传动；3—二级同轴式圆柱齿轮减速器；4—半联轴器。

图6-5 带传动 + 二级同轴式圆柱齿轮减速器示意图

表6-4 带传动 + 二级同轴式圆柱齿轮减速器设计数据

参数	编号							
	1	2	3	4	5	6	7	8
输送带拉力 F/N	1 000	1 100	1 200	1 300	1 400	1 500	1 600	1 700
输送带工作速度 $v/(m/s)$	0.8	0.7	1.4	1.5	1.6	1.45	0.9	0.8
滚筒直径 D/mm	320	350	430	450	480	450	460	480

5）蜗杆齿轮减速器（见图6-6和表6-5）

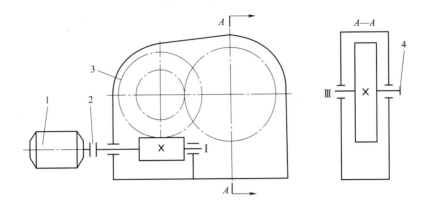

1—电动机；2—联轴器；3—蜗杆齿轮减速器；4—半联轴器。

图6-6　蜗杆齿轮减速器示意图

表6-5　蜗杆齿轮减速器设计数据

参数	编号							
	1	2	3	4	5	6	7	8
输送带拉力 F/N	9 500	8 500	7 500	6 500	4 800	5 800	6 800	7 200
输送带工作速度 $v/(m/s)$	0.38	0.48	0.58	0.68	0.75	0.7	0.65	0.5
滚筒直径 D/mm	400	420	450	440	400	400	420	520

题目2　设计用于搅拌机的传动装置

在食品加工、制药、化工等行业中，搅拌机可用于搅拌物料，使其充分混合。搅拌装置传动简图如图6-7所示，设计数据见表6-6。

1. 已知条件

（1）设计寿命10年，室外环境连续运转，每年按330天计算。每年进行一次大修。

（2）单向运转，载荷较平稳。

（3）三相交流供电，电压为380/220 V。

（4）搅拌机立式安装，转速允许误差为3%~5%。

（5）小批量生产。

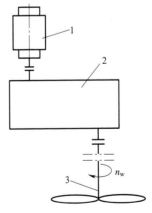

1—电动机；2—减速器；3—搅拌器轴、桨叶。

图6-7　带式输送机传动示意图

2. 设计数据

表 6-6 搅拌机设计数据

参数	编号					
	1	2	3	4	5	6
搅拌器功率 P_w/kW	40	15	90	75	19	2
搅拌轴转速 n_w/(r/min)	160	118	112	80	238	103

题目 3 设计用于起重机的传动装置

1. 已知条件

（1）起重机起升传动系统需双向运行，用于被吊装物品的升起和吊下，传动示意图如图 6-8 所示，设计数据见表 6-7。

（2）24 h 间断运行，设计寿命 30 年。

（3）起升速度误差为 ±10%。

（4）三相交流供电，电压为 380/220 V。

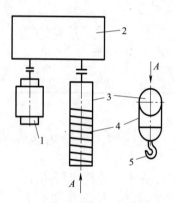

1—电动机；2—减速器；3—卷筒；4—钢丝绳；5—吊钩。

图 6-8 起重机传动示意图

2. 设计数据

表 6-7 起重机设计数据

参数	编号							
	1	2	3	4	5	6	7	8
起重量 G/t	12	25	50	20	5	3.2	12	16
起升速度 v/(m/min)	1.76	2.7	1.62	2.7	3.7	3.8	3.5	3.6
卷筒直径 D/mm	400	5 400	800	500	400	300	350	500

题目 4 设计用于简易卧式铣床的传动装置

1. 已知条件

（1）室内工作，载荷较平稳，间歇运行。
（2）设计寿命 12 000 h，每年工作 250 天，检修间隔为三年。
（3）三相交流供电，电动机双向运转，电压为 380/220 V。
（4）中等规模机械厂，可加工 7、8 级精度的齿轮、蜗轮。

传动示意图如图 6-9 所示，设计数据见表 6-8。

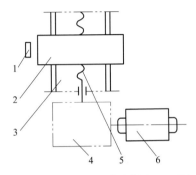

1—铣刀；2—动力头；3—导轨；4—传动装置；5—丝杠；6—电动机。
图 6-9 简易卧式铣床传动示意图

2. 设计数据

表 6-8 简易卧式铣床设计数据

参数	编号				
	1	2	3	4	5
丝杠直径 D/mm	25	32	40	50	63
丝杠转矩 T/(N·m)	140	155	270	500	700
丝杠转速 n_w/(r/min)	20	20	20	20	20

题目 5 设计螺旋输送机的传动装置

1. 已知条件

（1）传动装置的使用寿命预定为 10 年，每年按 300 天计算，两班制工作，每班按 8 h 计算，小批量生产。
（2）工作机的载荷性质为平稳（轻微冲击、中等冲击）；工作机轴单（双）向回转。
（3）电动机的电源为三相交流电，电压为 380/220 V。
（4）螺旋输送机工作轴转速允许误差为 3%~5%。

传动示意图如图 6-10 所示，设计数据见表 6-9。

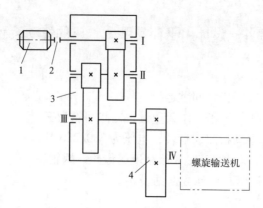

1—电动机；2—联轴器；3—二级展开式圆柱齿轮减速器；4—开式齿轮传动。
图 6-10　螺旋输送机传动示意图

2. 设计数据

表 6-9　螺旋输送机设计数据

参数	编号							
	1	2	3	4	5	6	7	8
螺旋输送机Ⅳ轴的功率 P_w /kW	4	4	5	5	5	5.5	5.5	5.5
螺旋输送机Ⅳ轴的转速 n_w /(r/min)	40	42	45	48	50	30	32	35

题目 6　设计用于滚筒式冷渣机的传动装置

滚筒冷渣机用于循环流化床锅炉燃烧后的炉渣冷却，能将热渣（950 ℃）冷却到100 ℃以下，有利于炉渣的后续处理。冷渣机内部有螺旋导槽，炉渣从进料口进入冷渣机，随着滚筒转动，螺旋导槽将其输送到出渣口。在此过程中，炉渣与滚筒夹套内冷却水产生热交换，冷却水带走炉渣热量，达到冷却效果。冷渣机驱动装置采用电动机、减速器、链条传动，链条将滚筒和减速器输出轴连接，实现滚筒不间断滚动，其结构如图 6-11 所示。

设计要求

（1）滚筒直径 $D=1\,400$ mm，旋转速度 $n_w=5.6$ r/min。

（2）24 小时连续运行，年运行 8 000 h。每三个月进行一次维护小修，每年一次大修。设计寿命 15 年。

（3）链条拉力 $F=30$ N。

（4）滚筒旋转速度误差为 ±10%。

（5）载荷平稳。

（6）三相交流供电，电压为 380 V。

（7）工作环境：锅炉房（粉尘），环境温度 40 ℃ 左右，有噪声。

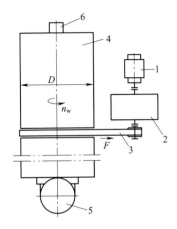

1—电动机；2—减速器；3—链传动；4—滚筒；5—进料口；6—出料口。

图 6-11 冷渣机结构示意图

题目 7　设计用于刮板式捞渣机的传动装置

刮板式捞渣机可将煤气化后的渣浆捞出，剩下含水较多的浆液，以便后续工序分开处理。刮板式捞渣机由尾部渣池、头部输渣装置、驱动装置、渣仓等组成，驱动装置驱动输渣链轮转动，带动安装在链条上的若干刮板运动，将尾部渣池中的渣浆捞出并输送到渣仓，渣仓下部呈漏斗状，底部有卸料阀用于放料。刮板式捞渣机结构示意图如图 6-12 所示。

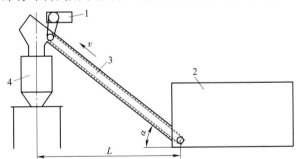

1—驱动装置；2—尾部渣池；3—头部输渣装置；4—渣仓。

图 6-12 刮板式捞渣机结构示意图

技术要求

（1）出料能力：20 t/h，刮板链条运动速度 $v = 2.2$ m/min。

（2）头部倾角 $\alpha = 38°$，输送水平距离 $L = 22$ m。

（3）24 h 连续运行，年运行 8 000 h。每五个月进行一次维护检修，每年一次大修。设计寿命 8 年。

（4）载荷较平稳。

（5）三相交流供电，电压为 380/220 V。

（6）工作环境：室内运行，有粉尘、噪声。

第二篇
机械设计常用标准和规范

第7章 常用数据和一般标准

7.1 常用数据

常用数据、一般标准见表7-1至表7-18。

表7-1 常用材料的弹性模量及泊松比

材料名称	弹性模量 E/GPa	切变模量 G/GPa	泊松比 μ	材料名称	弹性模量 E/GPa	切变模量 G/GPa	泊松比 μ
灰铸铁、白口铸铁	115~160	45	0.23~0.27	铸铝青铜	105	42	0.30
球墨铸铁	150~160	61	0.25~0.29	硬铝合金	71	27	0.30
碳钢	200~220	81	0.24~0.28	冷拔黄铜	91~99	35~37	0.32~0.42
合金钢	210	81	0.25~0.30	轧制纯铜	110	40	0.31~0.34
铸钢	175~216	70~84	0.25~0.29	轧制锌	84	32	0.27
轧制磷青铜	115	42	0.32~0.35	轧制铝	69	26~27	0.32~0.36
轧制锰青铜	110	40	0.35	铅	17	7	0.42

表7-2 常用材料的密度

材料名称	密度/(g/cm³)	材料名称	密度/(g/cm³)	材料名称	密度/(g/cm³)
碳钢	7.30~7.85	铅	11.37	无填料的电木	1.2
合金钢	7.9	锡	7.29	赛璐珞	1.4
不锈钢（铬的质量分数为13%）	7.75	锰	7.43	氟塑料	2.1~2.2
球墨铸铁	7.3	铬	7.19	泡沫塑料	0.2
灰铸铁	7.0	钼	10.2	尼龙6	1.13~1.14
纯铜	8.9	镁合金	1.74~1.81	尼龙66	1.14~1.15
黄铜	8.4~8.85	硅钢片	7.55~7.8	尼龙1010	1.04~1.06
锡青铜	8.7~8.9	锡基轴承合金	7.34~7.75	木材	0.40~0.75
光锡青铜	7.5~8.2	铅基轴抵合金	9.33~10.67	石灰石、花岗石	2.4~2.6
碾压磷青铜	8.8	胶木板、纤维板	1.3~1.4	砌砖	1.9~2.3
冷压青铜	8.8	玻璃	2.4~2.6	混凝土	1.8~2.45
铝、铝合金	2.5~2.95	有机玻璃	1.18~1.19	汽油	0.66~0.75
锌铝合金	6.3~6.9	橡胶石棉板	1.5~2.0	各类润滑油	0.90~0.95

注：表内数值大部分为近似值。

表7-3 常用材料间的摩擦因数

材料名称	摩擦因数 μ				材料名称	摩擦因数 μ			
	静摩擦		滑动摩擦			静摩擦		滑动摩擦	
	无润滑剂	有润滑剂	无润滑剂	有润滑剂		有润滑剂	无润滑剂	有润滑剂	无润滑剂
钢-钢	0.15	0.10~0.12	0.15	0.05~0.10	铸铁-铸铁	0.2	0.18	0.15	0.07~0.12
钢-低碳钢	—	—	0.2	0.1~0.2	铸铁-青铜	0.28	0.16	0.15~0.20	0.07~0.15
钢-铸铁	0.3	—	0.18	0.05~0.15	青铜-青铜	—	0.1	0.2	0.04~0.10
钢-青铜	0.15	0.10~0.15	0.15	0.10~0.15	纯铝-钢	—	—	0.17	0.02
低碳钢-青铜	0.2	—	0.18	0.07~0.15	粉末冶金-钢	—	—	0.4	0.1
低碳钢-铸铁	0.2	—	0.15	0.05~0.15	粉末冶金-铸铁	—	—	0.4	0.1

表7-4 物体的摩擦因数

名称		摩擦因数 μ	名称		摩擦因数 μ
滚动轴承	深沟球轴承 径向载荷	0.002	滑动轴承	液体摩擦轴承	0.001~0.008
	深沟球轴承 轴向载荷	0.004		半液体摩擦轴承	0.008~0.08
	角接触球轴承 径向载荷	0.003		半干摩擦轴承	0.1~0.5
	角接触球轴承 轴向载荷	0.005		滚动轴承	0.002~0.005
	圆锥滚子轴承 径向载荷	0.008	轧辊轴承	层压胶木轴瓦	0.004~0.006
	圆锥滚子轴承 轴向载荷	0.2		青铜轴瓦（用于热轧辊）	0.07~0.1
	调心球轴承	0.0015		青铜轴瓦（用于冷轧辊）	0.04~0.08
	圆柱滚子轴承	0.002		特殊密封全液体摩擦轴承	0.003~0.005
	长圆柱或螺旋滚子轴承	0.006		特殊密封半液体摩擦轴承	0.005~0.01
	滚针轴承	0.008	密封软填料盒中填料与轴的摩擦		0.2

表7-5 黑色金属硬度及强度换算（摘自 GB/T 1172—1999）

硬度			碳钢抗拉强度 σ_b/MPa	硬度			碳钢抗拉强度 σ_b/MPa
洛氏/HRC	维氏/HV	布氏($F/D^2=30$)/HBS		洛氏/HRC	维氏/HV	布氏($F/D^2=30$)/HBW	
20.0	226	225	774	45.0	441	428	1 459
21.0	230	229	793	46.0	454	441	1 503
22.0	235	234	813	47.0	468	455	1 550
23.0	241	240	833	48.0	482	470	1 600
24.0	247	245	854	49.0	497	486	1 653
25.0	253	251	875	50.0	512	502	1 710
26.0	259	257	897	51.0	527	518	
27.0	266	263	919	52.0	544	535	
28.0	273	269	942	53.0	561	552	
29.0	280	276	965	54.0	578	569	

续表

硬度			碳钢抗拉强度 σ_b/MPa	硬度			碳钢抗拉强度 σ_b/MPa
洛氏/HRC	维氏/HV	布氏($F/D^2=30$)/HBS		洛氏/HRC	维氏/HV	布氏($F/D^2=30$)/HBW	
30.0	288	283	989	55.0	596	585	
31.0	296	291	1 014	56.0	615	601	
32.0	304	298	1 039	57.0	635	616	
33.0	313	306	1 065	58.0	655	628	
34.0	321	314	1 092	59.0	676	639	
35.0	331	323	1 119	60.0	698	647	
36.0	340	332	1 147	61.0	721		
37.0	350	341	1 177	62.0	745		
38.0	360	350	1 207	63.0	770		
39.0	371	360	1 238	64.0	795		
40.0	381	370	1 271	65.0	822		
41.0	393	381	1 305	66.0	850		
42.0	404	392	1 340	67.0	879		
43.0	416	403	1 378	68.0	909		
44.0	428	415	1 417				

注：F 为压头上的负荷，N；D 为压头直径，mm。

表 7-6 常用材料极限强度的近似关系

材料		结构钢	铸铁	铝合金
对称循环疲劳极限	拉压对称疲劳极限 σ_{-11}	$\approx 0.3\sigma_b$	$\approx 0.225\sigma_b$	$\approx \sigma_b/6 + 73.5$ MPa
	弯曲对称疲劳极限 σ_{-1}	$\approx 0.43\sigma_b$	$\approx 0.45\sigma_b$	
	扭转对称疲劳极限 τ_{-1}	$\approx 0.25\sigma_b$	$\approx 0.36\sigma_b$	
脉动循环疲劳极限	拉压脉动疲劳极限 σ_{01}	$\approx 1.42\sigma_{-11}$		$\approx 5.5\sigma_{-11}$
	弯曲脉动疲劳极限 σ_0	$\approx 1.33\sigma_{-1}$	$\approx 1.35\sigma_{-1}$	—
	扭转对称疲劳极限 τ_0	$\approx 5.33\tau_{-1}$	$\approx 1.35\tau_{-1}$	—

7.2 一般标准

表 7-7 标准尺寸（直径、长度和高度等）（摘自 GB/T 2822—2005）   单位：mm

R			R′			R			R′			R			R′		
R10	R20	R40	R′10	R′20	R′40	R10	R20	R40	R′10	R′20	R′40	R10	R20	R40	R′10	R′20	R′40
2.50	2.50		2.5	2.5		40.0	40.0	40.0	40	40	40	280			280		
	2.80			2.8				42.5			42			300			300

续表

R			R′			R			R′			R			R′		
R10	R20	R40	R′10	R′20	R′40	R10	R20	R40	R′10	R′20	R′40	R10	R20	R40	R′10	R′20	R′40
3.15	3.15		3.0	3.0			45.0	45		45	45	315	315	315	320	320	320
	3.55			3.5				47.5			48			335			340
4.00	4.00		4.0	4.0		50.0	50.0	50.0	50	50	50			355	355		360	360
	4.50			4.5				53.0			53			375			380
5.00	5.00		5.0	5.0			56.0	56.0		56	56	400	400	400	400	400	400
	5.60			5.5				60.0			60			425			420
6.30	6.30		6.0	6.0		63.0	63.0	63.0	63	63	63			450	450		450	450
	7.10			7.0				67.0			67			475			480
8.00	8.00		8.0	8.0			71.0	71.0		71	71	500	500	500	500	500	500
	9.00			9.0				75.0			75			530			530
10.0	10.0		10.0	10.0		80.0	80.0	80.0	80	80	80			560	560		560	560
	11.2			11				85.0			85			600			600
12.5	12.5	12.5	12	12	12		90.0	90.0		90	90	630	630	630	630	630	630
		13.2			13			95.0			95			670			670
	14.0	14.0		14	14	100	100	100	100	100	100			710	710		710	710
		15.0			15			106			105			750			750
16.0	16.0	16.0	16	16	16		112	112		110	110	800	800	800	800	800	800
		17.0			17			118			120			850			850
	18.0	18.0		18	18	125	125	125	125	125	125			900	900		900	900
		19.0			19			132			130			950			950
20.0	20.0	20.0	20	20	20		140	140		140	140	1 000	1 000	1 000	1 000	1 000	1 000
		21.2			21			150			150			1 060			
	22.4	22.4		22	22	160	160	160	160	160	160			1 120	1 120		
		23.6			24			170			170			1 180			
25.0	25.0	25.0	25	25	25		180	180		180	180	1 250	1 250	1 250			
		26.5			26			190			190			1 320			
	28.0	28.0		28	28	200	200	200	200	200	200			1 400	1 400		
		30.0			30			212			210			1 500			
31.5	31.5	31.5	32	32	32		224	224		220	220	1 600	1 600	1 600			
		33.5			34			236			240			1 700			
	35.5	35.5		36	36	250	250	250	250	250	250			1 800	1 800		
		37.5			38			265			260			1 900			

注：1. 选择标准尺寸系列及单个尺寸时，应首先在优先数系 R 系列中选用标准尺寸，选用顺序为 R10、R20、R40。如果必须将数值圆整，则可在相应的 R′ 系列中选用，选用顺序为 R′10、R′20、R′40。

2. 本标准适用于有互换性或系列化要求的主要尺寸，其他结构尺寸也应尽可能采用标准尺寸。本标准不适用于由主要尺寸导出的因变量尺寸、工艺上工序间的尺寸和已有专用标准规定的尺寸。

表 7-8　一般用途圆锥的锥度与圆锥角（摘自 GB/T 157—2001）

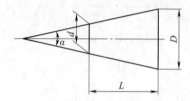

$$C = \frac{D-d}{L}$$

$$C = 2\tan\frac{\alpha}{2} = \frac{1}{2\cot\frac{\alpha}{2}}$$

基本值		推算值		应用举例
系列 1	系列 2	圆锥角 α	锥度 C	
120°	—	—	1：0.288 675 1	螺纹孔内倒角、填料盒内填料的锥度
90°	—	—	1：0.500 000 0	沉头螺钉头、螺纹倒角轴的倒角
	75°	—	1：0.651 612 7	沉头带榫螺栓的螺栓头
60°		—	—	1：0.866 025 4	车床顶尖、中心孔
45°		—	—	1：1.207 106 8	轻型螺纹管接口的锥形密合
30°		—	—	1：1.866 025 4	摩擦离合器
1：3		18°55′28.7199″	18.924 644 42°	—	具有极限转矩的锥形摩擦离合器
	1：4	14°15′0.1177″	14.250 032 70°	—	
1：5		11°25′16.2706″	11.421 186 27°	—	易拆零件的锥形连接、锥形摩擦离合器
	1：6	9°31′38.2202″	9.527 283 38°	—	
	1：7	8°10′16.4408″	8.171 233 56°	—	重型机床顶尖
	1：8	7°9′9.6075″	7.152 668 75°	—	联轴器和轴的圆锥面连接
1：10		5°43′29.3176″	5.724 810 45°	—	受轴向力及横向力的锥形零件的接合面、电动机及其他机械的锥形轴端
	1：12	4°46′18.7970″	4.771 888 06°	—	固定球轴承及滚子轴承的衬套
	1：15	3°49′5.8975″	3.818 304 87°	—	受轴向力的锥形零件的接合面、活塞与其杆的连接
1：20		2°51′51.0925″	2.864 192 37°	—	机床主轴的锥度、刀具尾柄、米制锥度铰刀、圆锥螺栓
1：30		1°54′34.8570″	1.909 682 51°	—	装柄的铰刀及扩孔钻
1：50		1°8′45.1586″	1.145 877 40°	—	圆锥销、定位销、圆锥销孔的铰刀
1：100		34′22.6309″	0.572 953 02°	—	承受陡振和静、变载荷的不需拆卸的连接零件、楔键
1：200		17′11.3219″	0.286 478 30°	—	承受陡振及冲击变载荷的需拆卸的连接零件，圆锥螺栓
1：500		6′52.5295″	0.114 591 52°	—	

表 7-9 机器轴高 h 的基本尺寸（摘自 GB/T 12217—2005）　　　　单位：mm

系列	轴高 h 的基本尺寸
Ⅰ	25, 40, 63, 100, 160, 250, 400, 630, 1 000, 1 600
Ⅱ	25, 32, 40, 50, 63, 80, 100, 125, 160, 200, 250, 315, 400, 500, 630, 800, 1 000, 1 250, 1 600
Ⅲ	25, 28, 32, 36, 40, 45, 50, 56, 63, 71, 80, 90, 100, 112, 125, 140, 160, 180, 200, 225, 250, 280, 315, 355, 400, 450, 500, 560, 630, 710, 800, 900, 1 000, 1 120, 1 250, 1 400, 1 600
Ⅳ	25, 26, 28, 30, 32, 34, 36, 38, 40, 42, 45, 48, 50, 53, 56, 60, 63, 67, 71, 75, 80, 90, 90, 95, 100, 105, 112, 118, 125, 132, 140, 150, 160, 170, 180, 190, 200, 212, 225, 236, 250, 265, 280, 300, 315, 335, 355, 375, 400, 425, 450, 475, 500, 530, 560, 600, 630, 670, 710, 750, 800, 850, 900, 950, 1 000, 1 060, 1 120, 1 180, 1 250, 1 320, 1 400, 1 500, 1 600

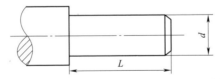

轴高 h	极限偏差		平行度公差		
	电动机、从动机器减速器等	除电动机以外的主动机器	$L<2.5h$	$2.5h \leq L \leq 4h$	$L>4h$
25~50	0 −0.4	+0.4 0	0.2	0.3	0.4
>50~250	0 −0.5	+0.5 0	0.25	0.4	0.5
>250~630	0 −1.0	+1.0 0	0.5	0.75	1.0
>630~1 000	0 −1.5	+1.5 0	0.75	1.0	1.5
>1 000	0 −2.0	+2.0 0	1.0	1.5	2.0

注：1. 机器轴高应优先选用第Ⅰ系列数值，如不能满足需要，可选用第Ⅱ系列的数值，其次选用第Ⅲ系列的数值，第Ⅳ系列的数值尽量不采用。
2. h 不包括安装时所用的垫片厚度。
3. L 为轴的全长。

表 7-10 圆柱形轴伸（摘自 GB/T 1569—2005）　　　　单位：mm

d		L		d		L		d		L	
公称尺寸	极限偏差	长系列	短系列	公称尺寸	极限偏差	长系列	短系列	公称尺寸	极限偏差	长系列	短系列
6	+0.006 −0.002	16	—	19	+0.009 −0.004 j6	40	28	40	+0.018 −0.002 k6	110	82
7		16	—	20		50	36	42		110	82
8	+0.007 −0.002	20	—	22		50	36	45		110	82
9		20	—	24		50	36	48		110	82
10	j6	23	20	25		60	42	50		110	82
11		23	20	28		60	42	55		110	82
12	+0.008 −0.003	30	25	30		80	58	60	+0.030 +0.011 m6	140	105
14		30	25	32	+0.018 +0.002 k6	80	58	65		140	105
16		40	28	35		80	58	70		140	105
18		40	28	38		80	58	75		140	105

表 7-11 中心孔（摘自 GB/T 145—2001） 单位：mm

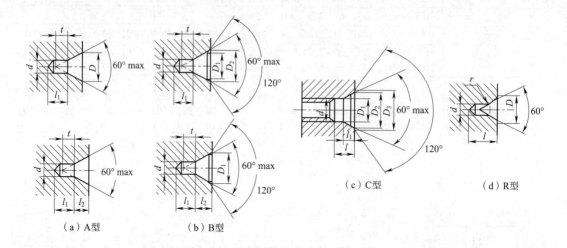

（a）A 型　　（b）B 型　　（c）C 型　　（d）R 型

d	D、D_1	D_2	l_2（参考）	t（参考）	l_{min}	r_{max}	r_{min}	d	D_1	D_2	D_3	l	l_1（参考）	选择中心孔的参考数据		
A、B、R 型	A、B、R 型	B 型	A 型	B 型	A、B 型	R 型				C 型				原料端部最小直径 D_0	轴状原料最大直径 D_c	工件最大质量/kg
1.60	3.35	5.00	1.52	1.99	1.4	3.5	5.00	4.00								
2.00	4.25	6.30	1.95	2.54	1.8	4.4	6.30	5.00						8	>10~18	120
2.50	5.30	8.00	2.42	3.20	2.2	5.5	8.00	6.30						10	>18~30	200
3.15	6.70	10.00	3.07	4.03	2.8	7.0	10.00	8.00	M3	3.2	5.3	5.8	2.6	1.8	12	>30~50	500
4.00	8.50	12.50	3.90	5.05	3.5	8.9	12.50	10.00	M4	4.3	6.7	7.4	3.2	2.1	15	>50~80	800
(5.00)	10.60	16.00	4.85	6.41	4.4	11.2	16.00	12.50	M5	5.3	8.1	8.8	4.0	2.4	20	>80~120	1 000
6.30	13.20	18.00	5.98	7.36	5.5	14.0	20.00	16.00	M6	6.4	9.6	10.5	5.0	2.8	25	>120~180	1 500
(8.00)	17.00	22.40	7.79	9.36	7.0	17.9	25.00	20.00	M8	8.4	12.2	13.2	6.0	3.3	30	>180~220	2 000
10.00	21.20	28.00	9.70	11.66	8.7	22.5	31.00	25.00	M10	10.5	14.9	16.3	7.5	3.8	35	>180~220	2 500
									M12	13.0	18.1	19.8	9.5	4.4	42	>220~260	3 000

注：1. 括号内的尺寸尽量不采用。

2. A 型：(1) 尺寸 l_1 取决于中心钻的长度，即使中心钻重磨后再使用，此值也不应小于 t 值。
　　　(2) 表中同时列出了 D 和 l_2 尺寸，制造厂可任选其中一个尺寸。

3. B 型：(1) 尺寸 l_1 取决于中心钻的长度，即使中心钻重磨后再使用，此值也不应小于 t 值。
　　　(2) 表中同时列出了 D_2 和 l_2 尺寸，制造厂可任选其中一个尺寸。
　　　(3) 尺寸 d 和与 D_1 中心钻的尺寸一致。

4. 选择中心孔的参考数据不属于 GB/T 145—2001 的内容，仅供参考。

表7-12 零件倒圆与倒角（摘自 GB/T 6403.4—2008） 单位：mm

倒圆、倒角形式	倒圆、倒角（45°）的四种装配形式

倒圆、倒角尺寸

R、C	0.1	0.2	0.3	0.4	0.5	0.6	0.8	1.0	1.2	1.6	2.0	2.5	3.0
	4.0	5.0	6.0	8.0	10	12	16	20	25	32	40	50	—

与直径φ相应的倒角、倒圆的推荐值

ϕ	<3	>3~6	>6~10	>10~18	>18~30	>30~50	>50~80	>80~120	>120~180	>180~250	>250~320	>320~400	>400~500
R、C	0.2	0.4	0.6	0.8	1.0	1.6	2.0	2.5	3.0	4.0	5.0	6.0	8.0

内角倒角、外角倒圆时 C_{max} 与 R_1 的关系

R_1	0.3	0.4	0.5	0.6	0.8	1.0	1.2	1.6	2.0	2.5	3.0	4.0	5.0	6.0	8.0	10	12	16
C_{max}	0.1	0.2	0.2	0.3	0.4	0.5	0.6	0.8	1.0	1.2	1.6	2.0	2.5	3.0	4.0	5.0	6.0	8.0

表7-13 砂轮越程槽（摘自 GB/T 6403.5—2008） 单位：mm

回转面及端面砂轮越程槽

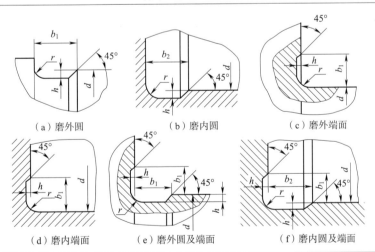

（a）磨外圆　（b）磨内圆　（c）磨外端面　（d）磨内端面　（e）磨外圆及端面　（f）磨内圆及端面

d	≤10		>10~50		>50~100		>100	
r	0.2	0.5	0.8	1.0	1.6	2.0		3.0
h	0.1	0.2	0.3	0.4	0.6	0.8		1.2
b_1	0.6	1.0	1.6	2.0	3.0	4.0	5.0	8.0	10
b_2	2.0	3.0		4.0		5.0		8.0	10

续表

平面砂轮及 V 形砂轮越程槽

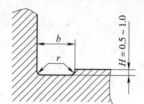
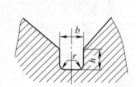

b	2	3	4	5
h	1.6	2.0	2.5	3.0
r	0.5	1.0	1.2	1.6

燕尾导轨砂轮越程槽

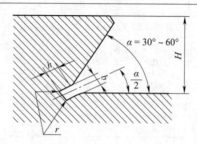

H	≤5	6	8	10	12	16	20	25	32	40	50	63	80
b/h	1	2	2	3	3	3	4	4	4	5	5	5	6
r	0.5	0.5	0.5	1.0	1.0	1.0	1.6	1.6	1.6	1.6	1.6	1.6	2.0

矩形导轨砂轮越程槽

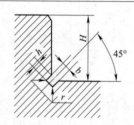

H	8	10	12	16	20	25	32	40	50	63	80	100
b	2	2	2	2	3	3	3	5	5	5	8	8
h	1.6	1.6	1.6	1.6	20	20	20	3.0	3.0	3.0	5.0	5.0
r	0.5	0.5	0.5	0.5	1.0	1.0	1.0	1.6	1.6	1.6	2.0	2.0

表 7-14 单头齿轮滚刀外径尺寸（摘自 GB/T 6083—2016） 单位：mm

模数 m		1.25	1.5	2	2.5	3	4	5	6	8	10
外径	I 型	50	55	65	70	75	85	95	105	120	130

表 7-15　矩形花键滚刀外径尺寸（摘自 GB/T 10952—2005）　　　　单位：mm

轻系列	花键直径 D	26	30、32、36	40、46	50、58、62	68、78、88	98、108	120	
	滚刀外径 d_e	63	71	80	90	100	112	118	
中系列	花键直径 D	20、22	25、28	32、34、38	42、48、54、60	65	72、82、92	102、112	125
	滚刀外径 d_e	63	71	80	90	100	112	118	125

表 7-16　普通螺纹收尾、肩距、退刀槽和倒角（摘自 GB/T 3—1997）　　　　单位：mm

外螺纹

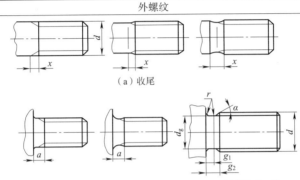

（a）收尾　　　　（b）肩距　　　　（c）外螺纹退刀槽

螺距 P	收尾 x max		肩距 a max			退刀槽			
	一般	短的	一般	长的	短的	g_2 max	g_1 min	d_g	r ≈
0.5	1.25	0.7	1.5	2	1	1.5	0.8	$d-0.8$	0.2
0.6	1.5	0.75	1.8	2.4	1.2	1.8	0.9	$d-1$	0.4
0.7	1.75	0.9	2.1	2.8	1.4	2.1	1.1	$d-1.1$	0.4
0.75	1.9	1	2.25	3	1.5	2.25	1.2	$d-1.2$	0.4
0.8	2	1	2.4	3.2	1.6	2.4	1.3	$d-1.3$	0.4
1	2.5	1.25	3	4	2	3	1.6	$d-1.6$	0.6
1.25	3.2	1.6	4	5	2.5	3.75	2	$d-2$	0.6
1.5	3.8	1.9	4.5	6	3	4.5	2.5	$d-2.3$	0.8
1.75	4.3	2.2	5.3	7	3.5	5.25	3	$d-2.6$	1
2	5	2.5	6	8	4	6	3.4	$d-3$	1
2.5	6.3	3.2	7.5	10	5	7.5	4.4	$d-3.6$	1.2
3	7.5	3.8	9	12	6	9	5.2	$d-4.4$	1.6
3.5	9	4.5	10.5	14	7	10.5	6.2	$d-5$	1.6
4	10	5	12	16	8	12	7	$d-5.7$	2
4.5	11	5.5	13.5	18	9	13.5	8	$d-6.4$	2.5
5	12.5	6.3	15	20	10	15	9	$d-7$	2.5
5.5	14	7	16.5	22	11	17.5	11	$d-7.7$	3.2
6	15	7.5	18	24	12	18	11	$d-8.3$	3.2
参考值	≈2.5P	≈1.25P	≈3P	=4P	=2P	≈3P	—	—	—

注：1. 应优先选用"一般"长度的收尾和肩距；"短"收尾和"短"肩距仅用于结构受限制的螺纹件上；产品等级为 B 或 C 级的螺纹紧固件可采用"长"肩距。
　　2. d 为螺纹公称直径代号。
　　3. d_g 公差为：h13（$d>3$ mm）；h12（$d \leq 3$ mm）。

续表

内螺纹

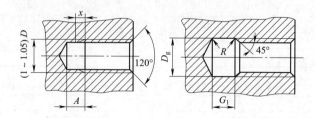

螺距 P	收尾 x max		肩距 A		退刀槽			
	一般	短的	一般	长的	G_1		D_g	R ≈
					一般	短的		
0.5	2	1	3	4	2	1	$D+0.3$	0.2
0.6	2.4	1.2	3.2	4.8	2.4	1.2		0.3
0.7	2.8	1.4	3.5	5.6	2.8	1.4		0.4
0.75	3	1.5	3.8	6	3	1.5		0.4
0.8	3.2	1.6	4	6.4	3.2	1.6		0.4
1	4	2	5	8	4	2		0.5
1.25	5	2.5	6	10	5	2.5		0.6
1.5	6	3	7	12	6	3		0.8
1.75	7	3.5	9	14	7	3.5		0.9
2	8	4	10	16	8	4	$D+0.5$	1
2.5	10	5	12	18	10	5		1.2
3	12	6	14	22	12	6		1.5
3.5	14	7	16	24	14	7		1.8
4	16	8	18	26	16	8		2
4.5	18	9	21	29	18	9		2.2
5	20	10	23	32	20	10		2.5
5.5	22	11	25	35	22	11		2.8
6	24	12	28	38	24	12		3
参考值	$=4P$	$=2P$	≈6~5P	≈8~6.5P	$=4P$	$=2P$	—	≈0.5P

注：1. 应优先选用"一般"长度的收尾和肩距；容屑需要较大空间时可选用"长"肩距，结构受限制时可选用"短"收尾。
2. "短"退刀槽只在结构受限时使用。
3. D_g的公差为H13。
4. D为螺纹公称直径代号。

表 7-17 三面刃铣刀尺寸（摘自 GB/T 6119—2012） 单位：mm

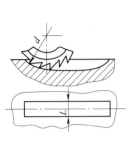

铣刀外圆直径 d	铣刀厚度 L 系列
50	4, 5, 6, 8, 10
63	4, 5, 6, 8, 10, 12.14, 16
80	5, 6, 8, 10, 12, 14.16, 18, 20
100	6, 8, 10, 12, 14, 16, 18, 20, 22, 25
125	8, 10, 12, 14, 16, 18, 20, 22, 25, 28
160	10, 12, 14, 16, 18, 20, 22, 25, 28, 32
200	12, 14, 16, 18, 20, 22, 25, 28, 32, 36, 40

表 7-18 机构运动简图符号（摘自 GB/T 4460—2013）

构件及其组成部分连接					
名称	机架	轴、杆	构件组成部分的永久链接	组成部分与轴（杆）的固定连接	构件组成部分的可调连接
基本符号及可用符号					

齿轮机构								
名称	圆柱齿轮	圆锥齿轮	圆柱齿轮（指明齿线）			圆锥齿轮（指明齿线）		
			直齿	斜齿	人字齿	直齿	斜齿	弧齿
基本符号								
可用符号								

齿轮传动和蜗杆传动			
名称	圆柱齿轮传动	圆锥齿轮传动	交错轴斜齿轮传动
基本符号			
可用符号			

续表

名称	齿条传动	蜗轮与圆柱蜗杆传动	蜗轮与球面蜗杆传动
基本符号	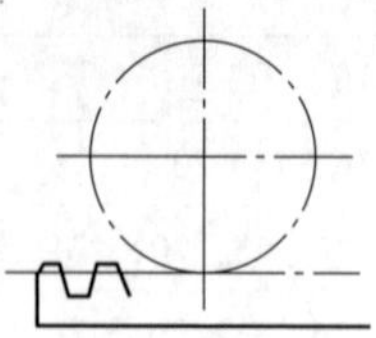	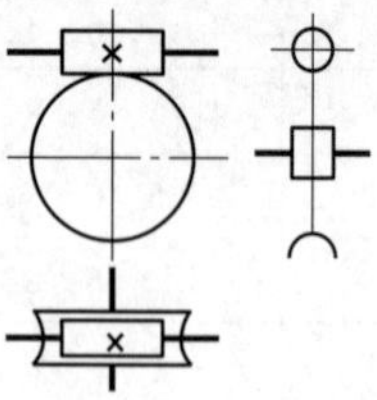	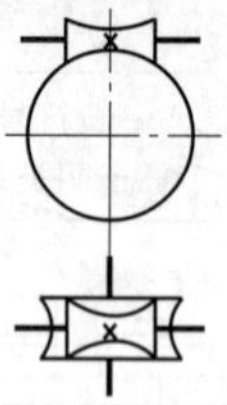
可用符号	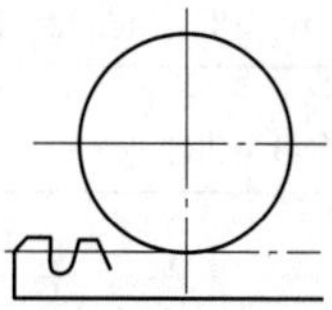	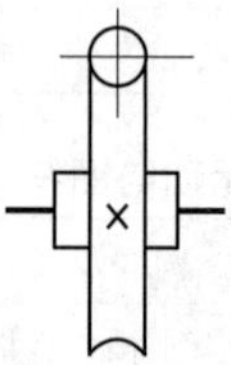	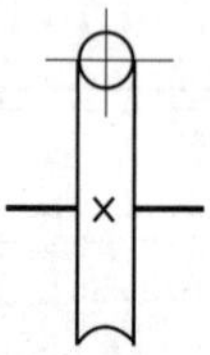

带传动

名称	一般符号						轴上宝塔轮
	不指明类型	指明类型				例：三角带传动	
		三角带	圆带	同步带	平带		
基本符号	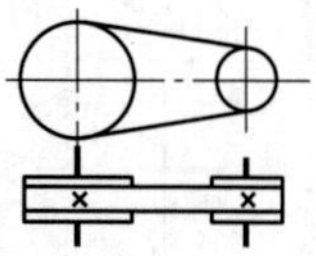	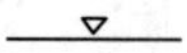				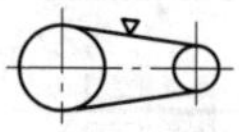	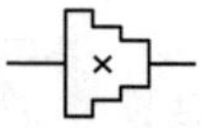

链传动

名称	不指明类型	指明类型		例：无声链传动
		滚子链	无声链	
基本符号	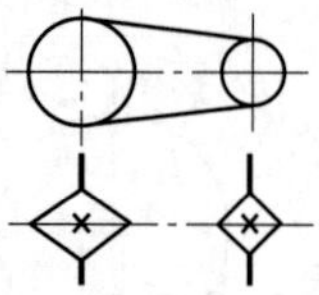	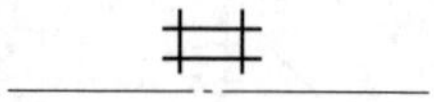		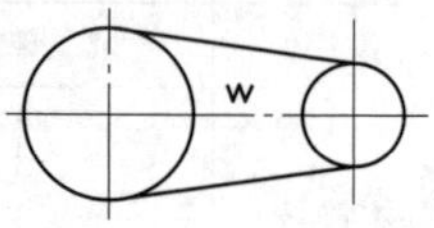

电动机

名称	通用符号（不指明类型）	电动机一般符号	装在支架上的电动机
基本符号	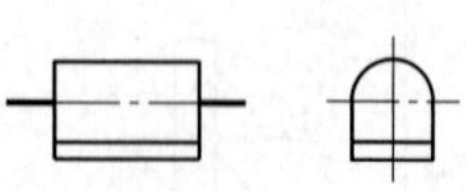	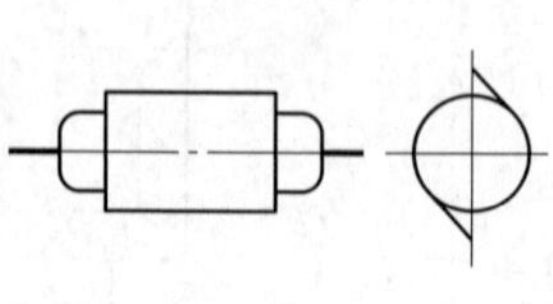	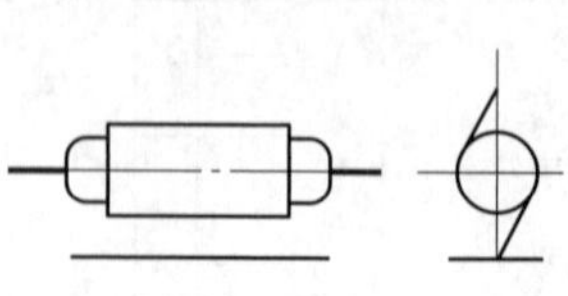

续表

联轴器、制动器及离合器				
名称	联轴器				制动器
	一般符号（不指明类型）	固定联轴器	可移式联轴器	弹性联轴器	一般符号
基本符号					

离合器					
名称	单向啮合式离合器	双向啮合式离合器	单向摩擦式离合器	双向摩擦式离合器	超越离合器
基本符号					
可用符号					

轴承				
名称	向心轴承		推力轴承		
	滑动轴承	滚动轴承	单向	双向	滚动轴承
基本符号					
可用符号					

向心推力轴承		
名称	向心推力轴承		
	单向	双向	滚动轴承
基本符号			
可用符号			

第8章 材 料

8.1 黑色金属材料

常用黑色金属材料见表8-1至表8-6。

表8-1 灰铸铁（摘自 GB/T 9439—2023）

材料牌号	铸件主要壁厚 t/mm		抗拉强度 R_m/MPa		
			单铸试棒或并排试棒		附铸试块
	>	≤	≥	≤	≥
HT100	5	40	100	200	—
HT150	2.5	5	150	250	—
	5	10			—
	10	20			—
	20	40			125
	40	80			110
	80	150			100
	150	300			90
HT200	2.5	5	200	300	—
	5	10			—
	10	20			—
	20	40			170
	40	80			155
	80	150			140
	150	300			130
HT225	5	10	225	325	—
	10	20			—
	20	40			190
	40	80			170
	80	150			155
	150	300			145
HT250	5	10	250	350	—
	10	20			—

续表

材料牌号	铸件主要壁厚 t/mm		抗拉强度 R_m/MPa		
			单铸试棒或并排试棒		附铸试块
	>	≤	≥	≤	≥
HT250	20	40	250	350	210
	40	80			190
	80	150			170
	150	300			160
HT275	10	20	275	375	—
	20	40			230
	40	80			210
	80	150			190
	150	300			180
HT300	10	20	300	400	—
	20	40			250
	40	80			225
	80	150			210
	150	300			190
HT350	10	20	350	450	—
	20	40			290
	40	80			260
	80	150			240
	150	300			220

表 8-2　球墨铸铁（摘自 GB/T 1348—2019）

材料牌号	铸件壁厚 t/mm	屈服强度 $R_{p0.2}$(min)/MPa	抗拉强度 R_m(min)/MPa	断后伸长率 A(min)/%
QT350-22L	$t \leqslant 30$	220	350	22
	$30 < t \leqslant 60$	210	330	18
	$60 < t \leqslant 200$	200	320	15
QT350-22R	$t \leqslant 30$	220	350	22
	$30 < t \leqslant 60$	220	330	18
	$60 < t \leqslant 200$	210	320	15
QT350-22	$t \leqslant 30$	220	350	22
	$30 < t \leqslant 60$	220	330	18
	$60 < t \leqslant 200$	210	320	15
QT400-18L	$t \leqslant 30$	240	400	18
	$30 < t \leqslant 60$	230	380	15
	$60 < t \leqslant 200$	220	360	12

续表

材料牌号	铸件壁厚 t /mm	屈服强度 $R_{p0.2}$ (min)/MPa	抗拉强度 R_m (min)/MPa	断后伸长率 A (min)/%
QT400-18R	$t \leqslant 30$	250	400	18
	$30 < t \leqslant 60$	250	390	15
	$60 < t \leqslant 200$	240	370	12
QT400-18	$t \leqslant 30$	250	400	18
	$30 < t \leqslant 60$	250	390	15
	$60 < t \leqslant 200$	240	370	12
QT400-15	$t \leqslant 30$	250	400	15
	$30 < t \leqslant 60$	250	390	14
	$60 < t \leqslant 200$	240	370	11
QT450-10	$t \leqslant 30$	310	450	10
	$30 < t \leqslant 60$	供需双方商定		
	$60 < t \leqslant 200$			
QT500-7	$t \leqslant 30$	320	500	7
	$30 < t \leqslant 60$	300	450	7
	$60 < t \leqslant 200$	290	420	5
QT550-5	$t \leqslant 30$	350	550	5
	$30 < t \leqslant 60$	330	520	4
	$60 < t \leqslant 200$	320	500	3
QT600-3	$t \leqslant 30$	370	600	3
	$30 < t \leqslant 60$	360	600	2
	$60 < t \leqslant 200$	340	550	1
QT700-2	$t \leqslant 30$	420	700	2
	$30 < t \leqslant 60$	400	700	2
	$60 < t \leqslant 200$	380	650	1
QT800-2	$t \leqslant 30$	480	800	2
	$30 < t \leqslant 60$	供需双方商定		
	$60 < t \leqslant 200$			
QT900-2	$t \leqslant 30$	600	900	2
	$30 < t \leqslant 60$	供需双方商定		
	$60 < t \leqslant 200$			

表 8-3 一般工程用铸造碳钢（摘自 GB/T 11352—2009）

牌号	抗拉强度 R_m/MPa	屈服强度 R_{eH} ($R_{p0.2}$) /MPa	伸长率 A_5/%	根据合同选择 断面收缩率 Z/%	根据合同选择 冲击吸收功 A_{kV}/J	应用举例
ZG 200-400	400	200	25	40	30	各种形状的机件，如机座、变速器壳体等
ZG 230-450	450	230	22	32	25	铸造平坦的零件，如机座、机盖、箱体、铁砧台，工作温度在 450 ℃ 以下的管路附件等，焊接性良好

续表

牌号	抗拉强度 R_m/MPa	屈服强度 R_{eH} ($R_{p0.2}$) /MPa	伸长率 A_5/%	根据合同选择 断面收缩率 Z/%	根据合同选择 冲击吸收功 A_{kV}/J	应用举例
ZG 270-500	500	270	18	25	22	各种形状的机件,如飞轮、机架、蒸汽锤、桩锤、联轴器、水压机、工作缸、横梁等,焊接性尚可
ZG 310-570	570	310	15	21	15	各种形状的机件,如联轴器、气缸、齿轮、齿轮圈及重负荷机架等
ZG 340-640	640	340	10	18	10	起重运输机中的齿轮、联轴器及重要的机件等

注:表中硬度值非 GB/T 11352—2009 内容,仅供参考。

表 8-4 普通碳素结构钢(摘自 GB/T 700—2006)

牌号	等级	屈服强度 R_{eH}/MPa ≤16	>16~40	>40~60	>60~100	>100~150	>150~200	抗拉强度 R_m/MPa	断后伸长率 A/% ≤40	>40~60	>60~100	>100~150	>150~200	冲击试验(V型试样)温度/℃	冲击吸收功(纵向)/J	应用举例
		不小于							不小于						不小于	
Q195	—	195	185	—	—	—	—	315~430	33	—	—	—	—	—	—	常用其轧制薄板、拉制线材、制钉和焊接钢管
Q215	A	215	205	195	185	175	165	335~450	31	30	29	27	26	—	—	金属结构件、拉杆、套圈、铆钉、螺栓、短轴、心轴、凸轮、垫圈、渗碳零件及焊接件
Q215	B													+20	27	
Q235	A	235	225	215	215	195	185	370~500	26	25	24	22	21	—	—	金属结构件、心部强度要求不高的渗碳或碳氮共渗零件,吊钩、拉杆、套圈、气缸、齿轮、螺栓、螺母、连杆、轮轴、盖及焊接件
Q235	B													+20	27	
Q235	C													0	27	
Q235	D													-20	27	
Q275	A	275	265	255	245	225	215	410~540	22	21	20	18	17	—	—	轴、轴销、制动件、螺栓、螺母、垫圈、连杆、齿轮以及其他强度较高的零件
Q275	B													+20	27	
Q275	C													0		
Q275	D													-20		

表 8-5 优质碳素结构钢（摘自 GB/T 699—2015）

牌号	试样毛坯尺寸/mm	推荐热处理温度 加热温度/℃			力学性能 ≥					交货硬度 HBW ≤		应用举例
		正火	淬火	回火	抗拉强度 R_m/MPa	屈服强度 R_{eL}/MPa	断后伸长率 A/%	断面收缩率 Z/%	冲击吸收能量 KU_2/J	未热处理钢	退火钢	
08	25	930	—	—	325	195	33	60	—	131	—	塑性好的零件，如管子、垫片、垫圈；心部强度要求不高的渗碳和碳氮共渗零件，如套筒、短轴、挡块、支架、靠模、离合器盘等
10	25	930	—	—	335	205	31	55	—	137	—	拉杆、卡头、垫圈、铆钉等。这种钢无回火脆性、焊接性能好，因此用于制造焊接零件
15	25	920	—	—	375	225	27	55	—	143	—	受力不大、韧性要求较高的零件、渗碳零件、紧固件以及不需要热处理的低负荷零件，如螺栓、螺钉、法兰盘和化工储器
20	25	910	—	—	410	245	25	55	—	156	—	受力不大而要求很大韧性的零件，如轴套、螺钉、开口销、吊钩、垫圈、齿轮、链轮等；还可用于表面硬度高但心部强度要求不高的渗碳和碳氮共渗零件
25	25	900	870	600	450	275	23	50	71	170	—	制造焊接设备和不承受高应力的零件，如轴、垫圈、螺栓、螺钉、螺母等
30	25	880	860	600	490	295	21	50	63	179	—	制造重型机械上韧性要求高的锻件及其制件，如气缸、拉杆、吊环、机架
35	25	870	850	600	530	315	20	45	55	197	—	曲轴、转轴、轴销、连杆、螺钉、螺母、垫圈、飞轮等，多在正火、调质条件下使用
40	25	860	840	600	570	335	19	45	47	217	187	机床零件，重型、中型机械的曲轴、轴、齿轮、连杆、键、拉杆、活塞等，正火后可用于制作圆盘
45	25	850	840	600	600	335	16	40	39	229	197	要求综合力学性能高的各种零件，通常在正火或调质条件下使用，如轴、齿轮、齿条、链轮、螺栓、螺母、销钉、键、拉杆等
50	25	830	830	600	630	375	14	40	31	241	207	要求有一定耐磨性、需承受一定冲击作用的零件，如轮缘、轧辊、摩擦盘等
55	25	820	—	—	645	380	13	35	—	255	217	
65	25	810	—	—	695	410	10	30	—	255	229	弹簧、弹簧垫圈、凸轮、轧辊等
70	25	790	—	—	715	420	9	30	—	269	229	截面不大、强度要求不高的一般机器上的圆形和方形螺旋弹簧，如汽车、拖拉机或火车等机械上承受振动的扁形板簧和圆形螺旋弹簧
15Mn	25	920	—	—	410	245	26	55	—	163	—	心部力学性能要求较高且需渗碳的零件
20Mn	25	910	—	—	450	275	24	50	—	197	—	齿轮、曲柄轴、支架、铰链、螺钉、螺母、铆焊结构件等

表 8-6 合金结构钢(摘自 GB/T 3077—2015)

牌号	试样毛坯尺寸/mm	推荐热处理制度					力学性能					供货状态为退火或高温回火钢棒布氏硬度 HBW	应用举例
		淬火			回火		抗拉强度 R_m /MPa	屈服强度 R_{eL} /MPa	断后伸长率 A /%	断面收缩率 Z /%	冲击吸收能量 KU_2 /J		
		加热温度/℃		冷却剂	加热温度/℃	冷却剂							
		第1次淬火	第2次淬火										
							不小于					不大于	
20Mn2	15	850	—	水、油	200	水、空气	785	590	10	40	47	187	截面尺寸小时与20Cr相当,用于制作渗碳小齿轮、小轴、钢套、链板等,渗碳淬火后硬度为56~62 HRC
		880	—	水、油	440	水、空气							
35Mn2	25	840	—	水	500	水	835	685	12	45	55	207	对于截面较小的零件可代替40Cr,可制作直径不大于15 mm的重要用途的冷镦螺栓及小轴等,表面淬火后硬度为40~50 HRC
45Mn2	25	840	—	油	550	水、油	885	735	10	45	47	217	较高应力与磨损条件下的零件、直径不大于60 mm的零件,如万向联轴器、齿轮、齿轮轴、曲轴、连杆、花键轴和摩擦盘等,表面淬火后硬度为45~55 HRC
20MnV	15	880	—	水、油	200	水、空气	785	590	10	40	55	187	相当于20CrNi的渗碳钢,渗碳淬火后硬度为56~62 HRC
35SiMn	25	900	—	水	570	水、油	885	735	15	45	47	229	除了要求低温(-20 ℃以下)及冲击韧性很高的情况外,可全面代替40Cr做调质钢。也可部分代替40CrNi,制作中小型轴类、齿轮等零件以及在430 ℃以下工作的重要紧固件,表面淬火后硬度为45~55 HRC
42SiMn	25	880	—	水	590	水	885	735	15	40	47	229	与35SiMn钢相同,可代替40Cr、34CrMo钢制作大齿圈。适合制作表面淬火件,表面淬火后硬度为45~55 HRC
37SiMn2MoV	25	870	—	水、油	650	水、空气	980	835	12	50	63	269	可代替34CrNiMo等,制作高强度重负荷轴、曲轴、齿轮、蜗杆等零件,表面淬火后硬度为50~55 HRC
40MnB	25	850	—	油	500	水、油	980	785	10	45	47	207	可代替40Cr制作重要调质件,如齿轮、轴、连杆、螺栓等

续表

牌号	试样毛坯尺寸/mm	推荐热处理方法					力学性能					供货状态为退火或高温回火钢棒布氏硬度HBW	应用举例
		淬火			回火		抗拉强度 R_m /MPa	屈服强度 R_{eL} /MPa	断后伸长率 A /%	断面收缩率 Z /%	冲击吸收能量 KU_2 /J		
		加热温度/℃		冷却剂	加热温度/℃	冷却剂							
		第1次淬火	第2次淬火										
							不小于					不大于	
20MnVB	15	860	—	油	200	水、空气	1 080	885	10	45	55	207	制造模数较大、负荷较重的中小渗碳零件,如重型机床上的齿轮和轴,汽车上的后桥主动齿轮、被动齿轮等
20Cr	15	880	780~820	水、油	200	水、空气	835	540	10	40	47	179	要求心部强度高、承受磨损、尺寸较大的渗碳零件,如齿轮、齿轮轴、蜗杆、凸轮、活塞销等;也用于速度较大、受中等冲击的调质零件,渗碳淬火后硬度为56~62 HRC
40Cr	25	850	—	油	520	水、油	980	785	9	45	47	207	承受交变载荷、中等速度、中等载荷、强烈磨损而无很大冲击的重要零件,如重要的齿轮、轴、曲轴、连杆、螺栓、螺母等,表面淬火后硬度为48~55 HRC
38CrMoAl	30	940	—	水、油	640	水、油	980	835	14	50	71	229	要求高耐磨性、高疲劳强度和相当高的强度且热处理变形小的零件,如镗杆、主轴、蜗杆、齿轮、套筒、套环等。渗氮后表面硬度为1 100 HV
20CrMnMo	15	850	—	油	200	水、空气	1 180	885	10	45	55	217	要求表面硬度高、耐磨、心部有较高强度和韧性的零件,如传动齿轮和曲轴等,渗碳淬火后硬度为56~62 HRC
20CrMnTi	15	880	870	油	200	水、空气	1 080	850	10	45	55	217	强度、冲击韧度均高,是铬镍钢的代用品。用于承受高速、中等或重载荷以及冲击磨损等的重要零件,如渗碳齿轮、凸轮等,表面淬火后硬度为56~62 HRC
20CrNi	25	850	—	水、油	460	水、油	785	590	10	50	63	197	用于制造承受较高载荷的渗碳零件,如齿轮、轴、花键轴、活塞销等

续表

牌号	试样毛坯尺寸/mm	推荐热处理方法					力学性能					供货状态为退火或高温回火钢棒布氏硬度HBW	应用举例
		淬火			回火		抗拉强度 R_m/MPa	屈服强度 R_{eL}/MPa	断后伸长率 A/%	断面收缩率 Z/%	冲击吸收能量 KU_2/J		
		加热温度/℃		冷却剂	加热温度/℃	冷却剂							
		第1次淬火	第2次淬火										
							不小于					不大于	
40CrNi	25	820	—	油	500	水、油	980	785	10	45	55	241	用于制造要求强度高、韧性高的零件，如齿轮、轴、链条、连杆等
40CrNiMo	25	850	—	油	600	水、油	980	835	12	55	78	269	用于特大截面的重要调质件，如机床主轴、传动轴、转子轴等

8.2 有色金属材料

常见有色金属材料见表 8-7 和表 8-8。

表 8-7 铸造铜合金、铸造铝合金和铸造轴承合金

合金牌号	合金名称（或代号）	铸造方法	合金状态	室温力学性能，不低于				应用举例
				抗拉强度 R_m MPa	屈服强度 $R_{p0.2}$ MPa	伸长率 A %	布氏硬度 HBW	
铸造铜合金（摘自 GB/T 1176—2013）								
ZCuSn5Pb5Zn5	5-5-5 锡青铜	S、J、R		200	90	13	60	在较高载荷、中等滑动速度下工作的耐磨、耐蚀件，如轴瓦、衬套、缸套、活塞离合器、泵件压盖及蜗轮等
		Li、La		250	100	13	65	
ZCuSn10P1	10-1 锡青铜	S、R		220	130	3	80	高载荷（20 MPa 以下）和高滑动速度（8 m/s）下工作的耐磨件，如连杆、衬套、轴瓦、齿轮、蜗轮等
		J		310	170	2	90	
		Li		330	170	4	90	
		La		360	170	6	90	
ZCuSn10Pb5	10-5 锡青铜	S		195		10	70	结构材料，耐蚀、耐酸件及破碎机衬套、轴瓦等
		J		245		10	70	
ZCuPb17Sn4Zn4	17-4-4 锡青铜	S		150		5	55	一般耐磨件、高滑动速度的轴承等
		J		175		7	60	
ZCuAl10Fe3	10-3 铝青铜	S		490	180	13	100	要求强度高、耐磨、耐蚀的重型铸件，如轴套、螺母、蜗轮以及在 250 ℃ 以下工作的管配件
		J		540	200	15	110	
		Li、La		540	200	15	110	

续表

合金牌号	合金名称（或代号）	铸造方法	合金状态	抗拉强度 R_m MPa	屈服强度 $R_{p0.2}$ MPa	伸长率 A %	布氏硬度 HBW	应用举例
ZCuAl10Fe3Mn2	10-3-2 铝青铜	S、R		490		15	110	要求强度高、耐磨、耐蚀的零件，如齿轮、轴承、衬套、管嘴及耐热管配件等
		J		540		20	120	
ZCuZn38	38黄铜	S		295	95	30	60	一般结构件和耐蚀件，如法兰、阀座、支架、手柄和螺母等
		J		295	95	30	70	
ZCuZn40Pb2	40-2 铅黄铜	S、R		220	95	15	80	一般用途的耐磨、耐蚀件，如轴套、齿轮等
		J		280	120	20	90	
ZCuZn38Mn2Pb2	3822 锰黄铜	S		245		10	70	一般用途的结构件，船舶、仪表等使用的外形简单的铸件，如套筒、衬套、轴瓦、滑块等
		J		345		18	80	
ZCuZn16Si4	16-4 硅黄铜	S、R		345	180	15	90	接触海水工作的管配件和水泵、叶轮、旋塞。在空气、淡水、油、燃料以及 4.5 MPa、250 ℃以下蒸汽中工作的铸件
		J		390		20	100	
铸造铝合金（摘自 GB/T 1173—2013）									
ZAlSi12	ZL102 铝硅合金	SB、JB、RB、KB	F	145		4	50	气缸活塞以及高温下工作的、承受冲击载荷的复杂薄壁零件
		J	F	155		2	50	
		SB、JB、RB、KB	T2	135		4	50	
		J	T2	145		3	50	
ZAlSi9Mg	ZL104 铝硅合金	S、J、R、K	F	150		2	50	形状复杂的在高温下承受静载荷或受冲击作用的大型零件，如风扇叶片、水冷气缸头
		J	T1	200		1.5	65	
		SB、RB、KB	T6	230		2	70	
		J、JB	T6	240		2	70	
ZAlMg5Si	ZL303 铝镁合金	S、J、R、K	F	143		1	55	高耐蚀性或在高温下工作的零件
ZAlZn11Si7	ZL401 铝镁合金	S、R、K	T1	195		2	80	铸造性能较好，可不进行热处理，用于制作形状复杂的大型薄壁零件，但耐蚀性差
		J	T1	245		1.5	90	

序号	合金牌号	铸造方法	力学性能		
			抗拉强度 R_m/MPa	伸长率 A/%	布氏硬度 HBW
铸造锡和铅合金（摘自 GB/T 1174—2022）					
1	ZSnSb12Pb10Cu4	J	—	—	29
2	ZSnSb12Cu6Cd1	J	—	—	34
3	ZSnSb11Cu6	J	—	—	27
4	ZSnSb8Cu4	J	—	—	24
5	ZSnSb4Cu4	J	—	—	20
6	ZSnSb9Cu7	J	—	—	25
7	ZSnSb8Cu8	J	—	—	28
8	ZPbSb16Sn16Cu2	J	—	—	30
9	ZPbSb15Sn5Cu3Cd2	J	—	—	32
10	ZPbSb15Sn10	J	—	—	24
11	ZPbSb15Sn5	J	—	—	20
12	ZPbSb10Sn6	J	—	—	18
13	ZPbSb16Sn1As1	J	—	—	24

注：1. 铸造方法代号：S—砂型铸造；Li—离心铸造；La—连续铸造；R—熔模铸造；K—壳型铸造；B—变质处理；J—金属型铸造。
2. 合金状态代号：F—铸态；T1—人工时效；T2—退火；T6—固溶处理加人工完全时效。

表 8-8　钢的常用热处理方法及应用

名　称	说　明	应用举例
退火	退火是将钢件加热到临界温度以上 30~50 ℃，保温一段时间，然后再缓慢地冷却下来（一般随炉冷却）	用于消除铸、锻、焊零件的内应力，降低硬度，以便于切削加工，细化金属晶粒，改善组织，增加韧度
正火	正火是将钢件加热到临界温度以上 30~50 ℃，保温一段时间，然后在空气中冷却，冷却速度比退火快	用于处理低碳和中碳结构钢材及渗碳零件，使其组织细化，增大强度及韧度，减小内应力，改善切削性能
淬火	淬火是将钢件加热到临界点以上温度，保温一段时间，然后放入水、盐水或油中（个别材料在空气中）急剧冷却，使其得到高硬度	用于提高钢的硬度和强度极限，但淬火时会引起内应力而使钢变脆，所以淬火后必须回火
回火	回火是将淬硬的钢件加热到临界点以下的某一温度，保温一段时间，然后在空气或油中冷却下来	用于消除淬火后的脆性和内应力，提高钢的塑性和冲击韧度
调质	淬火后高温回火	用于使钢获得高的韧度和足够的强度，很多重要零件都会经过调质处理
表面淬火	仅对零件表层进行淬火，使零件表层有高的硬度和耐磨性，而心部则保持原有的强度和韧度	常用于处理轮齿的表面
渗碳	使表面增碳，渗碳层深度为 0.4~6 mm 或大于 6 mm，硬度为 56~65 HRC	增加钢件的耐磨性能、表面硬度、抗拉强度及疲劳极限，适用于低碳、中碳（$w_C<0.40\%$）结构钢的中小型零件和大型的重载荷、受冲击、耐磨零件

续表

名称	说明	应用举例
碳氮共渗	使表面增加碳和氮，扩散层深度较浅，为 0.02~3.0 mm；硬度高，在共渗层为 0.02~0.04 mm 时可达 66~70 HRC	增加结构钢、工具钢制件的耐磨性能、表面硬度和疲劳极限，提高刀具切削性能和使用寿命。适用于要求硬度高、耐磨的中小型及薄片的零件和刀具等
渗氮	表面增氮，氮化层深度为 0.025~0.8 mm，渗氮时间需 40~50 h，硬度很高（1 200 HV），耐磨、耐蚀性高	增加钢件的耐磨性能、表面硬度、疲劳极限和耐蚀性，适用于结构钢和铸造件，如气缸套、机床主轴、丝杠等耐磨零件，以及在潮湿碱水和燃烧气体介质环境中工作的零件，如水泵轴、排气阀等

第9章 滚动轴承

滚动轴承相关参数见表9-1至表9-8。

9.1 常用滚动轴承

表9-1 深沟球轴承（摘自 GB/T 276—2013）　　　　　　　　　　单位：mm

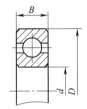

类型代号：6000型

标记示例：滚动轴承 6208 GB/T 276—2013

轴承型号	尺寸			轴承型号	尺寸		
	d	D	B		d	D	B
尺寸系列代号10				尺寸系列代号03			
606	6	17	6	634	4	16	5
607	7	19	6	635	5	19	6
608	8	22	7	6300	10	35	11
609	9	24	7	6301	12	37	12
6000	10	26	8	6302	15	42	13
6001	12	28	8	6303	17	47	14
6002	15	32	9	6304	20	52	15
6003	17	35	10	6305	25	62	17
6004	20	42	12	6306	30	72	19
6005	25	47	12	6307	35	80	21
6006	30	55	13	6308	40	90	23
6007	35	62	14	6309	45	100	25
6008	40	68	15	6310	50	110	27
6009	45	75	16	6311	55	120	29
6010	50	80	16	6312	60	130	31
6011	55	90	18				
6012	60	95	18				

续表

轴承型号	尺寸			轴承型号	尺寸		
	d	D	B		d	D	B
尺寸系列代号02				尺寸系列代号04			
623	3	10	4	6403	17	62	17
624	4	13	5	6404	20	72	19
625	5	16	5	6405	25	80	21
626	6	19	6	6406	30	90	23
627	7	22	7	6407	35	100	25
628	8	24	8	6408	40	110	27
629	9	26	8	6409	45	120	29
6200	10	30	9	6410	50	130	31
6201	12	32	10	6411	55	140	33
6202	15	35	11	6412	60	150	35
6203	17	40	12	6413	65	160	37
6204	20	47	14	6414	70	180	42
6205	25	52	15	6415	75	190	45
6206	30	62	16	6416	80	200	48
6207	35	72	17	6417	85	210	52
				6418	90	225	54
				6419	95	240	55

表 9-2 角接触球轴承（摘自 GB/T 292—2023） 单位：mm

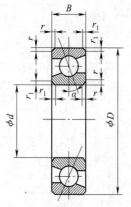 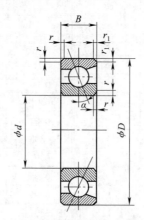 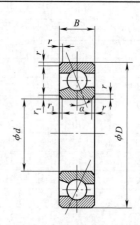

（a）锁口内外圈型角接触球轴承　　（b）锁口外圈型角接触球轴承　　（c）锁口内圈型角接触球轴承

轴承型号		外形尺寸				
$\alpha = 15°$	$\alpha = 25°$	d	D	B	r_{smin}	r_{1smin}
71800 C	71800 AC	10	19	5	0.3	0.1
71801 C	71801 AC	12	21	5	0.3	0.1
71802 C	71802 AC	15	24	5	0.3	0.1
71803 C	71803 AC	17	26	5	0.3	0.1

续表

轴承型号		外形尺寸				
$\alpha=15°$	$\alpha=25°$	d	D	B	r_{smin}	r_{1smin}
71804 C	71804 AC	20	32	7	0.3	0.1
71805 C	71805 AC	25	37	7	0.3	0.15
71806 C	71806 AC	30	42	7	0.3	0.15
71807 C	71807 AC	35	47	7	0.3	0.15
71808 C	71808 AC	40	52	7	0.3	0.15
71809 C	71809 AC	45	58	7	0.3	0.15
71810 C	71810 AC	50	65	7	0.3	0.15
71811 C	71811 AC	55	72	9	0.3	0.15
71812 C	71812 AC	60	78	10	0.3	0.15
71813 C	71813 AC	65	85	10	0.6	0.15
71814 C	71814 AC	70	90	10	0.6	0.15
71815 C	71815 AC	75	95	10	0.6	0.15
71816 C	71816 AC	80	100	10	0.6	0.15
71817 C	71817 AC	85	110	13	1	0.3
71818 C	71818 AC	90	115	13	1	0.3
71819 C	71819 AC	95	120	13	1	0.3
71820 C	71820 AC	100	125	13	1	0.3
71821 C	71821 AC	105	130	13	1	0.3
71822 C	71822 AC	110	140	16	1	0.3
71824 C	71824 AC	120	150	16	1	0.3
71826 C	71826 AC	130	165	18	1.1	0.6
71828 C	71828 AC	140	175	18	1.1	0.6
71830 C	71830 AC	150	190	20	1.1	0.6
71832 C	71832 AC	160	200	20	1.1	0.6
71834 C	71834 AC	170	215	22	1.1	0.6
71836 C	71836 AC	180	225	22	1.1	0.6
71838 C	71838 AC	190	240	24	1.5	0.6
71840 C	71840 AC	200	250	24	1.5	0.6
71844 C	71844 AC	220	270	24	1.5	0.6
71848 C	71848 AC	240	300	28	2	1

续表

轴承型号		外形尺寸				
$\alpha = 15°$	$\alpha = 25°$	d	D	B	r_{smin}	r_{1smin}
71852 C	71852 C	260	320	28	2	1
71856 C	71856 C	280	350	33	2	1.1
71860 C	71860 C	300	380	38	2.1	1.1
71864 C	71864 C	320	400	38	2.1	1.1
71868 C	71868 C	340	420	38	2.1	1.1
71872 C	71872 C	360	440	38	2.1	1.1
719/7 C	—	7	17	5	0.3	0.1
719/8 C	—	8	19	6	0.3	0.1
719/9 C	—	9	20	6	0.3	0.1
71900 C	71900 AC	10	22	6	0.3	0.1
71901 C	71901 AC	12	24	6	0.3	0.1
71902 C	71902 AC	15	28	7	0.3	0.1
71903 C	71903 AC	17	30	7	0.3	0.1
71904 C	71904 AC	20	37	9	0.3	0.15
71905 C	71905 AC	25	42	9	0.3	0.15
71906 C	71906 AC	30	47	9	0.3	0.15
71907 C	71907 AC	35	55	10	0.6	0.15
71908 C	71908 AC	40	62	12	0.6	0.15
71909 C	71909 AC	45	68	12	0.6	0.15
71910 C	71910 AC	50	72	12	0.6	0.15
71911 C	71911 AC	55	80	13	1	0.3
71912 C	71912 AC	60	85	13	1	0.3
71913 C	71913 AC	65	90	13	1	0.3
71914 C	71914 AC	70	100	16	1	0.3
71915 C	71915 AC	75	105	16	1	0.3
71916 C	71916 AC	80	110	16	1	0.3
71917 C	71917 AC	85	120	18	1.1	0.6
71918 C	71918 AC	90	125	18	1.1	0.6
71919 C	71919 AC	95	130	18	1.1	0.6
71920 C	71920 AC	100	140	20	1.1	0.6

续表

轴承型号		外形尺寸				
$\alpha = 15°$	$\alpha = 25°$	d	D	B	r_{smin}	r_{1smin}
71921 C	71921 AC	105	145	20	1.1	0.6
71922 C	71922 AC	110	150	20	1.1	0.6
71924 C	71924 AC	120	165	22	1.1	0.6
71926 C	71926 AC	130	180	24	1.5	0.6
71928 C	71928 AC	140	190	24	1.5	0.6
71930 C	71930 AC	150	210	28	2	1
71932 C	71932 AC	160	220	28	2	1
71934 C	71934 AC	170	230	28	2	1
71936 C	71936 AC	180	250	33	2	1
71938 C	71938 AC	190	260	33	2	1
71940 C	71940 AC	200	280	38	2.1	1
71944 C	71944 AC	220	300	38	2.1	1
71948 C	71948 AC	240	320	38	2.1	1
71952 C	71952 AC	260	360	46	2.1	1.1
71956 C	71956 AC	280	380	46	2.1	1.1
71960 C	71960 AC	300	420	56	3	1.1
71964 C	71964 AC	320	440	56	3	1.1
71968 C	71968 AC	340	460	56	3	1.1
71972 C	71972 AC	360	480	56	3	1.1
71976 C	71976 AC	380	520	65	4	1.5
71980 C	71980 AC	400	540	65	4	1.5
71984 C	71984 AC	420	560	65	4	1.5
71988 C	71988 AC	440	600	74	4	1.5
71992 C	71992 AC	460	620	74	4	1.5

注：α—轴承接触角；d—轴承内径；D—轴承外径；B—轴承宽度；r_{smin}—轴承倒角尺寸 r 的最小单一倒角尺寸；r_{1smin}—轴承套圈前面（非推力端）倒角尺寸的最小单一倒角尺寸。

表 9-3 圆锥滚子轴承（摘自 GB/T 297—2015） 单位：mm

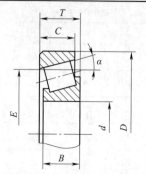

类型代号：30000型
标记示例：
　　滚动轴承 31208 GB/T 297—2015

轴承型号	尺寸						轴承型号	尺寸					
	d	D	T	B	C	E≈	α≈		d	D	T	B	C	E≈	α≈

轴承型号	d	D	T	B	C	E≈	α≈	轴承型号	d	D	T	B	C	E≈	α≈
尺寸系列代号02								尺寸系列代号22						
30204	20	47	15.25	14	12	37.3	12°57′10″	32206	30	62	21.5	20	17	48.9	14°02′10″
30205	25	52	16.25	15	13	41.1	14°02′10″	32207	35	72	24.25	23	19	57.0	14°02′10″
30206	30	62	17.25	16	14	49.9	14°02′10″	32208	40	80	24.75	23	19	64.7	14°02′10″
30207	35	72	18.25	17	15	58.8	14°02′10″	32209	45	85	24.75	23	19	69.6	15°06′34″
30208	40	80	19.75	18	16	65.7	14°02′10″	32210	50	90	24.75	23	19	74.2	15°38′32″
30209	45	85	20.75	19	16	70.4	15°06′34″	32211	55	100	26.75	25	21	82.8	15°06′34″
30210	50	90	21.75	20	17	75.0	15°38′32″	32212	60	110	29.75	28	24	90.2	15°06′34″
30211	55	100	22.75	21	18	84.1	15°06′34″	32213	65	120	32.75	31	27	99.4	15°06′34″
30212	60	110	23.75	22	19	91.8	15°06′34″	32214	70	125	33.25	31	27	103.7	15°38′32″
30213	65	120	24.75	23	20	101.9	15°06′34″	32215	75	130	33.25	31	27	108.9	16°10′20″
30214	70	125	26.25	24	21	105.7	15°38′32″	32216	80	140	35.25	33	28	117.4	15°38′32″
30215	75	130	27.25	25	22	110.4	16°10′20″	32217	85	150	38.5	36	30	124.9	15°38′32″
30216	80	140	28.25	26	22	119.1	15°38′32″	32218	90	160	42.5	40	34	132.6	15°38′32″
30217	85	150	30.5	28	24	126.6	15°38′32″	32219	95	170	45.5	43	37	140.2	15°38′32″
30218	90	160	32.5	30	26	134.9	15°38′32″	32220	100	180	49	46	39	148.1	15°38′32″
30219	95	170	34.5	32	27	143.3	15°38′32″	尺寸系列代号23							
30220	100	180	37	34	29	151.3	15°38′32″	32304	20	52	22.25	21	18	39.5	11°18′36″
尺寸系列代号03								32305	25	62	25.25	24	20	48.6	11°18′36″
								32306	30	72	28.75	27	23	55.7	11°51′35″
30307	35	80	22.75	21	18	65.7	11°51′35″	32307	35	80	32.75	31	25	62.8	11°51′35″
30308	40	90	25.25	23	20	72.7	12°57′10″	32308	40	90	35.25	33	27	69.2	12°57′10″
30309	45	100	27.75	25	22	81.7	12°57′10″	32309	45	100	38.25	36	30	78.3	12°57′10″
30310	50	110	29.25	27	23	90.6	12°57′10″	32310	50	110	42.25	40	33	86.2	12°57′10″
30311	55	120	31.5	29	25	99.1	12°57′10″	32311	55	120	45.5	43	35	94.3	12°57′10″
30312	60	130	33.5	31	26	107.7	12°57′10″	32312	60	130	48.5	46	37	102.9	12°57′10″
30313	65	140	36	33	28	116.8	12°57′10″	32313	65	140	51	48	39	111.7	12°57′10″
30314	70	150	38	35	30	125.2	12°57′10″	32314	70	150	54	51	42	119.7	12°57′10″
30315	75	160	40	37	31	134.0	12°57′10″	32315	75	160	58	55	45	127.8	12°57′10″
30316	80	170	42.5	39	33	143.1	12°57′10″	32316	80	170	61.5	58	48	136.5	12°57′10″
30317	85	180	44.5	41	34	150.4	12°57′10″	32317	85	180	63.5	60	49	144.2	12°57′10″
30318	90	190	46.5	43	36	159.0	12°57′10″	32318	90	190	67.5	64	53	151.7	12°57′10″
30319	95	200	49.5	45	38	165.8	12°57′10″	32319	95	200	71.5	67	55	160.3	12°57′10″
30320	100	215	51.5	47	39	178.5	12°57′10″	32320	100	215	77.5	73	60	171.6	12°57′10″

表 9-4　圆柱滚子轴承（摘自 GB/T 283—2021）　　　　　　　单位：mm

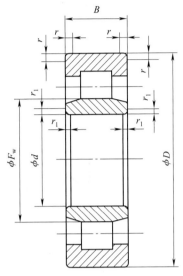

(a) 内圈无挡边圆柱滚子轴承 NU 型

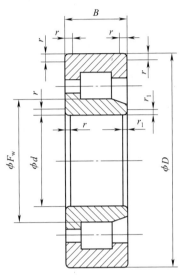

(b) 内圈单挡边圆柱滚子轴承 NJ 型

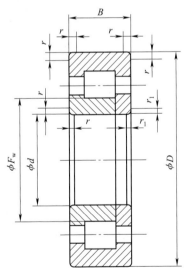

(c) 内圈单挡边、带平挡圈圆柱滚子轴承 NUP 型

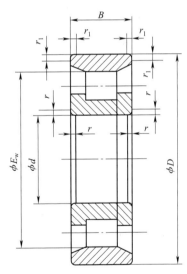

(d) 外圈无挡边圆柱滚子轴承 N 型

续表

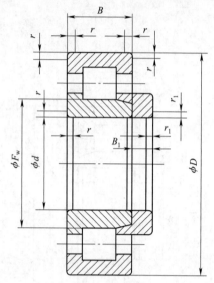

(e) 内圈单挡边、带斜挡圈圆柱滚子轴承 NH 型（NJ + HJ）

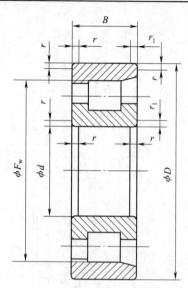

(f) 外圈单挡边圆柱滚子轴承 NF 型

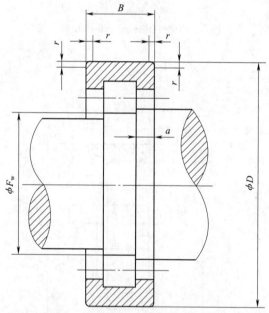

(g) 无内圈圆柱滚子轴承 RNU 型

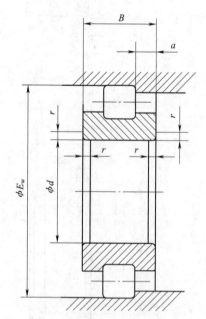

(h) 无外圈圆柱滚子轴承 RN 型

轴承型号					外形尺寸								斜挡圈型号
NU 型	NJ 型	NUP 型	N 型	NH 型	d	D	B	B_1	F_w	E_w	r_{smin}	r_{1smin}	
NU202E	NJ202E	NUP202E	N202E	NH202E	15	35	11	2.5	19.3	30.3	0.6	0.3	HJ202E
NU203E	NJ203E	NUP203E	N203E	NH203E	17	40	12	3	22.1	35.1	0.6	0.3	HJ203E
NU204E	NJ204E	NUP204E	N204E	NH204E	20	47	14	3	26.5	41.5	1	0.6	HJ204E

续表

轴承型号					外形尺寸								斜挡圈型号
NU 型	NJ 型	NUP 型	N 型	NH 型	d	D	B	B_1	F_w	E_w	r_{smin}	r_{1smin}	
NU205E	NJ205E	NUP205E	N205E	NH205E	25	52	15	3	31.5	46.5	1	0.6	HJ205E
NU206E	NJ206E	NUP206E	N206E	NH206E	30	62	16	4	37.5	55.5	1	0.6	HJ206E
NU207E	NJ207E	NUP207E	N207E	NH207E	35	72	17	4	44	64	1.1	0.6	HJ207E
NU208E	NJ208E	NUP208E	N208E	NH208E	40	80	18	5	49.5	71.5	1.1	1.1	HJ208E
NU209E	NJ209E	NUP209E	N209E	NH209E	45	85	19	5	54.5	76.5	1.1	1.1	HJ209E
NU210E	NJ210E	NUP210E	N210E	NH210E	50	90	20	5	59.5	81.5	1.1	1.1	HJ210E
NU211E	NJ211E	NUP211E	N211E	NH211E	55	100	21	6	66	90	1.5	1.1	HJ211E
NU212E	NJ212E	NUP212E	N212E	NH212E	60	110	22	6	72	100	1.5	1.5	HJ212E
NU213E	NJ213E	NUP213E	N213E	NH213E	65	120	23	6	78.5	108.5	1.5	1.5	HJ213E
NU214E	NJ214E	NUP214E	N214E	NH214E	70	125	24	7	83.5	113.5	1.5	1.5	HJ214E
NU215E	NJ215E	NUP215E	N215E	NH215E	75	130	25	7	88.5	118.5	1.5	1.5	HJ215E
NU216E	NJ216E	NUP216E	N216E	NH216E	80	140	26	8	95.3	127.3	2	2	HJ216E
NU217E	NJ217E	NUP217E	N217E	NH217E	85	150	28	8	100.5	136.5	2	2	HJ217E
NU218E	NJ218E	NUP218E	N218E	NH218E	90	160	30	9	107	145	2	2	HJ218E
NU219E	NJ219E	NUP219E	N219E	NH219E	95	170	32	9	112.5	154.5	2.1	2.1	HJ219E
NU220E	NJ220E	NUP220E	N220E	NH220E	100	180	34	10	119	163	2.1	2.1	HJ220E
NU221E	NJ221E	NUP221E	N221E	NH221E	105	190	36	10	125	173	2.1	2.1	HJ221E
NU222E	NJ222E	NUP222E	N222E	NH222E	110	200	38	11	132.5	180.5	2.1	2.1	HJ222E
NU224E	NJ224E	NUP224E	N224E	NH224E	120	215	40	11	143.5	195.5	2.1	2.1	HJ224E
NU226E	NJ226E	NUP226E	N226E	NH226E	130	230	40	11	153.5	209.5	3	3	HJ226E
NU228E	NJ228E	NUP228E	N228E	NH228E	140	250	42	11	169	225	3	3	HJ228E
NU230E	NJ230E	NUP230E	N230E	NH230E	150	270	45	12	182	243	3	3	HJ230E
NU232E	NJ232E	NUP232E	N232E	NH232E	160	290	48	12	195	259	3	3	HJ232E
NU234E	NJ234E	NUP234E	N234E	NH234E	170	310	52	12	207	279	4	4	HJ234E
NU236E	NJ236E	NUP236E	N236E	NH236E	180	320	52	12	217	289	4	4	HJ236E
NU238E	NJ238E	NUP238E	N238E	NH238E	190	340	55	13	230	306	4	4	HJ238E
NU240E	NJ240E	NUP240E	N240E	NH240E	200	360	58	14	243	323	4	4	HJ240E
NU244E	NJ244E	NUP244E	N244E	NH244E	220	400	65	15	268	358	4	4	HJ244E
NU248E	NJ248E	NUP248E	N248E	NH248E	240	440	72	16	293	393	4	4	HJ248E
NU252E	NJ252E	—	—	NH252E	260	480	80	18	317	—	5	5	HJ252E
NU256E	NJ256E	—	—	—	280	500	80	—	337	—	5	5	—
NU260E	—	—	—	—	300	540	85	—	364	—	5	5	—
NU264E	—	—	—	—	320	580	92	—	292	—	5	5	—
NU2203E	NJ2203E	NUP2203E	N2203E	NH2203E	17	40	16	3	22.1	35.1	0.6	0.6	HJ2203E
NU2204E	NJ2204E	NUP2204E	N2204E	NH2204E	20	47	18	3	26.5	41.5	1	0.6	HJ2204E
NU2205E	NJ2205E	NUP2205E	N2205E	NH2205E	25	52	18	3	31.5	46.5	1	0.6	HJ2205E

续表

轴承型号					外形尺寸								斜挡圈型号
NU 型	NJ 型	NUP 型	N 型	NH 型	d	D	B	B_1	F_w	E_w	r_{smin}	r_{1smin}	
NU2206E	NJ2206E	NUP2206E	N2206E	NH2206E	30	62	20	4	37.5	55.5	1	0.6	HJ2206E
NU2207E	NJ2207E	NUP2207E	N2207E	NH2207E	35	72	23	4	44	64	1.1	0.6	HJ2207E
NU2208E	NJ2208E	NUP2208E	N2208E	NH2208E	40	80	23	5	49.5	71.5	1.1	1.1	HJ2208E
NU2209E	NJ2209E	NUP2209E	N2209E	NH2209E	45	85	23	5	54.5	76.5	1.1	1.1	HJ2209E
NU2210E	NJ2210E	NUP2210E	N2210E	NH2210E	50	90	23	5	59.5	81.5	1.1	1.1	HJ2210E
NU2211E	NJ2211E	NUP2211E	N2211E	NH2211E	55	100	25	6	66	90	15	1.1	HJ2211E
NU2212E	NJ2212E	NUP2212E	N2212E	NH2212E	60	110	28	6	72	100	1.5	1.5	HJ2212E
NU2213E	NJ2213E	NUP2213E	N2213E	NH2213E	65	120	31	6	78.5	108.5	1.5	1.5	HJ2213E
NU2214E	NJ2214E	NUP2214E	N2214E	NH2214E	70	125	31	7	83.5	113.5	1.5	1.5	HJ2214E
NU2215E	NJ2215E	NUP2215E	N2215E	NH2215E	75	130	31	7	88.5	118.5	1.5	1.5	HJ2215E
NU2216E	NJ2216E	NUP2216E	N2216E	NH2216E	80	140	33	8	95.3	127.3	2	2	HJ2216E
NU2217E	NJ2217E	NUP2217E	N2217E	NH2217E	85	150	36	8	100.5	136.5	2	2	HJ2217E
NU2218E	NJ2218E	NUP2218E	N2218E	NH2218E	90	160	40	9	107	145	2	2	HJ2218E
NU2219E	NJ2219E	NUP2219E	N2219E	NH2219E	95	170	43	9	112.5	154.5	2.1	2.1	HJ2219E
NU2220E	NJ2220E	NUP2220E	N2220E	NH2220E	100	180	46	10	119	163	2.1	2.1	HJ2220E
NU2222E	NJ2222E	NUP2222E	N2222E	NH2222E	110	200	53	11	132.5	180.5	2.1	2.1	HJ2222E
NU2224E	NJ2224E	NUP2224E	N2224E	NH2224E	120	215	58	11	143.5	195.5	2.1	2.1	HJ2224E
NU2226E	NJ2226E	NUP2226E	N2226E	NH2226E	130	230	64	11	153.5	209.5	3	3	HJ2226E
NU2228E	NJ2228E	NUP2228E	N2228E	NH2228E	140	250	68	11	169	225	3	3	HJ2228E
NU2230E	NJ2230E	NUP2230E	N2230E	NH2230E	150	270	73	12	182	242	3	3	HJ2230E
NU2232E	NJ2232E	NUP2232E	N2232E	NH2232E	160	290	80	12	193	259	3	3	HJ2232E
NU2234E	NJ2234E	NUP2234E	N2234E	NH2234E	170	310	86	12	205	279	4	4	HJ2234E
NU2236E	NJ2236E	NUP2236E	N2236E	NH2236E	180	320	86	12	215	289	4	4	HJ2236E
NU2238E	NJ2238E	NUP2238E	N2238E	NH2238E	190	340	92	13	228	306	4	4	HJ2238E
NU2240E	NJ2240E	NUP2240E	N2240E	NH2240E	200	360	98	14	241	323	4	4	HJ2240E
NU2244E	NJ2244E	NUP2244E	—	—	220	400	108	—	259	—	4	4	—
NU2248E	NJ2248E	—	—	—	240	440	120	—	287	—	4	4	—
NU2252E	NJ2252E	—	—	—	260	480	130	—	313	—	5	5	—
NU2256E	NJ2256E	—	—	—	280	500	130	—	333	—	5	5	—
NU2260E	—	—	—	—	300	540	140	—	355	—	5	5	—
NU2264E	—	—	—	—	320	580	150	—	380	—	5	5	—
NU2268E	—	—	—	—	340	620	165	—	408	—	5	5	—
NU2272E	—	—	—	—	360	650	170	—	437	—	6	6	—
NU2276E	—	—	—	—	380	680	175	—	462	—	7.5	7.5	—

注：d—轴承内径；D—轴承外径；B—轴承宽度；B_1—斜挡圈超出内圈端面的宽度；F_w—滚子组内径；E_w—滚子组外径；r_{smin}—轴承内、外圈倒角尺寸 r 的最小单一尺寸；r_{1smin}—轴承内、外圈（挡圈）窄端面倒角尺寸 r_1 的最小单一尺寸。

9.2 滚动轴承的配合

表 9-5 安装轴承的轴公差带代号（摘自 GB/T 275—2015）

载荷情况		举例	深沟球轴承、调心球轴承和角接触球轴承	圆柱滚子轴承和圆锥滚子轴承	调心滚子轴承	公差带
			轴承公称内径/mm			
内圈承受旋转载荷或方向不定载荷	轻载荷	输送机、轻载齿轮箱	≤18 >18~100 >100~200 —	— ≤40 >40~140 >140~200	— ≤40 >40~100 >100~200	h5 j6 k6 m6
	正常载荷	一般通用机械、电动机、泵、内燃机、正齿轮传动装置	≤18 >18~100 >100~140 >140~200	— ≤40 >40~100 >100~140	— ≤40 >40~65 >65~100	j5, js5 k5 m5 m6
	重载荷	铁路机车车辆轴箱、牵引电机、破碎机等	—	>50~140 >140~200	>50~100 >100~140	n6 p6
内圈承受固定载荷	所有载荷	内圈需在轴向易移动	非旋转轴上的各种轮子	所有尺寸		f6, g6
		内圈不需在轴向易移动	张紧轮、绳轮			h6, j6
仅受轴向载荷			所有尺寸			j6, js6

注：1. 凡对精度要求较高的场合，应用 j5、k5、m5 代替 j6、k6、m6。
2. 圆锥滚子轴承、角接触球轴承配合对游隙影响不大，可用 k6、m6 代替 k5、m5。

表 9-6 安装轴承的外壳孔公差带代号（摘自 GB/T 275—2015）

运转状态		载荷状态	其他状况	公差带	
说明	举例			球轴承	滚子轴承
固定的外圈载荷	一般机械、铁路机车车辆轴箱	轻、正常、重	轴向易移动，可采用剖分式外壳	H7, G7	
		冲击	轴向能移动，可采用整体或剖分式外壳	J7, JS7	
方向不定载荷	曲轴主轴承、泵、电动机	轻、正常		K7	
		正常、重		M7	
		冲击	轴向不移动，采用整体式外壳	J7	K7
旋转的外圈载荷	张紧滑轮、轮毂轴承	轻正常		K7, M7	M7, N7
		重		—	N7, P7

注：1. 并列公差带随尺寸的增大从左至右选择，对旋转精度有较高要求时，可相应提高一个公差等级。
2. 不适用于剖分式外壳。

表 9-7　轴和轴承座孔的几何公差（摘自 GB/T 275—2015）

公称尺寸 /mm		圆柱度 $t/\mu m$				轴向圆跳动 $t_1/\mu m$			
		轴颈		轴承座孔		轴肩		轴承座孔肩	
		轴承公差等级							
>	≤	0	6 (6X)	0	6 (6X)	0	6 (6X)	0	6 (6X)
—	6	2.5	1.5	4	2.5	5	3	8	5
6	10	2.5	1.5	4	2.5	6	4	10	6
10	18	3	2	5	3	8	5	12	8
18	30	4	2.5	6	4	10	6	15	10
30	50	4	2.5	7	4	12	8	20	12
50	80	5	3	8	5	15	10	25	15
80	120	6	4	10	6	15	10	25	15
120	180	8	5	12	8	20	12	30	20
180	250	10	7	14	10	20	12	30	20
250	315	12	8	16	12	25	15	40	25

表 9-8　配合表面及端面的表面粗糙度（摘自 GB/T 275—2015）

轴或轴承座孔 直径/mm		轴或轴承座孔配合表面直径公差等级							
		IT7			IT6			IT5		
		表面粗糙度							
>	≤	Rz	Ra		Rz	Ra		Rz	Ra	
			磨	车		磨	车		磨	车
—	80	10	1.6	3.2	6.3	0.8	1.6	4	0.4	0.8
80	500	16	1.6	3.2	10	1.6	3.2	6.3	0.8	1.6
端面		25	3.2	6.3	25	3.2	6.3	10	1.6	3.2

第 10 章 润滑与密封

润滑与密封有关标准与规范见表 10-1 至表 10-14。

10.1 润滑剂

表 10-1 常用润滑油的性质和用途

名称	代号	运动黏度 /(mm²/s) 40 ℃	倾点/℃ 不高于	闪点(开口)/℃ 不低于	主要用途
L-AN 全损耗系统用油	L-AN5	4.14~5.06	-5	80	各种高速轻载机械轴承的润滑和冷却（循环式或油箱式），如转速在 10 000 r/min 以上的精密机械、机床及纺织纱锭的润滑和冷却
	L-AN7	6.12~7.48		110	
	L-AN10	9.00~11.0		130	
	L-AN15	13.5~16.5		150	小型机床齿轮箱、传动装置轴承、中小型电动机、风动工具等
	L-AN22	19.8~24.2			
	L-AN32	28.8~35.2			一般机床齿轮变速箱、中小型机床导轨及 100 kW 以上电动机轴承
	L-AN46	41.4~50.6		160	大型机床、大型刨床
	L-AN68	61.2~74.8			低速重载的纺织机械及重型机床，锻造、铸造设备
	L-AN100	90~110		180	
	L-AN105	135~165			
工业闭式齿轮油	L-CKC68	61.2~74.8	-12	180	煤炭、水泥、冶金等工业部门大型闭式齿轮传动装置的润滑
	L-CKC100	90~110			
	L-CKC150	135~165		200	
	L-CKC220	198~242	-9		
	L-CKC320	288~352			
	L-CKC460	414~506			
	L-CKC680	612~748	-5		
蜗轮蜗杆油	L-CKE320	198~242	-6	200	铜-钢配对的圆柱形和双包络等类型的承受轻载荷、传动过程中平稳无冲击的蜗杆副
	L-CKE320	288~352			
	L-CKE460	414~506		220	
	L-CKE680	612~748			
	L-CKE1000	900~1 000			

注：表中所列为蜗轮蜗杆油一级品的数值。

表 10-2　闭式传动润滑油运动黏度（50 ℃）的推荐值　　　　　　　　　单位：mm²/s

齿轮材料	齿面硬度	齿轮节圆速度 v/(m/s)						
		<0.5	0.5~1	1~2.5	2.5~5	5~12.5	12.5~25	>25
调质钢	<280 HBW	266	177	118	82	59	44	32
	280~50 HBW	266	266	177	118	82	59	44
渗碳或表面淬火钢	40~64 HRC	444	266	266	177	118	82	59
塑料、青铜、铸铁	—	177	117	82	59	44	32	—

注：多级齿轮传动润滑油的运动黏度应按各级传动的圆周速度平均值选取。

表 10-3　闭式蜗杆传动润滑油运动黏度（50 ℃）的推荐值

滑动速度 v/(m/s)	≤1	≤2.5	≤5	>5~10	>10~15	>15~25	>25
工作条件	重载	重载	中载	—	—	—	—
运动黏度/(mm²/s)	444	266	177	18	82	59	44
润滑方法	油池润滑			油池或喷油润滑	喷油润滑，喷油压力/MPa		
					0.07	0.2	0.3

表 10-4　常用润滑脂的主要性质和用途

名称	代号	滴点/℃ 不低于	工作锥入温度/(0.1 mm) 25 ℃，150 g	特点和用途
钙基润滑脂（GB/T 491—2008）	1 号	80	310~340	有耐水性能。用于工作温度为 55~60 ℃ 的各种工农业、交通运输等机械设备的轴承润滑，特别适用于有水或潮湿的场合
	2 号	85	265~295	
	3 号	90	220~250	
	4 号	95	175~205	
钠基润滑脂（GB 492—1989）	2 号	160	265~295	不耐水（或潮湿）。用于工作温度为 -10~+110 ℃ 的一般中负荷机械设备的轴承润滑
	3 号		220~250	
通用锂基润滑脂（GB/T 7324—2010）	1 号	170	310~340	有良好的耐水性和耐热性。适用于工作温度为 -20~+120 ℃ 的各种机械的滚动轴承、滑动轴承及其他摩擦部位的润滑
	2 号	175	265~295	
	3 号	180	220~250	
钙钠基润滑脂（SH/T 0368—2003）	2 号	120	250~290	用于工作温度为 80~100 ℃，适合用于有水分或较潮湿环境中工作机械的润滑，多用于铁路机车、列车小电动车、发电机滚动轴承（温度较高者）的润滑，不适于低温工作
	3 号	135	200~240	
7407 号齿轮润滑油（SH/T 0469—1994）		160	70~90	各种低速的中重载齿轮，链轮和联轴器等的润滑，使用温度不高于 120 ℃，可承受冲击载荷不高于 25 000 MPa

表10-5 滚动轴承润滑脂选用参考（一）

轴径/mm	工作温度/℃	工作环境	轴的转速/(m/s)			
			<300	300~1 500	1 500~3 000	3 000~5 000
20~140	0~60	有水	3号、4号钙基脂	2号、3号钙基脂	1号、2号钙基脂	1号二硫化钼复合钙基脂
	60~110	干燥	2号钠基脂	2号钠基脂	2号钠基脂	1号二硫化钼复合钙基脂
	<100	潮湿	2号复合钙基脂	1号、2号复合钙基脂	1号复合钙基脂	1号二硫化钼复合钙基脂
	-20~100	有水	3号、4号锂基脂	2号、3号锂基脂	1号、2号锂基脂	1号二硫化钼复合钙基脂

表10-6 滚动轴承润滑脂选用参考（二）

工作温度/℃	轴的转速/(m/s)	载荷	推荐用脂	工作温度/℃	轴的转速/(m/s)	载荷	推荐用脂
0~60	约1 000	轻、中	2号、3号钙基脂	0~110	约1 000	轻、中、重	2号钠基脂
0~60	约1 000	重	4号钙基脂	0~110	约1 000	轻、中	2号钠基脂
0~60	1 000~2 000	轻、中	2号钠基脂	0~140	约1 000	轻、中、重	2号二硫化钼复合钙基脂
0~80	约1 000	轻、中、重	3号钠基脂	0~120	约1 000	轻、中	1号二硫化钼复合钙基脂
0~80	1 000~2 000	轻、中	2号钠基脂	0~160	—	—	3号二硫化钼复合钙基脂
0~100	约1 000	轻、中、重	3号钠基脂	-20~+100			二硫化钼基脂
0~100	约1 000	轻、中	1号、2号钙钠基脂				

10.2 润滑装置

表10-7 直通式压注油杯（摘自JB/T 7940.1—1995）　　　　　　单位：mm

d	H	h	h_1	S	钢球（按GB/T 308.1—2013）
M6	13	8	6	8	3
M8×1	16	9	6.5	10	
M10×1	18	10	10	11	

标记示例

连接螺纹M10×1，直通式压注油杯的标记为
　　油杯 M10×1 JB/T 7940.1—1995

表 10-8 接头式压注油杯（摘自 JB/T 7940.2—1995） 单位：mm

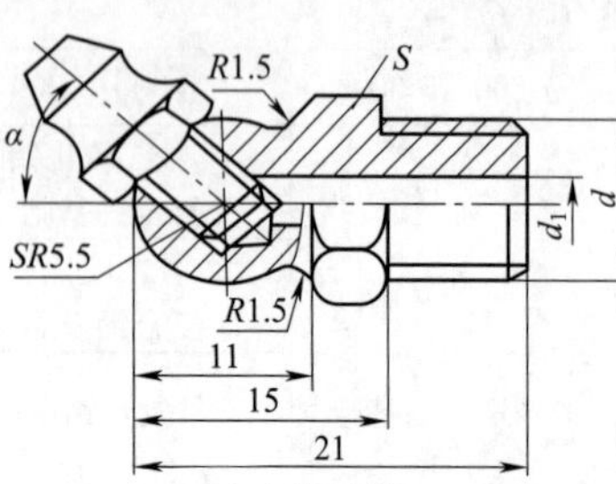

d	d_1	a	S	直通式压注油杯 （按 JB/T 7940.1—1995）
M6	3	45°、90°	11	M6
M8×1	4			
M10×1	5			

标记示例
连接螺纹 M10×1，45° 接头式压注油杯的标记为
　　油杯 45° M10×1 JB/T 7940.1—1995

表 10-9 压配式注油杯（摘自 JB/T 7940.4—1995） 单位：mm

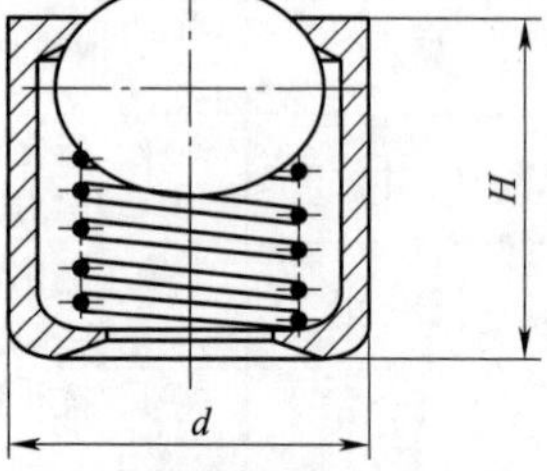

d		H	钢球 （按 GB/T 308.1—2013）
公称尺寸	极限偏差		
6	+0.040 +0.028	6	4
8	+0.049 +0.034	10	5
10	+0.058 +0.040	12	6
16	+0.063 +0.045	20	11
25	+0.085 +0.064	30	13

标记示例
$d=6$，压配式压注式油杯的标记为
　　油杯 6 JB/T 7940.4—1995

表 10-10 A 型旋盖式油杯（摘自 JB/T 7940.3—1995） 单位：mm

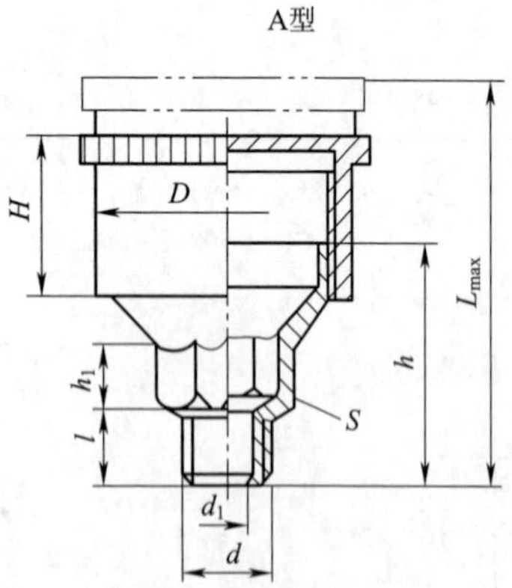

最小容量 /cm³	d	l	H	h	h_1	d_1	D	l max	s
1.5	M8×1	8	14	22	7	3	16	33	10
3	M10×1		15	23	8	4	20	35	13
6			17	26			26	40	
12	M14×1.5	12	20	30	10	5	32	47	18
18			22	32			36	50	
25			24	34			41	55	
50	M16×1.5		30	44			51	70	21
100			38	52			68	85	

标记示例
最小容量25 cm³，A 型旋盖式油杯的标记为
　　A25 JB/T 7940.3—1995

注：B 型旋盖式油杯参数见 JB/T 7940.3—1995。

10.3 密封装置

表 10-11 滚动轴承的密封形式

密封形式		图 示	特点及应用
接触式密封	毡圈密封	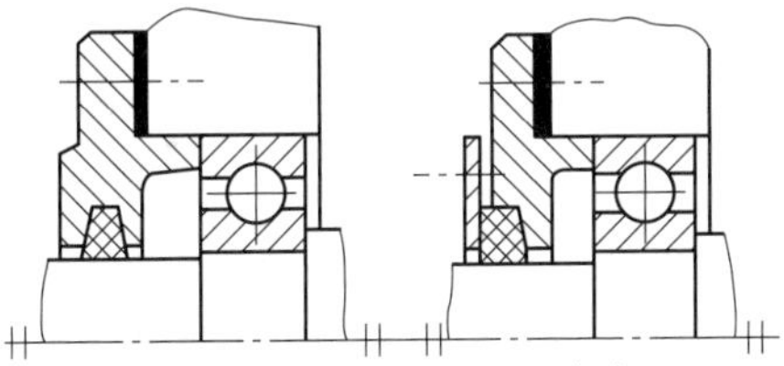 (a) (b)	密封效果靠矩形毡圈安装于梯形槽中所产生的径向压力实现，图（b）可补偿磨损后产生的径向间隙，且便于更换毡圈； 密封特点是结构简单、价廉，但磨损较快、寿命短。主要用于轴承，采用脂润滑，且密封处轴的圆周速度较小的场合。对粗、半粗、航空用毡圈，其最大圆周速度分别为 3 m/s、5 m/s、7 m/s，工作温度不高于 90 ℃
接触式密封	旋转轴唇形密封圈密封	(a) (b) 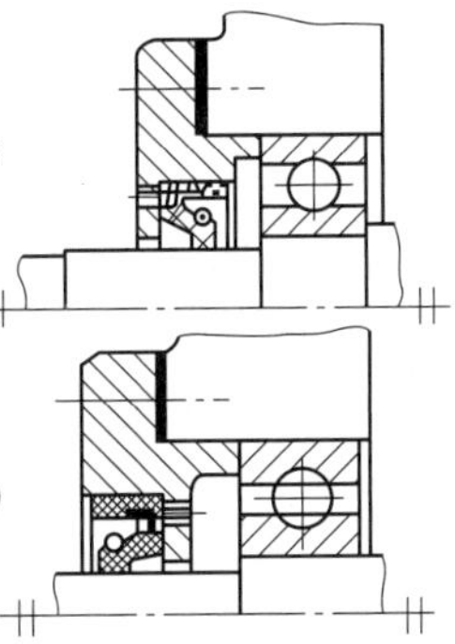	利用密封圈密封唇的弹性和弹簧的压紧力，使密封唇压紧在轴上实现密封； 密封圈靠过盈安装于轴承盖的孔中。图（a）以防漏油为主，密封唇开口向内安装；图（b）以防尘为主，向外安装；若要求既防漏油又防尘，则可采用有副唇的密封圈或两个密封圈背靠背安装； 特点是密封性能好，工作可靠。主要用于轴承，采用油或脂润滑，且密封处的轴表面圆周速度较大的场合，其最大圆周速度可达 7 m/s（磨削）或 15 m/s（抛光），工作温度为 -40 ~ +100 ℃
	O 形橡胶密封圈密封	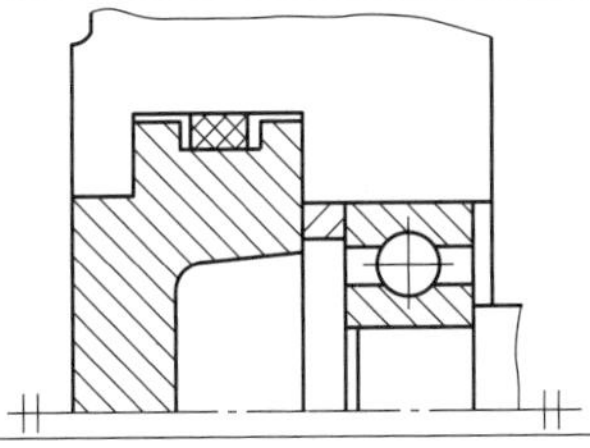	利用 O 形橡胶密封圈安装在沟槽中受到挤压变形实现密封。可用于静密封和动密封（往复或旋转）。图示为减速器嵌入式端盖，用其作为静密封的结构形式。此密封方式的工作温度为 -40 ~ +200 ℃
非接触式密封	隙缝密封	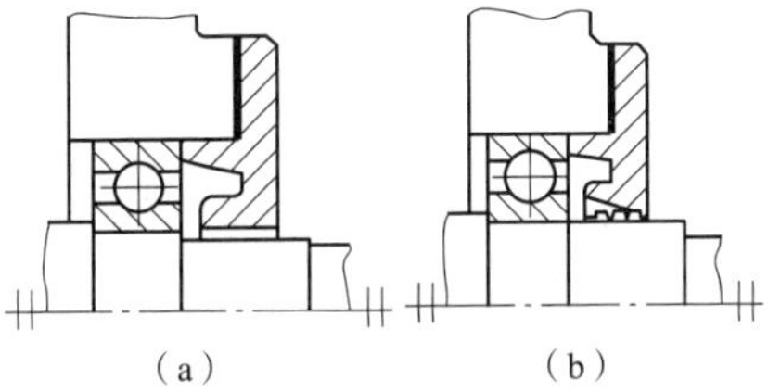 (a) (b)	靠轴与轴承盖间的细小环形间隙或沟槽充满油脂实现密封。图（a）为圆形间隙式密封，其间隙一般为 0.2 ~ 0.5 mm，密封处轴的圆周速度小于 5 m/s；图（b）为沟槽式密封，其密封性能比前者好，且轴圆周速度不受限制。 特点是结构简单，但密封性能不大可靠。主要用于脂润滑，周围环境干净的轴伸处
	曲路密封	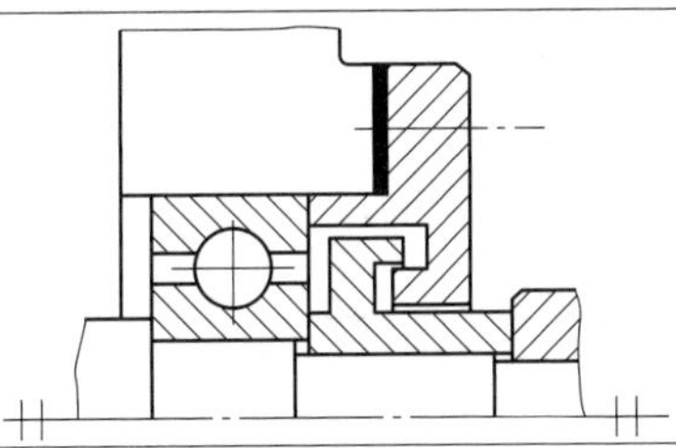	靠旋转件与静止件之间的狭窄曲路（迷宫）充满油脂实现密封。密封处轴的表面圆周速度不受限制。 特点是密封效果好，但结构较复杂且制造和安装不便，轴向迷宫不能用于轴有较大热伸长量和整体式轴承座中。主要用于采用油或脂润滑的轴承的密封

密封形式	图示	特点及应用
组合式密封	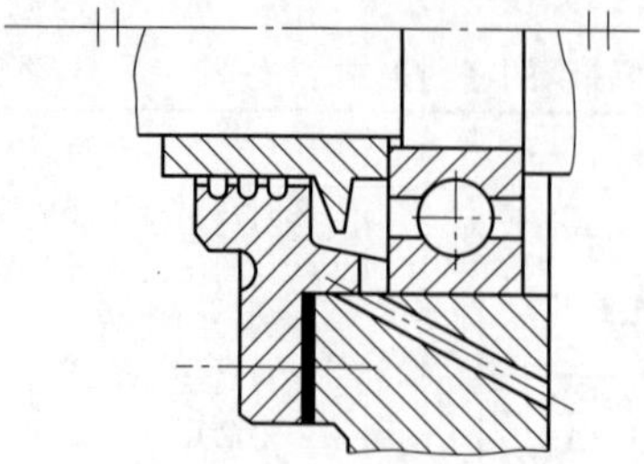	组合式密封可由各种密封形式组合而成。图示为甩油密封和隙缝密封的组合结构。离心式密封靠一截面为三角形的挡油盘实现，离心甩出的油经端盖的槽和开设在箱体轴承座孔底部的回油孔流回箱体内。组合后可提高其密封性能。适用于轴承采用油润滑及速度 $v>5\text{m/s}$ 的情况

表 10-12　油封毡圈及槽（摘自 FZ/T 92010—1991）　　　　单位：mm

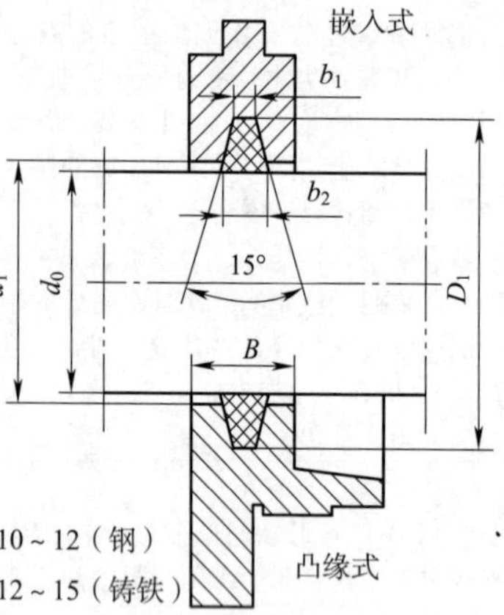

轴径 d_0	油封毡圈			沟槽			
	d	D	b	D_1	d_1	b_1	b_2
16	15	26	3.5	27	17	3	4.3
18	17	28		29	19		
20	19	30		31	21		
22	21	32		33	23		
25	24	37	5	38	26	4	5.5
28	27	40		41	29		
30	29	42		43	31		
32	31	44		45	33		
35	34	47		48	36		
38	37	50		51	39		
40	39	52		53	41		
42	41	54		55	43		
45	44	57		58	46		
48	47	60		61	49		
50	49	66	7	67	51	5	7.1
55	54	71		72	56		
60	59	76		77	61		
65	64	81		82	66		
70	69	88		89	71	6	8.3
75	74	93		94	76		
80	79	98		99	81		
85	84	103		104	86		
90	89	110	8.5	111	91	7	9.6
95	94	115		116	96		
100	99	124	9.5	125	101	8	11.1
105	104	129		130	103		

$B = 10 \sim 12$（钢）
$B = 12 \sim 15$（铸铁）

嵌入式
凸缘式
毡圈
标记示例
轴径 $d_0 = 40$ 的油封毡圈的标记为
毡圈 40　FZ/T 92010—1991

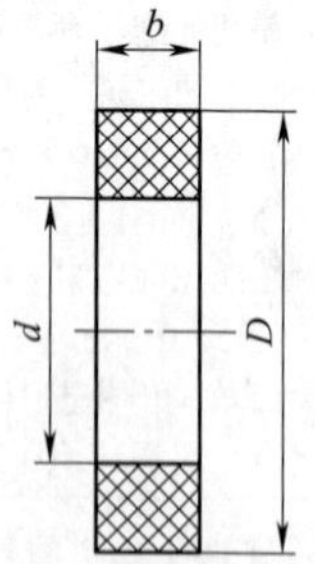

表 10-13 油沟式密封槽   单位：mm

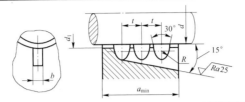

轴径 d	25～80	>80～120	>120～180	油沟数 n
R	1.5	2	2.5	2～4 （使用 3 个较多）
t	4.5	6	7.5	
h	4	5	6	
d_1	$d+1$			
$a_{\min}$	$m+R$			

表 10-14 O 形橡胶密封圈（摘自 GB/T 3452.1—2005）   单位：mm

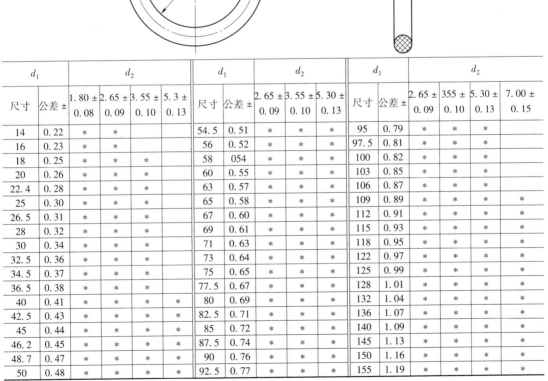

d_1		d_2				d_1		d_2				d_1		d_2			
尺寸	公差±	1.80± 0.08	2.65± 0.09	3.55± 0.10	5.3± 0.13	尺寸	公差±	2.65± 0.09	3.55± 0.10	5.30± 0.13		尺寸	公差±	2.65± 0.09	355± 0.10	5.30± 0.13	7.00± 0.15
14	0.22	*	*			54.5	0.51	*	*	*		95	0.79	*	*	*	
16	0.23	*	*			56	0.52	*	*	*		97.5	0.81	*	*	*	
18	0.25	*	*	*		58	054	*	*	*		100	0.82	*	*	*	
20	0.26	*	*	*		60	0.55	*	*	*		103	0.85	*	*	*	
22.4	0.28	*	*	*		63	0.57	*	*	*		106	0.87	*	*	*	
25	0.30	*	*	*		65	0.58	*	*	*		109	0.89	*	*	*	*
26.5	0.31	*	*	*		67	0.60	*	*	*		112	0.91	*	*	*	*
28	0.32	*	*	*		69	0.61	*	*	*		115	0.93	*	*	*	*
30	0.34	*	*	*		71	0.63	*	*	*		118	0.95	*	*	*	*
32.5	0.36	*	*	*		73	0.64	*	*	*		122	0.97	*	*	*	*
34.5	0.37	*	*	*		75	0.65	*	*	*		125	0.99	*	*	*	*
36.5	0.38	*	*	*		77.5	0.67	*	*	*		128	1.01	*	*	*	*
40	0.41	*	*	*	*	80	0.69	*	*	*		132	1.04	*	*	*	*
42.5	0.43	*	*	*	*	82.5	0.71	*	*	*		136	1.07	*	*	*	*
45	0.44	*	*	*	*	85	0.72	*	*	*		140	1.09	*	*	*	*
46.2	0.45	*	*	*	*	87.5	0.74	*	*	*		145	1.13	*	*	*	*
48.7	0.47	*	*	*	*	90	0.76	*	*	*		150	1.16	*	*	*	*
50	0.48	*	*	*	*	92.5	0.77	*	*	*		155	1.19	*	*	*	*

注：* 为可选规格。

第11章 联 轴 器

联轴器相关标准和规范见表11-1至表11-8。

11.1 联轴器轴孔和连接形式

表11-1 联轴器轴孔和键槽的形式、代号及系列尺寸（摘自 GB/T 3852—2017） 单位 mm

轴孔：长圆柱形轴孔（Y型）、有沉孔的短圆柱形轴孔（J型）、有沉孔的圆锥形轴孔（Z型）

键槽：A型、B型、B_1型、C型

轴孔和C型键槽尺寸

直径 d_1 d_2	轴孔长度 L Y型	轴孔长度 L J、Z型	L_1	沉孔 d_1	沉孔 R	C型键槽 b	C型键槽 t_2 公称尺寸	C型键槽 t_2 极限偏差	直径 d_1 d_2	轴孔长度 L Y型	轴孔长度 L J、Z型	L_1	沉孔 d_1	沉孔 R	C型键槽 b	C型键槽 t_2 公称尺寸	C型键槽 t_2 极限偏差
16						3	8.7		55	112	84	112	95		14	29.2	
18	42	30	42				10.1		56							29.7	
19				38			10.6		60							31.7	
20						4	10.9		63				105		16	32.2	
22	52	38	52		1.5		11.9		65	142	107	142		2.5		34.2	
24							13.4	±0.1	70							36.8	
25	62	44	62	48		5	13.7		71				120		18	37.3	
28							15.2		75							39.3	
30							15.8		80							41.6	±0.2
32	82	60	82	55			17.3		85	172	132	172	140		20	44.1	
35						6	18.8		90							47.1	
38							20.3		95				160		22	49.6	
40				65	2	10	21.2		100					3		51.3	
42							22.2		110				180		25	56.3	
45	112	84	112	80			23.7	±0.2	120	212	167	212				62.3	
48						12	25.2		125				210		28	64.8	
50				95			26.2		130	252	202	252	235	4		66.4	

续表

d、d_2	圆柱形轴孔与轴伸的配合	圆锥形轴孔的直径偏差	键槽宽度 b 的极限偏差
>6~30	H7/j6	JS10 （圆锥角度及圆锥形状 公差应小于直径公差）	P9 （或 JS9，D10）
>30~50	H7/k6		
>50	H7/m6		
	根据使用要求也可选用 H7/n6、H7/p6 和 H7/r6		

轴孔与轴伸的配合、键槽宽度 b 的极限偏差

注：1. 无沉孔的圆锥形轴孔（Z_1 型）和 B_1 型、D 型键槽尺寸，详见 GB/T 3852—2017。
2. Y 型限用于圆柱形轴伸的电动机端。

11.2 刚性联轴器

表 11-2 凸缘联轴器（摘自 GB/T 5843—2003）

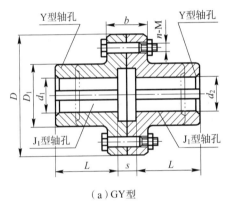

（a）GY 型

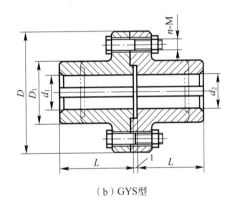

（b）GYS 型

标记示例：CY5 联轴器 $\dfrac{J_1 30 \times 60}{J_1 B 28 \times 44}$ GB/T 5843—2003

主动端：J_1 型轴孔，A 型键槽，$d=30$ mm，$L=60$ mm
从动端：J_1 型轴孔，B 型键槽，$d=28$ mm，$L=44$ mm

型号	公称转矩 T_n /(N·m)	许用转速 $[n]$ /(r/min)	轴孔直径 d_1、d_2 /mm	轴孔长度 L/mm		D	D_1	b	s	转动惯量 I /(kg·m²)	质量 m/kg
				Y 型	J_1 型	mm					
GY1 GYS1	25	12 000	12, 14	32	27	80	30	26	6	0.000 8	1.16
			16, 18, 19	42	30						
GY2 GYS2	63	10 000	16, 18, 19	42	30	90	40	28	6	0.001 5	1.72
			20, 22, 24	52	38						
			25	62	44						
GY3 GYS3	112	9 500	20, 22, 24	52	38	100	45	30	6	0.002 5	2.38
			25, 28	62	44						
GY4 GYS4	224	9 000	25, 28	62	44	105	55	32	6	0.003	3.15
			30, 32, 35	82	60						

续表

型号	公称转矩 T_n /(N·m)	许用转速 $[n]$ /(r/min)	轴孔直径 d_1、d_2 /mm	轴孔长度 L/mm Y型	J₁型	D	D_1	b	s	转动惯量 I /(kg·m²)	质量 m/kg
GY5 GYS5	400	8 000	30,32,35,38 40,42	82 112	60 84	120	68	36	8	0.007	5.43
GY6 GYS6	900	6 800	38 40,42,45,48,50	82 112	60 84	140	80	40		0.015	7.59
GY7 GYS7	1 600	6 000	48,50,55,56 60,63	112 142	84 107	160	100	40		0.031	13.1
GY8 GYS8	3 150	4 800	60,63,65,70,71,75 80	142 172	107 132	200	130	50		0.103	27.5
GY9 GYS9	6 300	3 600	75 80,85,90,95 100	142 172 212	107 132 167	260	160	66	10	0.319	47.8
GY10 GYS10	10 000	3 200	90,95 100,110,120,125	172 212	132 167	300	200	72		0.720	82.0
GY11 GYS11	25 000	2 500	120,125 130,140,150 160	212 252 302	167 202 242	380	260	80		2.278	162.3
GY12 GYS12	50 000	2 000	150 160,170,180 190,200	252 302 352	202 242 282	460	320	92	12	5.923	285.6

注：1. 质量、转动惯量是按 GY 型联轴器 Y/J₁ 轴孔组合形式和最小轴孔直径计算的。
2. 本联轴器不具备径向、轴向和角向的补偿性能，刚性好，传递转矩大，结构简单，工作可靠，维护简便，适用于两轴对中精度良好的一般轴系传动。

11.3 挠性联轴器

1. 有弹性元件的挠性联轴器

表 11-3 弹性套注销联轴器（摘自 GB/T 4323—2017）

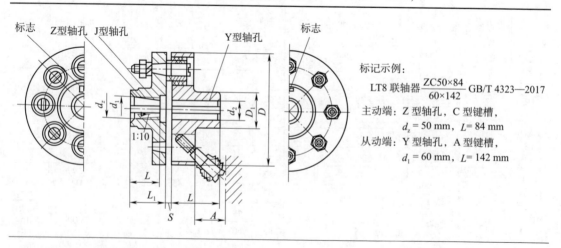

标记示例：
LT8 联轴器 $\frac{ZC50\times84}{60\times142}$ GB/T 4323—2017

主动端：Z 型轴孔，C 型键槽，
$d_z = 50$ mm，$L = 84$ mm

从动端：Y 型轴孔，A 型键槽，
$d_1 = 60$ mm，$L = 142$ mm

续表

型号	公称转矩 T_n /(N·m)	许用转速 $[n]$ /(r/min)	轴孔直径 d_1、d_2、d_z	轴孔长度 Y型 L	轴孔长度 J、Z型 L_1	轴孔长度 J、Z型 L	D	D_1	S	A	转动惯量 /(kg·m²)	质量 /kg	许用补偿量（参考）径向 Δy/mm	许用补偿量（参考）角向 $\Delta\alpha$
LT1	16	8 800	10, 11	22	25	22	71	22	3	18	0.0004	0.7	0.2	1°30′
			12, 14	27	32	27								
LT2	25	7 600	12, 14	27	32	27	80	30	3	18	0.001	1.0	0.2	1°30′
			16, 18, 19	30	42	30								
LT3	63	6 300	16, 18, 19	30	42	30	95	35	4	35	0.002	2.2	0.2	1°30′
			20, 22	38	52	38								
LT4	100	5 700	20, 22, 24	38	52	38	106	42	4	35	0.004	3.2	0.2	1°30′
			25, 28	44	62	44								
LT5	224	4 600	25, 28	44	62	44	130	56	5	45	0.011	5.5	0.3	1°30′
			30, 32, 35	60	82	60								
LT6	355	3 800	32, 35, 38	60	82	60	160	71	5	45	0.026	9.6	0.3	1°30′
			40, 42	84	112	84								
LT7	560	3 600	40, 42, 45, 48	84	112	84	190	80	5	45	0.06	15.7	0.3	1°30′
LT8	1 120	3 000	40, 42, 45, 48, 50, 55	84	112	84	224	95	6	65	0.13	24.0	0.4	1°
			60, 63, 65	107	142	107								
LT9	1 600	2 850	50, 55	84	112	84	250	110	6	65	0.20	31.0	0.4	1°
			60, 63, 65, 70	107	142	107								
LT10	3 150	2 300	63, 65, 70, 75	107	142	107	315	150	8	80	0.64	60.2	0.4	1°
			80, 85, 90, 95	132	172	132								
LT11	6 300	1 800	80, 85, 90, 95	132	172	132	400	190	10	100	2.06	114	0.5	0°30′
			100, 110	167	212	167								
LT12	12 500	1 450	100, 110, 120, 125	167	212	167	475	220	12	130	5.00	212	0.5	0°30′
			130	202	252	202								
LT13	22 400	1 150	120, 125	167	212	167	600	280	14	180	16.0	416	0.6	0°30′
			130, 140, 150	202	252	202								
			160, 170	242	302	242								

注：1. 质量、转动惯量按材料为铸钢、无孔、计算近似值。
  2. 本联轴器具有一定补偿两轴线相对偏移和减振缓冲能力，适用于安装底座刚性好，冲击载荷不大的中、小功率轴系传动，可用于经常正反转、启动频繁的场合，工作温度为 -20 ~ +70℃。

表 11-4 弹性柱销联轴器（摘自 GB/T 5014—2017）

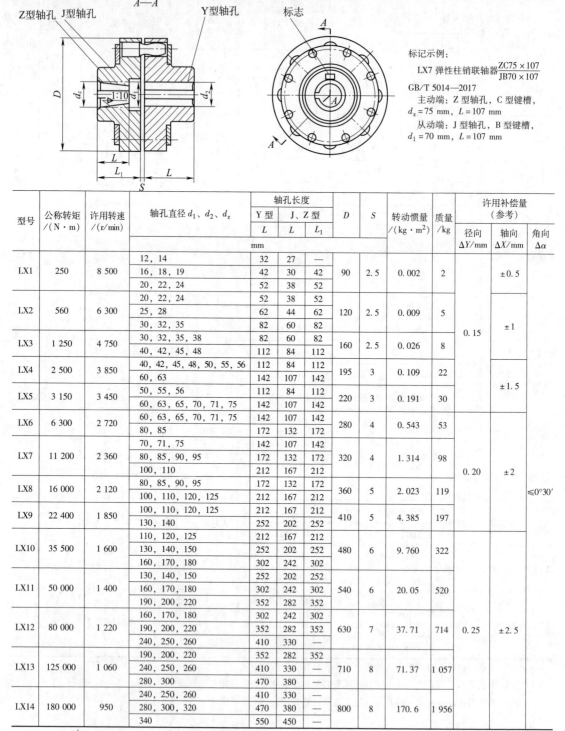

标记示例：
LX7 弹性柱销联轴器 $\dfrac{ZC75 \times 107}{JB70 \times 107}$
GB/T 5014—2017
主动端：Z 型轴孔，C 型键槽，$d_z = 75$ mm，$L = 107$ mm
从动端：J 型轴孔，B 型键槽，$d_1 = 70$ mm，$L = 107$ mm

型号	公称转矩 /(N·m)	许用转速 /(r/min)	轴孔直径 d_1、d_2、d_z /mm	轴孔长度 Y型 L	轴孔长度 J、Z型 L	轴孔长度 L_1	D	S	转动惯量 /(kg·m²)	质量 /kg	许用补偿量（参考）径向 ΔY/mm	许用补偿量（参考）轴向 ΔX/mm	许用补偿量（参考）角向 $\Delta \alpha$
LX1	250	8 500	12, 14	32	27	—	90	2.5	0.002	2		±0.5	
			16, 18, 19	42	30	42							
			20, 22, 24	52	38	52							
LX2	560	6 300	20, 22, 24	52	38	52	120	2.5	0.009	5	0.15	±1	
			25, 28	62	44	62							
			30, 32, 35	82	60	82							
LX3	1 250	4 750	30, 32, 35, 38	82	60	82	160	2.5	0.026	8			
			40, 42, 45, 48	112	84	112							
LX4	2 500	3 850	40, 42, 45, 48, 50, 55, 56	112	84	112	195	3	0.109	22		±1.5	
			60, 63	142	107	142							
LX5	3 150	3 450	50, 55, 56	112	84	112	220	3	0.191	30			
			60, 63, 65, 70, 71, 75	142	107	142							
LX6	6 300	2 720	60, 63, 65, 70, 71, 75	142	107	142	280	4	0.543	53			
			80, 85	172	132	172							
LX7	11 200	2 360	70, 71, 75	142	107	142	320	4	1.314	98	0.20	±2	≤0°30′
			80, 85, 90, 95	172	132	172							
			100, 110	212	167	212							
LX8	16 000	2 120	80, 85, 90, 95	172	132	172	360	5	2.023	119			
			100, 110, 120, 125	212	167	212							
LX9	22 400	1 850	100, 110, 120, 125	212	167	212	410	5	4.385	197			
			130, 140	252	202	252							
LX10	35 500	1 600	110, 120, 125	212	167	212	480	6	9.760	322			
			130, 140, 150	252	202	252							
			160, 170, 180	302	242	302							
LX11	50 000	1 400	130, 140, 150	252	202	252	540	6	20.05	520			
			160, 170, 180	302	242	302							
			190, 200, 220	352	282	352							
LX12	80 000	1 220	160, 170, 180	302	242	302	630	7	37.71	714	0.25	±2.5	
			190, 200, 220	352	282	352							
			240, 250, 260	410	330	—							
LX13	125 000	1 060	190, 200, 220	352	282	352	710	8	71.37	1 057			
			240, 250, 260	410	330	—							
			280, 300	470	380	—							
LX14	180 000	950	240, 250, 260	410	330	—	800	8	170.6	1 956			
			280, 300, 320	470	380	—							
			340	550	450	—							

注：1. 质量、转动惯量按 J、Y 组合型最小轴孔直径计算。
2. 本联轴器结构简单，制造容易，装拆更换弹性元件方便，有微量补偿两轴线偏移和缓冲吸振能力，主要用于载荷较平衡，起动频繁，对缓冲要求不高的中、低速轴系传动，工作温度为 −20 ~ +70℃。

表 11-5 梅花形弹性联轴器（摘自 GB/T 5272—2017）

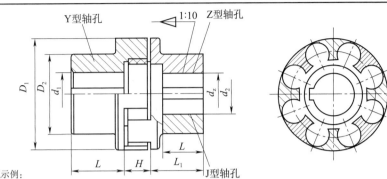

标记示例：
LM145 联轴器 45×112 GB/T 5272—2017
主动端：Y 型轴孔，A 型键槽，$d_1=45$ mm，$L=112$ mm
从动端：Y 型轴孔，A 型键槽，$d_2=45$ mm，$L=112$ mm

型号	公称转矩 T_n /(N·m)	最大转矩 T_{max} /(N·m)	许用转速 /(r/min)	轴孔直径 d_1、d_2、d_z	轴孔长度 Y型 L	J、Z型 L_1	J、Z型 L	D_1	D_2	H	转动惯量 /(kg·m²)	质量 /kg
					mm							
LM50	28	50	15 000	10, 11	22	—	—	50	42	16	0.0002	1.00
				12, 14	27	—	—					
				16, 18, 19	30	—	—					
				20, 22, 24	38	—	—					
LM70	112	200	11 000	12, 14	27	—	—	70	55	23	0.0011	2.5
				16, 18, 19	30	—	—					
				20, 22, 24	38	—	—					
				25, 28	44	—	—					
				30, 32, 35, 38	60	—	—					
LM85	160	288	9 000	16, 18, 19	30	—	—	85	60	24	0.0022	3.42
				20, 22, 24	38	—	—					
				25, 28	44	—	—					
				30, 32, 35, 38	60	—	—					
LM105	355	640	7 250	18, 19	30	—	—	105	65	27	0.0051	5.15
				20, 22, 24	38	—	—					
				25, 28	44	—	—					
				30, 32, 35, 38	60	—	—					
				40, 42	84	—	—					
LM125	450	810	6 000	20, 22, 24	38	52	38	125	85	33	0.014	10.1
				25, 28	44	62	44					
				30, 32, 35, 38	60	82	60					
				40, 42, 45, 48, 50, 55	84	—	—					

续表

型号	公称转矩 T_n /(N·m)	最大转矩 T_{max} /(N·m)	许用转速 /(r/min)	轴孔直径 d_1、d_2、d_z (mm)	轴孔长度 Y型 L	轴孔长度 J、Z型 L_1	轴孔长度 J、Z型 L	D_1	D_2	H	转动惯量 /(kg·m²)	质量 /kg
LM145	710	1 280	5 250	25, 28	44	62	44	145	95	39	0.025	13.1
				30, 32, 35, 38	60	82	60					
				40, 42, 45, 48, 50, 55	84	112	84					
				60, 63, 65	107	—	—					
LM170	1 250	2 250	4 500	30, 32, 35, 38	60	82	60	170	120	41	0.055	21.2
				40, 42, 45, 48, 50, 55	84	112	84					
				60, 63, 65, 70, 75	107	—	—					
				80, 85	132	—	—					
LM200	2 000	3 600	3 750	35, 38	60	82	60	200	135	48	0.119	33.0
				40, 42, 45, 48, 50, 55	84	112	84					
				60, 63, 65, 70, 75	107	142	107					
				80, 85, 90, 95	132	—	—					
LM230	3 150	5 670	3 250	40, 42, 45, 48, 50, 55	84	112	84	230	150	50	0.217	45.5
				60, 63, 65, 70, 75	107	142	107					
				80, 85, 90, 95	132	—	—					
LM260	5 000	9 000	3 000	45, 48, 50, 55	84	112	84	260	180	60	0.458	75.2
				60, 63, 65, 70, 75	107	142	107					
				80, 85, 90, 95	132	172	132					
				100, 110, 120, 125	167	—	—					
LM300	7 100	12 780	2 500	60, 63, 65, 70, 75	107	142	107	300	200	67	0.804	99.2
				80, 85, 90, 95	132	172	132					
				100, 110, 120, 125	167	—	—					
				130, 140	202	—	—					
LM360	12 500	22 500	2 150	60, 63, 65, 70, 75	107	142	107	360	225	73	1.73	148.1
				80, 85, 90, 95	132	172	132					
				100, 110, 120, 125	167	212	167					
				130, 140, 150	202	—	—					
LM400	14 000	25 200	1 900	80, 85, 90, 95	132	172	132	400	250	73	2.84	197.5
				100, 110, 120, 125	167	212	167					
				130, 140, 150	202	—	—					
				160	242	—	—					

注：LMS 型（法兰型）联轴器和 LML（带制动轮型）联轴器的类型、基本尺寸和主要尺寸见 GB/T 5272—2017。

2. 无弹性元件的挠性联轴器

表 11-6　GⅡCL 型鼓形齿式联轴器（摘自 GB/T 26103.1—2010）　　　　单位：mm

型号	公称转矩 T_n/(kN·m)	许用转速 $[n]$/(r/min)	轴孔直径 d_1, d_2	轴孔长度 L Y(长系列)	Y(短系列)	D	D_1	D_2	C	H	A	B	e	转动惯量/(kg·m²)	润滑脂用量/mL	质量/kg
GⅡCL1	0.63	6 500	16, 18, 19	42	—	103	71	50	8	2.0	36	76	38	0.001 6	51	3.4
			20, 22, 24	52	38									0.003 0		3.2
			25, 28	62	44									0.003 1		3.3
			30, 32, 35	82	60									0.003 2		3.5
GⅡCL2	1.00	6 000	20, 22, 24	52	—	115	83	60	8	2.0	42	88	42	0.002 4	70	4.6
			25, 28	62	44									0.002 3		4.1
			30, 32, 35, 38	82	60									0.002 4		4.5
			40, 42, 45	112	84									0.002 5		4.6
GⅡCL3	1.60	5 600	22, 24	52	—	127	95	75	8	2.0	44	90	42	0.004 4	68	6.1
			25, 28	62	44									0.004 2		5.5
			30, 32, 35, 38	82	60									0.004 5		6.3
			40, 42, 45, 48, 50, 55, 56	112	84									0.010 1		6.9
GⅡCL4	2.80	5 100	38	82	60	149	116	90	8	2.0	49	98	42	0.020 5	87	9.5
			40, 42, 45, 48, 50, 55, 56	112	84									0.022 8		11.3
			60, 63, 65	142	107									0.023 4		10.5
GⅡCL5	4.50	4 600	40, 42, 45, 48, 50, 55, 56	112	84	167	134	105	10	2.5	55	108	42	0.041 8	125	15.9
			60, 63, 65, 70, 71, 75	142	107									0.044 4		16.0
GⅡCL6	6.30	4 300	45, 48, 50, 55, 56	112	84	187	153	125	10	2.5	56	110	42	0.070 6	148	21.2
			60, 63, 65, 70, 71, 75	142	107									0.077 7		23.0
			80, 85, 90	172	132									0.080 9		22.1
GⅡCL7	8.00	4 000	50, 55, 56	112	84	204	170	140	10	2.5	60	118	42	0.103	175	27.6
			60, 63, 65, 70, 71, 75	142	107									0.115		33.1
			80, 85, 90, 95	172	132									0.129 8		39.2
			100, (105)	212	167									0.151		47.5
GⅡCL8	11.20	3 700	55, 56	112	84	230	186	155	12	3.0	67	142	47	0.167	268	35.5
			60, 63, 65, 70, 71, 75	142	107									0.188		42.3
			80, 85, 90, 95	172	132									0.210		49.7
			100, 110, (115)	212	167									0.241		60.2
GⅡCL9	18.00	3 350	60, 63, 65, 70, 71, 75	142	107	256	212	180	12	3.0	69	146	47	0.316	310	55.6
			80, 85, 90, 95	172	132									0.356		65.6
			100, 110, 120, 125	212	167									0.413		79.6
			130, (135)	252	202									0.470		95.8
GⅡCL10	25.00	3 000	65, 70, 71, 75	142	107	287	239	200	14	3.5	78	164	47	0.511	472	72.0
			80, 85, 90, 95	172	132									0.573		84.4
			100, 110, 120, 125	212	167									0.659		101
			130, 140, 150	252	202									0.745		119
GⅡCL11	35.50	2 700	70, 71, 75	142	107	325	276	235	14	3.5	81	170	47	1.454	550	97
			80, 85, 90, 95	172	132									1.096		114
			100, 110, 120, 125	212	167									1.235		138
			130, 140, 150	252	202									1.340		161
			160, 170, (175)	302	242									1.588		189

注：1. 表中转动惯量与质量是按 Y（短系列）型轴孔的最小轴径。
　　2. 轴孔长度推荐用 Y（短系列）型。
　　3. 带括号的轴孔直径新设计时，建议不选用。
　　4. e 为更换密封所需要的尺寸。

表 11-7 滚子链联轴器（摘自 GB/T 6069—2017）

1—半联轴器Ⅰ；2—双排滚子链；3—半联轴器Ⅱ；4—罩壳。

主动端为 J_1 型轴孔、B 型键槽 $d_1 = 45$ mm，$L_1 = 84$ mm，从动端为 J_1 型轴孔、B 型键槽、$d_2 = 50$ mm、$L_1 = 84$ mm 的滚子联轴器的标记为 GL7 联轴器 $\dfrac{J_1 B 45 \times 84}{J_1 B 50 \times 84}$ GB/T 6069—2017。

型号	公称转矩 T_n /(N·m)	许用转速 $[n]$ /(r/min) 不装罩壳	许用转速 $[n]$ /(r/min) 安装罩壳	轴孔直径 d_1、d_2 /mm	轴孔长度 L /mm	链条节距 p /mm	齿数 z	D /mm	B_{f1} /mm	S /mm	D_k max /mm	L_k max /mm	总质量 m /kg	转动惯量 I /(kg·m²)
GL1	40	1 400	4 500	16	42	9.525	14	51.06	5.3	4.9	70	70	0.40	0.000 10
				18	42									
				19	42									
				20	52									
GL2	63	1 250	4 500	19	42	9.525	16	57.08	5.3	4.9	75	75	0.701	0.000 20
				20	52									
				22	52									
				24	52									
GL3	100	1 000	4 000	20	52	12.7	14	68.88	7.2	6.7	85	80	1.1	0.000 38
				22	52									
				24	52									
				25	62									
GL4	160	1 000	4 000	24	52	12.7	16	76.91	7.2	6.7	95	88	1.8	0.000 86
				25	62									
				28	62									
				30	82									
				32	82									
GL5	250	800	3 150	28	62	15.875	16	94.46	8.9	9.2	112	100	3.2	0.002 5
				30	82									
				32	82									
				35	82									
				38	82									
				40	112									

续表

型号	公称转矩 T_n /(N·m)	许用转速 [n] /(r/min) 不装罩壳	许用转速 [n] /(r/min) 安装罩壳	轴孔直径 d_1、d_2 /mm	轴孔长度 L /mm	链条节距 p /mm	齿数 z	D mm	B_{fl} mm	S mm	D_k max mm	L_k max mm	总质量 m /kg	转动惯量 I /(kg·m²)
GL6	400	630	2 500	32	82	15.875	20	116.57	8.9	9.2	140	105	5.0	0.005 8
				35	82									
				38	82									
				40	112									
				42	112									
				45	112									
				48	112									
				50	112									
GL7	630	630	2 500	40	112	19.05	18	127.78	11.9	10.9	150	122	7.4	0.012
				42	112									
				45	112									
				48	112									
				50	112									
				55	112									
				60	142									
GL8	1 000	500	2 240	45	112	25.40	16	154.33	15.0	14.3	180	135	11.1	0.025
				48	112									
				50	112									
				55	112									
				60	112									
				60	142									
				65	142									
				70	142									
GL9	1 600	400	2 000	50	112	25.40	20	186.50	15.0	14.3	215	145	20.0	0.061
				55	112									
				60	142									
				65	142									
				70	142									
				75	142									
				80	172									
GL10	2 500	315	1 600	60	142	31.75	18	213.02	18.0	17.8	245	165	26.1	0.079
				65	142									
				70	142									
				75	142									
				80	172									
				85	172									
				90	172									

表 11-8　尼龙滑块联轴器（摘自 JB/ZQ 4384—2006）

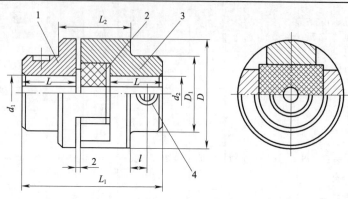

标记示例：

WH6联轴器 $\dfrac{35\times82}{J_1 38\times60}$，JB/ZQ 4384—2006

主动端：Y型轴孔、A型键槽、$d_1=35$ mm、$L=82$ mm

从动端：J_1型轴孔、A型键槽、$d_2=38$ mm、$L=60$ mm

1、3—半联轴器；
2—滑块；
4—紧定螺钉。

型号	公称转矩 T_n /(N·m)	许用转速 $[n]$ /(r/min)	轴孔直径 d_1、d_2	轴孔长度 L Y型	轴孔长度 L J_1型	D	D_1	L_2	l	质量 /kg	转动惯量 /(kg·m²)
WH1	16	10 000	10, 11	25	22	40	30	52	5	0.6	0.000 7
			12, 14	32	27						
WH2	31.5	8 200	12, 14	32	27	50	32	56	5	1.5	0.003 8
			16, (17), 18	42	30						
WH3	63	7 000	(17), 18, 19	42	30	70	40	60	5	1.8	0.000 63
			20, 22	52	38						
WH4	160	5 700	20, 22, 24	52	38	80	50	64	8	2.5	0.013
			25, 28	62	44						
WH5	280	4 700	25, 28	62	44	100	70	75	10	5.8	0.045
			30, 32, 35	82	60						
WH6	500	3 800	30, 32, 35, 38	82	60	120	80	90	15	9.5	0.12
			40, 42, 45								
WH7	900	3 200	40, 42, 45, 48	112	84	150	100	120	25	25	0.43
			50, 55								
WH8	1 800	2 400	50, 55	112	84	190	120	150	25	55	1.98
			60, 63, 65, 70	142	107						
WH9	3 550	1 800	65, 70, 75	142	107	250	150	180	25	85	4.9
			80, 85	172	132						
WH10	5 000	1 500	80, 85, 90, 95	172	132	330	190	180	40	120	7.5
			100	212	167						

注：1. 装配时两轴的许用补偿量：轴向 $\Delta X = 1\sim2$ mm，径向 $\Delta Y \leqslant 0.2$ mm，角向 $\Delta\alpha \leqslant 0°40'$。
2. 括号内的数值尽量不用。
3. 本联轴器具有一定补偿两轴相对偏移量、减振和缓冲性能，适用于中、小功率，转速较高、转矩较小的轴系传动，如控制器、油泵装置等，工作温度为 $-20\sim+70$ ℃。

单万向铰链

双万向铰链

第12章 连接零件

连接零件相关标准和规范见表12-1至表12-34。

12.1 螺 纹

表12-1 普通螺纹基本尺寸（摘自GB/T 196—2003） 单位：mm

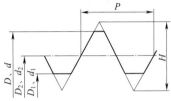

$H = 0.866P$；
$d_2 = d - 0.6495P$；
$d_1 = d - 1.0825P$；
D、d——内、外螺纹的基本大径（公称直径）；
D_2、d_2——内、外螺纹的基本中径；
D_1、d_1——内、外螺纹的基本小径；
P——螺距

标记示例：
M20-6H（公称直径20 粗牙右旋内螺纹，中径和大径的公差带均为6H）
M20-6g（公称直径20 粗牙右旋外螺纹，中径和大径的公差带均为6g）
M20-6H/6g（上述规格的螺纹副）
M20×2 左-5g6g-S（公称直径20，螺距2 的细牙左旋外螺纹，中径，大径的公差带分别为5g、6g，短旋合长度）

公称直径 D, d 第一系列	第二系列	螺距 P	中径 D_2, d_2	小径 D_1, d_1	公称直径 D, d 第一系列	第二系列	螺距 P	中径 D_2, d_2	小径 D_1, d_1	公称直径 D, d 第一系列	第二系列	螺距 P	中径 D_2, d_2	小径 D_1, d_1
3		0.5 0.35	2.675 2.773	2.459 2.621		18	1.5 1	17.026 17.350	16.376 16.917		39	2 1.5	37.701 38.026	36.835 37.376
	3.5	(0.6) 0.35	3.110 3.273	2.850 3.121	20		2.5 2 1.5 1	18.376 18.701 19.026 19.350	17.294 17.835 18.376 18.917	42		4.5 3 2 1.5	39.077 40.051 40.701 41.026	37.129 38.752 39.835 40.376
4		0.7 0.5	3.545 3.675	3.242 3.459										
	4.5	(0.75) 0.5	4.013 4.175	3.688 3.959		22	2.5 2 1.5 1	20.376 20.701 21.026 21.350	19.294 19.835 20.376 20.917		45	4.5 3 2 1.5	42.077 43.051 43.701 44.026	40.129 41.752 42.853 43.376
5		0.8 0.5	4.480 4.675	4.134 4.459										
6		1 0.75	5.350 5.513	4.917 5.188	24		3 2 1.5 1	22.051 22.701 23.026 23.350	20.752 21.835 22.376 22.917	48		5 3 2 1.5	44.752 46.051 46.701 47.026	42.587 44.752 45.835 46.376
8		1.25 1 0.75	7.188 7.350 7.513	6.647 6.917 7.188										
10		1.5 1.25 1 0.75	9.026 9.188 9.350 9.513	8.376 8.674 8.917 9.188	27		3 2 1.5 1	25.051 25.701 26.026 26.350	23.752 24.835 25.376 25.917	52		5 3 2 1.5	48.752 50.051 50.701 51.026	46.587 48.752 49.835 50.376
12		1.75 1.5 1.25 1	10.863 11.026 11.188 11.350	10.106 10.376 10.647 10.917	30		3.5 2 1.5 1	27.727 28.701 29.026 29.350	26.211 27.835 28.376 28.917		56	5.5 4 3 2 1.5	52.428 53.402 54.051 54.701 55.026	50.046 51.670 52.752 53.835 54.376
	14	2 1.5 1	12.701 13.026 13.350	11.835 12.376 12.917	33		3.5 2 1.5	30.727 31.707 32.026	29.211 30.835 31.376	60		(5.5) 4 3 2 1.5	56.428 47.402 58.051 58.701 59.026	54.046 55.670 56.752 57.835 58.376
16		2 1.5 1	14.701 15.026 15.350	13.835 14.376 14.917	36		4 3 2 1.5	33.402 34.051 34.701 35.026	31.670 32.752 33.835 34.376					
	18	2.5 2	16.376 16.701	15.294 15.835		39	4 3	36.402 37.051	34.670 35.752	64		6 4 3	60.103 61.402 62.051	57.505 59.670 60.752

注：1. 优先选用第一系列，其次是第二系列，第三系列（表中未列出）尽可能不用。
　　2. 括号内尺寸尽可能不用。

表 12-2 螺纹旋合长度（摘自 GB/T 197—2018） 单位：mm

基本大径 D、d		螺距 P	旋合长度				基本大径 D、d		螺距 P	旋合长度			
			S	N		L				S	N		L
>	≤		≤	>	≤	>	>	≤		≤	>	≤	>
0.99	1.4	0.2 0.25 0.3	0.5 0.6 0.7	0.5 0.6 0.7	1.4 1.7 2	1.7 1.7 2	2.8	5.6	0.35 0.5 0.6 0.7 0.75 0.8	1 1.5 1.7 2 2.2 2.5	1 1.5 1.7 2 2.2 2.5	3 4.5 5 6 6.7 7.5	3 4.5 5 6 6.7 7.5
1.4	2.8	0.2 0.25 0.35 0.4 0.45	0.5 0.6 0.8 1 1.3	0.5 0.6 0.8 1 1.3	1.5 1.9 2.6 3 3.8	1.5 1.9 2.6 3 3.8	5.6	11.2	0.75 1 1.25 1.5	2.4 3 4 5	2.4 3 4 5	7.1 9 12 15	7.1 9 12 15
11.2	22.4	1 1.25 1.5 1.75 2 2.5	3.8 4.5 5.6 6 8 10	3.8 4.5 5.6 6 8 10	11 13 16 18 24 30	11 13 16 18 24 30	45	90	1.5 2 3 4 5 5.5 6	7.5 9.5 15 19 24 28 32	7.5 9.5 15 19 24 28 32	22 28 45 56 71 85 95	22 28 45 56 71 85 95
22.4	45	1 1.5 2 3 3.5 4 4.5	4 6.3 8.5 12 15 18 21	4 6.3 8.5 12 15 18 21	12 19 25 36 45 53 63	12 19 25 36 45 53 63	90	180	2 3 4 6 8	12 18 24 36 45	12 18 24 36 45	36 53 71 106 132	36 53 71 106 132
							180	355	3 4 6 8	20 26 40 50	20 26 40 50	60 80 118 150	60 80 118 150

注：S—短旋合长度；N—中旋合长度；L—长旋合长度。

表 12-3 梯形螺纹设计牙型尺寸（摘自 GB/T 5796.1—2022） 单位：mm

P	a_c	$H_4=h_3$	R_{1max}	R_{2max}	P	a_c	$H_4=h_3$	R_{1max}	R_{2max}	P	a_c	$H_4=h_3$	R_{1max}	R_{2max}
1.5	0.15	0.9	0.075	0.15	10	0.5	5.5	0.25	0.5	22	1	12	0.5	1
2	0.25	1.25	0.125	0.25	12	0.5	6.5	0.25	0.5	24	1	13	0.5	1
3	0.25	1.75	0.125	0.25	14	1	8	0.5	1	28	1	15	0.5	1
4	0.25	2.25	0.125	0.25										
5	0.25	2.75	0.125	0.25	16	1	9	0.5	1	32	1	17	0.5	1
6	0.5	3.5	0.25	0.5	18	1	10	0.5	1	36	1	19	0.5	1
7	0.5	4	0.25	0.5						40	1	21	0.5	1
8	0.5	4.5	0.25	0.5	20	1	11	0.5	1	44	1	23	0.5	1
9	0.5	5	0.25	0.5										

注：P—螺矩；a—牙顶间隙；H—设计牙型上的内螺纹牙高；h—设计牙型上的外螺纹牙高；R_{1max}—外螺纹牙顶倒角最大圆弧半径；R_{2max}—螺纹牙底倒角最大圆弧半径。

表 12-4　梯形螺纹直径与螺距系列（摘自 GB/T 5796.2—2022）　　　　单位：mm

公称直径 D、d		螺距 P	公称直径 D、d		螺距 P	公称直径 D、d		螺距 P
第一系列	第二系列		第一系列	第二系列		第一系列	第二系列	
8 10	9	1.5* 2*，1.5*	28	26 30	8，5*，3 10，6*，3	52	50 55	12，8*，3 14，9*，3
12	11	3，2* 3*，2	32 36	34	10，6*，3	60 70	65	14，9*，3 16，10*，4
16	14 18	3*，2 4*，2	40	38 42	10，7*，3	80	75 85	16，10*，4 18，12*，4
20 24	22	4*，2 8，5*，3	44 48	46	12，7*，3 12，8*，3	90 100	95	18，12*，4 20，12*，4

注：优先选用第一系列的直径，带 * 者为对应直径优先选用的螺距。

表 12-5　梯形螺纹基本尺寸（摘自 GB/T 5796.3—2022）　　　　单位：mm

公称直径 d			螺距 P	中径 $d_2 = D_2$	大径 D_4	小径	
第1系列	第2系列	第3系列				d_3	D_1
8			1.5	7.250	8.300	6.200	6.500
	9		1.5 2	8.250 8.000	9.300 9.500	7.200 6.500	7.500 7.000
10			1.5 2	9.250 9.000	10.300 10.500	8.200 7.500	8.500 8.000
	11		2 3	10.000 9.500	11.500 11.500	8.500 7.500	9.000 8.000
12			2 3	11.1000 10.500	12.500 12.500	9.500 8.500	10.000 9.000
	14		2 3	13.000 12.500	14.500 14.500	11.500 10.500	12.000 11.000
16			2 4	15.000 14.000	16.500 16.500	13.500 11.500	14.000 12.000
	18		2 4	17.000 16.000	18.500 18.500	15.500 13.500	16.000 14.000

12.2 螺栓、螺柱、螺钉

表 12-6　六角头螺栓（A 和 B 级）（摘自 GB/T 5782—2016）、
六角头螺栓　全螺纹（A 和 B 级）（摘自 GB/T 5783—2016）　　　　　单位：mm

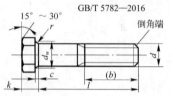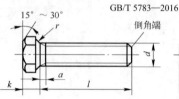

标记示例：
　　螺纹规格 d = M12，公称长度 l = 80 mm，性能等级为 9.8 级，表面氧化，A 级的六角头螺栓：
　　　　螺栓　GB/T 5782　M12×80

标记示例：
　　螺纹规格 d = M12，公称长度 l = 80 mm，性能等级为 9.8 级，表面氧化，全螺纹，A 级的六角头螺栓：
　　　　螺栓　GB/T 5783　M12×80

螺纹规格 d			M3	M4	M5	M6	M8	M10	M12	M16	M20	M24	M30	M36
b 参考	$l\leq125$		12	14	16	18	22	26	30	38	46	54	66	—
	$125<l\leq200$		18	20	22	24	28	32	36	44	52	60	72	84
	$l>200$		31	33	35	37	41	45	49	57	65	73	85	97
a	max		1.5	2.1	2.4	3	3.75	4.5	5.25	6	7.5	9	10.5	12
c	max		0.4	0.4	0.5	0.5	0.6	0.6	0.6	0.8	0.8	0.8	0.8	0.8
d_w	min	A	4.57	5.88	6.88	8.88	11.63	14.63	16.63	22.49	28.19	33.61	—	—
		B	4.45	5.74	6.74	8.74	11.47	14.47	16.47	22	27.7	33.25	42.75	51.11
e	min	A	6.01	7.66	8.79	11.05	14.38	17.77	20.03	26.75	33.53	39.98	—	—
		B	5.88	7.50	8.63	10.89	14.20	17.59	19.85	26.17	32.95	39.55	50.85	60.79
k	公称		2	2.8	3.5	4	5.3	6.4	7.5	10	12.5	15	18.7	22.5
r	min		0.1	0.2	0.2	0.25	0.4	0.4	0.6	0.6	0.8	0.8	1	1
s	公称 = max		5.5	7	8	10	13	16	18	24	30	36	46	55
l 范围 (GB/T 5782)			20~30	25~40	25~50	30~60	40~80	45~100	50~120	65~160	80~200	90~240	110~300	140~360
l 范围（全螺纹）(GB/T 5783)			6~30	8~40	10~50	12~60	16~80	20~100	25~150	30~150	40~150	50~150	60~200	70~200
l 系列 (GB/T 5782)			20~65（5 进位）、70~160（10 进位）、180~360（20 进位）											
l 系列 (GB/T 5783)			6、8、10、12、16、20~65（5 进位）、70~160（10 进位）、180、200											
技术条件		材料	力学性能等级		螺纹公差		公差产品等级						表面处理	
		钢	5、6、8.8、9.8、10、9		6 g		A 级用于 $d\leq24$ 和 $l\leq10d$ 或 $l\leq150$ B 级用于 $d>24$ 和 $l>10d$ 或 $l>150$						氧化	
		不锈钢	A2-70、A4-70										简单处理	
		非铁金属	Cu2、Cu3、Al4 等										简单处理	

注：1. A、B 为产品等级，C 级产品螺纹公差为 8g，规格为 M5~M64，性能等级为 3.6、4.6 和 4.8 级，详见 GB/T 5780—2016、GB/T 5781—2016。
　　2. 非优选的螺纹规格未列入。
　　3. 表面处理中，电镀按 GB/T 5267，非电解锌粉覆盖层按 ISO 10683，其他按协议。

表 12-7　六角头加强杆螺栓（A 和 B 级）（摘自 GB/T 27—2013）　　　单位：mm

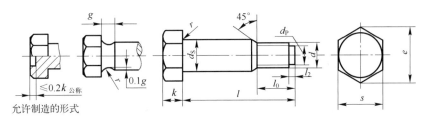

标记示例：

螺纹规格 d = M12，d_s 尺寸按表规定，公称长度 l = 80mm，性能等级为 8.8 级，表面氧化处理，A 级的六角头加强杆螺栓：螺栓　GB/T 27　M12×80

当 d_s 按 m6 制造时应标记为螺栓　GB/T 27　M12×m6×80

螺纹规格 d		M6	M8	M10	M12	(M14)	M16	(M18)	M20	(M22)	M24	(M27)	M30	M36
d_s (h9)	max	7	9	11	13	15	17	19	21	23	25	28	32	38
s	max	10	13	16	18	21	24	27	30	34	36	41	46	55
k	公称	4	5	6	7	8	9	10	11	12	13	15	17	20
r	min	0.25	0.4	0.4	0.6	0.6	0.6	0.6	0.8	0.8	0.8	1	1	1
d_p		4	5.5	7	8.5	10	12	13	15	17	18	21	23	28
l_2		1.5			2		3			4		5		6
e_{min}	A	11.05	14.38	17.77	20.03	23.35	26.75	30.14	33.53	37.72	39.98	—	—	—
	B	10.89	14.20	17.59	19.85	22.78	26.17	29.56	32.95	37.29	39.55	45.2	50.85	60.79
g		2.5				3.5						5		
l_0		12	15	18	22	25	28	30	32	35	38	42	50	55
l 范围		25~65	25~80	30~120	35~180	40~180	45~200	50~200	55~200	60~200	65~200	75~200	80~230	90~300
l 系列		25，(28)，30，(32)，35，(38)，40，45，50，(55)，60，(65)，70，(75)，80，(85)，90，(95)，100~260（10 进位），280，300												

注：括号内为非优选的螺纹规格，尽可能不采用。

表 12-8　双头螺柱 $b_m = d$（摘自 GB/T 897—1988）、$b_m = 1.25d$（摘自 GB/T 898—1988）、$b_m = 1.5d$（摘自 GB/T 899—1988）　　　　　　　　　　　　　　　　　　　　　　单位：mm

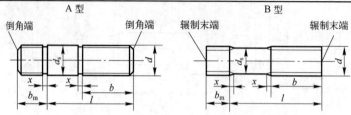

$x \leqslant 1.5P$，P 为粗牙螺纹螺距，$d_2 \approx$ 螺纹中径（B 型）

标记示例：

两端均为粗牙普通螺纹，$d = 10$ mm，$l = 50$ mm，性能等级为 4.8 级，不经表面处理，B 型 $b_m = 1.25d$ 的双头螺柱：

　　　　　　　　　　　　螺柱　GB/T 898　M10×50

旋入机体一端为粗牙普通螺纹，旋螺母一端为螺距 $P = 1$ mm 的细牙普通螺纹，$d = 10$ mm，$l = 50$ mm，性能等级为 4.8 级，不经表面处理，A 型，$b_m = 1.25d$ 的双头螺柱：

　　　　　　　　　　　　螺柱　GB/T 898　AM10 – M10×1×50

旋入机体一端为过渡配合螺纹的第一种配合，旋螺母一端为粗牙普通螺纹，$d = 10$ mm，$l = 50$ mm，性能等级为 8.8 级，镀锌钝化，B 型，$b_m = 1.25d$ 的双头螺柱

　　　　　　　　　　　　螺柱　GB/T 898　GM10 – M10×50 – 8.8 – Zn·D

螺纹规格 d		M5	M6	M8	M10	M12	M14	M16	M18	M20	M24	M30
b_m（公称）	GB/T 897	5	6	8	10	12	14	16	18	20	24	30
	GB/T 898	6	8	10	12	15	18	20	22	25	30	38
	GB/T 899	8	10	12	15	18	21	24	27	30	36	45
d_s	max					= d						
	min	4.7	5.7	7.64	9.64	11.57	13.57	15.57	17.57	19.48	23.48	29.48
$\dfrac{l(公称)}{b}$		$\dfrac{16\sim22}{10}$	$\dfrac{20\sim22}{10}$	$\dfrac{20\sim22}{12}$	$\dfrac{25\sim28}{14}$	$\dfrac{25\sim30}{16}$	$\dfrac{30\sim35}{18}$	$\dfrac{30\sim38}{20}$	$\dfrac{35\sim40}{22}$	$\dfrac{35\sim40}{25}$	$\dfrac{45\sim50}{30}$	$\dfrac{60\sim65}{40}$
		$\dfrac{25\sim50}{16}$	$\dfrac{25\sim30}{14}$	$\dfrac{25\sim30}{16}$	$\dfrac{30\sim38}{16}$	$\dfrac{32\sim40}{20}$	$\dfrac{38\sim45}{25}$	$\dfrac{40\sim55}{30}$	$\dfrac{45\sim60}{35}$	$\dfrac{45\sim65}{35}$	$\dfrac{55\sim75}{45}$	$\dfrac{70\sim90}{50}$
			$\dfrac{32\sim75}{18}$	$\dfrac{32\sim90}{22}$	$\dfrac{40\sim120}{26}$	$\dfrac{45\sim120}{30}$	$\dfrac{50\sim120}{34}$	$\dfrac{60\sim120}{38}$	$\dfrac{65\sim120}{42}$	$\dfrac{70\sim120}{46}$	$\dfrac{80\sim120}{54}$	$\dfrac{90\sim120}{66}$
					$\dfrac{130}{32}$	$\dfrac{130\sim180}{36}$	$\dfrac{130\sim180}{40}$	$\dfrac{130\sim200}{44}$	$\dfrac{130\sim200}{48}$	$\dfrac{130\sim200}{52}$	$\dfrac{130\sim200}{60}$	$\dfrac{130\sim200}{72}$
												$\dfrac{210\sim250}{85}$
范围		16~50	20~75	20~90	25~130	25~180	30~180	30~200	35~200	35~200	45~200	60~250
l 系列		16，(18)，20，(22)，25，(28)，30，(32)，35，(38)，40~100（5 进位），110~260（10 进位），280，300										

注：1. 括号内的尺寸尽可能不用。

　　2. GB/T 898 $d = 5 \sim 20$ mm 为商品规格，其余均为通用规格。

表 12-9　内六角圆柱头螺钉（A 和 B 级）（摘自 GB/T 70.1—2008）　　　　　　单位：mm

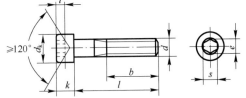

标记示例：
　　螺纹规格 d = M8，公称长度 l = 20 mm，性能等级为 8.8 级，表面氧化的内六角圆柱螺钉：
　　　　螺栓　GB/T 70.1　M8×20

螺纹规格 d	M5	M6	M8	M10	M12	M16	M20	M24	M30	M36
b(参考)	22	24	28	32	36	44	52	60	72	84
d_k(max)	8.5	10	13	16	18	24	30	36	45	54
e(min)	4.583	5.723	6.863	9.149	11.429	15.996	19.437	21.734	25.154	30.854
k(max)	5	6	8	10	12	16	20	24	30	36
s(公称)	4	5	6	8	10	14	17	19	22	27
t(min)	2.5	3	4	5	6	8	10	12	15.5	19
l 范围（公称）	8~50	10~60	12~80	16~100	20~120	25~160	30~200	40~200	45~200	55~200
制成全螺纹时 l≤	25	30	35	40	45	55	65	80	90	110
l 系列（公称）	8，10，12，16，20~70（5 进位），80~160（10 进位），180，200									

注：非优选的螺纹规格未列入。

表 12-10　十字槽盘头螺钉（摘自 GB/T 818—2016）、十字槽沉头螺钉（摘自 GB/T 819.1—2016）
　　　　　　　　　　　　　　　　　　　　　　　　　　　　　　　　　　　　　　单位：mm

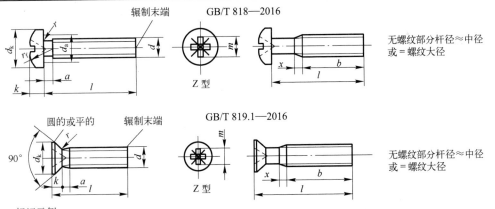

标记示例：
　　螺纹规格 d = M5，公称长度 l = 20 mm，性能等级为 4.8 级，不经表面处理的十字槽盘头螺钉（或十字槽沉头螺钉）：
　　　　螺钉　GB/T 818　M5×20（或 GB/T 819.1　M5×20）

螺纹规格 d		M1.6	M2	M2.5	M3	M4	M5	M6	M8	M10
螺距 P		0.35	0.4	0.45	0.5	0.7	0.8	1	1.25	1.5
a	max	0.7	0.8	0.9	1	1.4	1.6	2	2.5	3
b	min	25					38				
x	max	0.9	1	1.1	1.25	1.75	2	2.5	3.2	3.8

续表

十字槽盘头螺钉	d_a	max	2.1	2.6	3.1	3.6	4.7	5.7	6.8	9.2	11.2
	d_k	max	3.2	4	5	5.6	8	9.5	12	16	20
	k	max	1.3	1.6	2.1	2.4	3.1	3.7	4.6	6	7.5
	r	min	0.1				0.2		0.25	0.4	
	r_f	≈	2.5	3.2	4	5	6.5	8	10	13	16
	m	参考	1.7	1.9	2.6	2.9	4.4	4.6	6.8	8.8	10
	l 商品规格范围		3~16	3~20	3~25	4~30	5~40	6~45	8~60	10~60	12~60
十字槽沉头螺钉	d_k	max	3	3.8	4.7	5.5	8.4	9.3	11.3	15.8	18.3
	k	max	1	1.2	1.5	1.65	2.7	2.7	3.3	4.65	5
	r	max	0.4	0.5	0.6	0.8	1	1.3	1.5	2	2.5
	m	参考	1.8	2	3	3.2	4.6	5.1	6.8	9	10
	l 商品规格范围		3~16	3~20	3~25	4~30	5~40	6~50	8~60	10~60	12~60
公称长度 l 的系列			3, 4, 5, 6, 8, 10, 12, (14), 16, 20, 25, 30, 35, 40, 45, 50, (55), 60								
技术条件			材料	力学性能等级		螺纹公差		公差产品等级		表面处理	
			钢	4.8		6 g		A		不经处理电镀或协议	

注:1. 括号内非优选的螺纹规格尽可能不采用。
2. 对十字槽盘头螺钉，$d \leqslant M3$、$l \leqslant 25$ mm 或 $d > M4$、$l \leqslant 40$ mm 时，制出全螺纹（$b = l - a$）；对十字槽沉头螺钉，$d \leqslant M3$、$l \leqslant 30$ mm 或 $d \leqslant M4$、$l \leqslant 45$mm 时，制出全螺纹[$b = l - (k + a)$]。
3. GB/T 818 材料可选不锈钢或非铁金属。

表 12-11 开槽盘头螺钉（摘自 GB/T 67—2016）、开槽沉头螺钉（摘自 GB/T 68—2016） 单位：mm

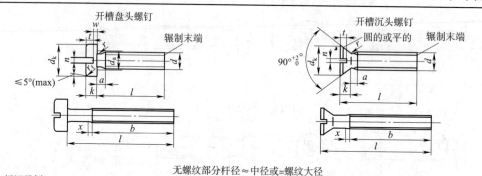

无螺纹部分杆径≈中径或=螺纹大径

标记示例：
螺纹规格 d = M5、公称长度 l = 20、性能等级为4.8级、不经表面处理的A级开槽盘头螺钉（或开槽沉头螺钉）：
螺钉 GB/T 67 M5×20（或GB/T 68 M5×20）

螺纹规格 d		M1.6	M2	M2.5	M3	M4	M5	M6	M8	M10
螺距 P		0.35	0.4	0.45	0.5	0.7	0.8	1	1.25	1.5
a	max	0.7	0.8	0.9	1	1.4	1.6	2	2.5	3
b	min	25	25	25	25	38	38	38	38	38
n	公差	0.4	0.5	0.6	0.8	1.2	1.2	1.6	2	2.5

续表

	x	max	0.9	1	1.1	1.25	1.75	2	2.5	3.2	3.8
开槽盘头螺钉	d_k	max	3.2	4	5	5.6	8	9.5	12	16	20
	d_a	max	2	2.6	3.1	3.6	4.7	5.7	6.8	9.2	11.2
	k	max	1	1.3	1.5	2.1	2.4	3.0	3.6	4.8	6
	r	min	0.1	0.1	0.1	0.1	0.2	0.2	0.25	0.4	0.4
	r_f	参考	0.5	0.6	0.8	0.9	1.2	1.5	1.8	2.4	3
	t	min	0.35	0.5	0.6	0.7	1	1.2	1.4	1.9	2.4
	w	min	0.3	0.4	0.5	0.7	1	1.2	1.4	1.9	2.4
	商品规格范围 L		2~16	2.5~20	3~25	4~30	5~40	6~50	8~60	10~80	12~80
开槽沉头螺钉	d_k	max	3	3.8	4.7	5.5	8.4	9.3	11.3	15.8	18.3
	k	max	1	1.2	1.5	1.65	2.7	2.7	3.3	4.65	5
	r	max	0.4	0.5	0.6	0.8	1	1.3	1.5	2	2.5
	t	参考	0.32	0.4	0.5	0.6	1	1.1	1.2	1.8	2
	商品规格范围 L		2.5~16	3~20	4~25	5~30	6~40	8~50	8~60	10~80	12~80
公称长度 l 的系列			2,2.5,3,4,5,6,8,10,12,(14),16,20~80(5 进位)								

技术条件	材料	性能等级	螺纹公差	公差产品等级	表面处理
	钢	4.8、5.8	6g	A	不经处理

表 12-12 开槽锥端紧定螺钉（GB/T 71—2018）、开槽平端紧钉螺钉（GB/T 73—2017）、
开槽长圆柱端紧钉螺钉（GB/T 75—2018） 单位：mm

标记示例：

螺纹规格 d = M5，公称长度 l = 12 mm，性能等级为 14H 级，表面氧化的开槽锥端紧定螺钉（或开槽平端，或开槽长圆柱端紧定螺钉）：

螺钉 GB/T 71 M5×12（或 GB/T 73 M5×12，或 GB/T 75 M5×12）

螺纹规格 d		M3	M4	M5	M6	M8	M10	M12
螺距 P		0.5	0.7	0.8	1	1.25	1.5	1.75
$d_f \approx$		螺 纹 小 径						
d_1	max	0.3	0.4	0.5	1.5	2	2.5	3
d_p	max	2	2.5	3.5	4	5.5	7	8.5
n	公称	0.4	0.6	0.8	1	1.2	1.6	2
t	min	0.8	1.12	1.28	1.6	2	2.4	2.8
z	max	1.75	2.25	2.75	3.25	4.3	5.3	6.3

续表

不完整螺纹的长度 u			≤2P						
l 范围（商品规格）	GB/T 71	4~16	6~20	8~25	8~30	10~40	12~50	14~60
	GB/T 73	3~16	4~20	5~25	6~30	8~40	10~50	12~60
	GB/T 75	5~16	6~20	8~25	8~30	10~40	12~50	14~60
短螺钉	GB/T 73	3	4	5	6	—	—	—
	GB/T 75	5	6	8	8, 10	10, 12, 14	12, 14, 16	14, 16, 20
公称长度 l 的系列		3, 4, 5, 6, 8, 10, 12, (14), 16, 20, 25, 30, 35, 40, 45, 50, 55, 60							
技术条件	材料	力学性能等级		螺纹公差		公差产品等级		表面处理	
	钢	14H, 22H		6g		A		氧化或镀锌钝化	

注：1. 括号内为非优选的螺纹规格，尽可能不采用。
2. 表图中标有＊者，公称长度在表中 l 范围内的短螺钉应制成120°；标有＊＊者，90°或120°和45°仅适用于螺纹小径以内的末端部分。

表 12-13　A 型地脚螺栓（摘自 GB/T 799—2020）　　　　　　　　　　　　　　单位：mm

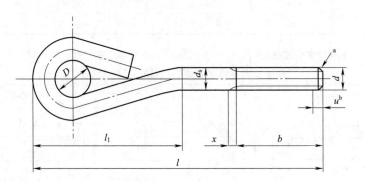

无螺纹部分杆径 d_s 约等于螺纹中径或螺纹大径。
[a] 末端按 GB/T 2 规定应倒角或倒圆，由制造者选择。
[b] 不完整螺纹的长度 u≤2P（螺距）。

螺纹规格 d	M8	M10	M12	M15	M20	M24	M30	M36	M42	M48	M56	M64	M72
b_0^{+2P}	31	36	40	50	58	68	80	94	106	120	140	160	180
l_1	46	65	82	93	127	139	192	244	261	302	343	385	430
D	10	15	20	20	30	30	45	60	60	70	80	90	100
x　max	3.2	3.8	4.3	5	6.3	7.5	9	10	11	12.5	11	15	15

12.3 螺母、垫圈

表 12-14 1型六角螺母（摘自 GB/T 6170—2015）、六角薄螺母（摘自 GB/T 6172.1—2016）　　　　单位：mm

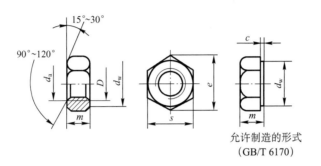

允许制造的形式
（GB/T 6170）

标记示例：
　　螺纹规格 D = M12，性能等级为 10 级，不经表面处理，A 级的 1 型六角螺母：
　　　　　螺母　GB/T 6170　M12
　　螺纹规格 D = M12，性能等级为 04 级，不经表面处理，A 级的六角薄螺母：
　　　　　螺母　GB/T 6172.1　M12

螺纹规格 D		M3	M4	M5	M6	M8	M10	M12	(M14)	M16	(M18)	M20	(M22)	M24	(M27)	M30	M36
d_a	max	3.45	4.6	5.75	6.75	8.75	10.8	13	15.1	17.3	19.5	21.6	23.7	25.9	29.1	32.4	38.9
d_w	min	4.6	5.9	6.9	8.9	11.6	14.6	16.6	19.6	22.5	24.8	27.7	31.4	33.3	38	42.8	51.1
e	min	6.01	7.66	8.79	11.05	14.38	17.77	20.03	23.35	26.75	29.56	32.95	37.29	39.55	45.2	50.85	60.79
s	max	5.5	7	8	10	13	16	18	21	24	27	30	34	36	41	46	55
c	max	0.4	0.4	0.5	0.5	0.6	0.6	0.6	0.6	0.8	0.8	0.8	0.8	0.8	0.8	0.8	0.8
m max	六角螺母	2.4	3.2	4.7	5.2	6.8	8.4	10.8	12.8	14.8	15.8	18	19.4	21.5	23.8	25.6	31
	薄螺母	1.8	2.2	2.7	3.2	4	5	6	7	8	9	10	11	12	13.5	15	18
技术条件	材料	钢			力学性能等级	6、8、10			螺纹公差	6H		表面处理	不经处理 电镀或协议		公差产品等级	A 级用于 $D \leqslant$ M16 B 级用于 $D >$ M16	

注：括号内为优选规格，尽可能不采用。

表 12-15 圆螺母（摘自 GB/T 812—1988）、小圆螺母（摘自 GB/T 810—1988） 单位：mm

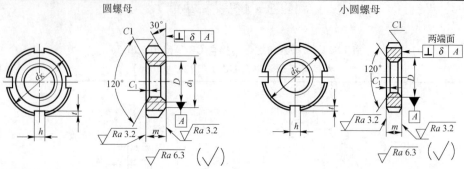

标记示例：螺母 GB/T 812 M16×1.5
螺母 GB/T 810 M16×1.5

（螺纹规格 D = M16×1.5、材料为 45 钢、槽或全部热处理硬度 35~45 HRC、表面氧化的圆螺母和小圆螺母）

圆螺母									小圆螺母							
螺纹规格 $D \times P$	d_K	d_1	m	h max	h min	t max	t min	C	C_1	螺纹规格 $D \times P$	d_K	m	h max	h min	t max	t min	C	C_1
M10×1	22	16	8	4.3	4	2.6	2		0.5	M10×1	20	6	4.3	4	2.6	2		0.5
M12×1.25	25	19	8	4.3	4	2.6	2		0.5	M12×1.25	22	6	4.3	4	2.6	2		0.5
M14×1.5	28	20	8	4.3	4	2.6	2		0.5	M14×1.5	25	6	4.3	4	2.6	2		0.5
M16×1.5	30	22	8	4.3	4	2.6	2		0.5	M16×1.5	28	6	4.3	4	2.6	2		0.5
M18×1.5	32	24	8	4.3	4	2.6	2		0.5	M18×1.5	30	6	4.3	4	2.6	2		0.5
M20×1.5	35	27	8	5.3	5	3.1	2.5	1	0.5	M20×1.5	32	6	4.3	4	2.6	2		0.5
M22×1.5	38	30	8	5.3	5	3.1	2.5	1	0.5	M22×1.5	35	8	5.3	5	3.1	2.5		0.5
M24×1.5	42	34	8	5.3	5	3.1	2.5	1	0.5	M24×1.5	38	8	5.3	5	3.1	2.5		0.5
M25×1.5	42	34	8	5.3	5	3.1	2.5	1	0.5									
M27×1.5	45	37	8	5.3	5	3.1	2.5	1	0.5	M27×1.5	42	8	5.3	5	3.1	2.5		0.5
M30×1.5	48	40	10	5.3	5	3.1	2.5	1	0.5	M30×1.5	45	8	5.3	5	3.1	2.5		0.5
M33×1.5	52	43	10	6.3	6	3.6	3	1	0.5	M33×1.5	48	8	5.3	5	3.1	2.5		0.5
M35×1.5*	52	43	10	6.3	6	3.6	3	1	0.5									
M36×1.5	55	46	10	6.3	6	3.6	3	1	0.5	M36×1.5	52	8	6.3	6	3.6	3	1	0.5
M39×1.5	58	49	10	6.3	6	3.6	3	1	0.5	M39×1.5	55	8	6.3	6	3.6	3	1	0.5
M40×1.5*	58	49	10	6.3	6	3.6	3	1	0.5									
M42×1.5	62	53	10	6.3	6	3.6	3	1	0.5	M42×1.5	58	8	6.3	6	3.6	3	1	0.5
M45×1.5	68	59	10	6.3	6	3.6	3	1	0.5	M45×1.5	62	8	6.3	6	3.6	3	1	0.5
M48×1.5	72	61	12	8.36	8	4.25	3.5	1.5	0.5	M48×1.5	68	10	8.36	8	4.25	3.5	1	0.5
M50×1.5*	72	61	12	8.36	8	4.25	3.5	1.5	0.5									
M52×1.5	78	67	12	8.36	8	4.25	3.5	1.5	0.5	M52×1.5	72	10	8.36	8	4.25	3.5	1	0.5
M55×2*	78	67	12	8.36	8	4.25	3.5	1.5	0.5									
M56×2	85	74	12	8.36	8	4.25	3.5	1.5	0.5	M56×2	78	10	8.36	8	4.25	3.5	1	0.5
M60×2	90	79	12	8.36	8	4.25	3.5	1.5	0.5	M60×2	80	10	8.36	8	4.25	3.5	1	0.5
M64×2	95	84	12	8.36	8	4.25	3.5	1.5	0.5	M64×2	85	10	8.36	8	4.25	3.5	1	0.5
M65×2*	95	84	12	8.36	8	4.25	3.5	1.5	0.5									
M68×2	100	88	15	10.36	10	4.75	4	1		M68×2	90	12	10.36	10	4.75	4	1.5	
M72×2	105	93	15	10.36	10	4.75	4	1		M72×2	95	12	10.36	10	4.75	4	1.5	
M75×2*	105	93	15	10.36	10	4.75	4	1		M76×2	100	12	10.36	10	4.75	4	1.5	
M76×2	110	98	15	10.36	10	4.75	4	1		M80×2	105	12	10.36	10	4.75	4	1.5	
M80×2	115	103	15	10.36	10	4.75	4	1		M85×2	110	12	10.36	10	4.75	4	1.5	
M85×2	120	108	15	10.36	10	4.75	4	1		M90×2	115	12	10.36	10	4.75	4	1.5	
M90×2	125	112	18	12.43	12	5.75	5	1		M95×2	120	12	10.36	10	4.75	4	1.5	
M95×2	130	117	18	12.43	12	5.75	5	1		M100×2	125	12	12.43	12	5.75	5	1.5	
M100×2	135	122	18	12.43	12	5.75	5	1		M105×2	130	15	12.43	12	5.75	5	1.5	
M105×2	140	127	18	12.43	12	5.75	5	1										

注：1. 槽数 n；当 $D \leq$ M100×2，n = 4；当 $D \geq$ M105×2，n = 6。
2. *仅用于滚动轴承锁紧装置。

表 12-16 小垫圈（A 级）（摘自 GB/T 848—2002）、平垫圈（A 级）（摘自 GB/T 97.1—2002）、平垫圈 倒角型（A 级）（摘自 GB/T 97.2—2002） 单位：mm

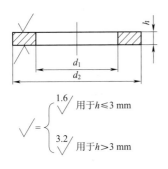 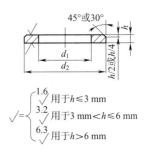

标记示例：
小系列（或标准系列）、公称规格 8 mm、由钢制造的硬度等级为 200 HV 级、不经表面处理、产品等级为 A 级的平垫圈：垫圈 GB/T 848 8（或 GB/T 97.1 8 或 GB/T 97.2 8）。

公称尺寸(螺纹规格 d)			1.6	2	2.5	3	4	5	6	8	10	12	16	20	24	30	36
d_1	GB/T 848—2002	公称(min)	1.7	2.2	2.7	3.2	4.3	5.3	6.4	8.4	10.5	13	17	21	25	31	37
		max	1.84	2.34	2.84	3.38	4.48	5.48	6.62	8.62	10.77	13.27	17.27	21.33	25.33	31.39	37.62
	GB/T 97.1—2002	公称(min)	1.7	2.2	2.7	3.2	4.3	5.3	6.4	8.4	10.5	13	17	21	25	31	37
		max	1.84	2.34	2.84	3.38	4.48	5.48	6.62	8.62	10.77	13.27	17.27	21.33	25.33	31.39	37.62
	GB/T 97.2—2002	公称(min)	—	—	—	—	—	5.3	6.4	8.4	10.5	13	17	21	25	31	37
		max	—	—	—	—	—	5.48	6.62	8.62	10.77	13.27	17.27	21.33	25.33	31.39	37.62
d_2	GB/T 848—2002	min	3.2	4.2	4.7	5.7	7.64	8.64	10.57	14.57	17.57	19.48	27.48	33.38	38.38	49.38	58.8
		公称(max)	3.5	4.5	5	6	8	9	11	15	18	20	28	34	39	50	60
	GB/T 97.1—2002	min	3.7	4.7	5.7	6.64	8.64	9.64	11.57	15.57	19.48	23.48	29.48	36.38	43.38	55.26	64.8
		公称(max)	4	5	6	7	9	10	12	16	20	24	30	37	44	56	66
	GB/T 97.2—2002	min	—	—	—	—	—	9.64	11.57	15.57	19.48	23.48	29.48	36.38	43.38	55.26	61.8
		公称(max)	—	—	—	—	—	10	12	16	20	24	30	37	44	56	66
h	GB/T 848—2002	公称	0.3	0.3	0.5	0.5	0.5	1	1.6	1.6	1.6	2	2.5	3	4	4	5
		min	0.25	0.25	0.45	0.45	0.45	0.9	1.4	1.4	1.4	1.8	2.3	2.7	3.7	3.7	4.4
		max	0.35	0.35	0.55	0.55	0.55	1.1	1.8	1.8	1.8	2.2	2.7	3.3	4.3	4.3	5.6
	GB/T 97.1—2002	公称	0.3	0.3	0.5	0.5	0.5	1	1.6	1.6	2	2.5	3	4	4	5	
		min	0.25	0.25	0.45	0.45	0.7	0.9	1.4	1.4	1.8	2.3	2.7	2.7	3.7	3.7	4.4
		max	0.35	0.35	0.55	0.55	0.9	1.1	1.8	1.8	2.2	2.7	3.3	3.3	4.3	4.3	5.6
	GB/T 97.2—2002	公称	—	—	—	—	—	1	1.6	1.6	2	2.5	3	3	4	4	5
		min	—	—	—	—	—	0.9	1.4	1.4	1.8	2.3	2.7	2.7	3.7	3.7	4.4
		max	—	—	—	—	—	1.1	1.8	1.8	2.2	2.7	3.3	3.3	4.3	4.3	5.6

表 12-17 标准型弹簧垫圈（摘自 GB/T 93—1987）、轻型弹簧垫圈（摘自 GB/T 859—1987）

单位：mm

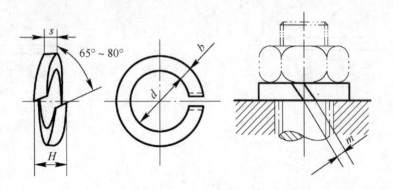

标记示例：
规格为 16、材料为 65Mn、表面氧化的标准型（或轻型）弹簧垫圈：垫圈 GB/T 93 16（或 GB/T 859 16）

	规格（螺纹大径）		3	4	5	6	8	10	12	(14)	16	(18)	20	(22)	24	(27)	30	(33)	36
GB/T 93—1987	s(b)	公称	0.8	1.1	1.3	1.6	2.1	2.6	3.1	3.6	4.1	4.5	5.0	5.5	6.0	6.8	7.5	8.5	9
	H	min	1.6	2.2	2.6	3.2	4.2	5.2	6.2	7.2	8.2	9	10	11	12	13.6	15	17	18
		max	2	2.75	3.25	4	5.25	6.5	7.75	9	10.25	11.25	12.5	13.75	15	17	18.75	21.25	22.5
	m	≤	0.4	0.55	0.65	0.8	1.05	1.3	1.55	1.8	2.05	2.25	2.5	2.75	3	3.4	3.75	4.25	4.5
GB/T 859—1987	s	公称	0.6	0.8	1.1	1.3	1.6	2	2.5	3	3.2	3.6	4	4.5	5	5.5	6	—	—
	b	公称	1	1.2	1.5	2	2.5	3	3.5	4	4.5	5	5.5	6	7	8	9	—	—
	H	min	1.2	1.6	2.2	2.6	3.2	4	5	6	6.4	7.2	8	9	10	11	12	—	—
		max	1.5	2	2.75	3.25	4	5	6.25	7.5	8	9	10	11.25	12.5	13.75	15	—	—
	m	≤	0.3	0.4	0.55	0.65	0.8	1.0	1.25	1.5	1.6	1.8	2.0	2.25	2.5	2.75	3.0	—	—

注：尽可能不采用括号内的规格。

表 12-18 圆螺母用止动垫圈（摘自 GB/T 858—1988） 单位：mm

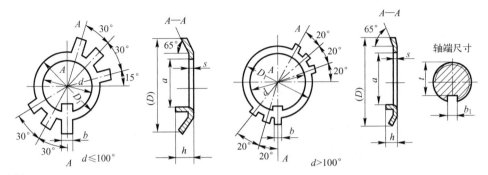

标记示例：

垫圈 GB/T 858 16（规格为 16、材料为 Q235-A、经退火、表面氧化的圆螺母用止动垫圈）

规格（螺纹大径）	d	D（参考）	D_1	s	b	a	h	轴端 b_1	轴端 t	规格（螺纹大径）	d	D（参考）	D_1	s	b	a	h	轴端 b_1	轴端 t
10	10.5	25	16	3.8	8	3	4	7		48	48.5	76	61	7.7			5	45	44
12	12.5	28	19		9			8		50*	50.5							47	—
14	14.5	32	20		11			10		52	52.5	82	67					49	48
16	16.5	34	22		13			12		55*	56						8	52	—
18	18.5	35	24		15			14		56	57	90	74					53	52
20	20.5	38	27	1	17			16		60	61	94	79				6	57	56
22	22.5	42	30		19	4	5	18		64	65	100	84	1.5				61	60
24	24.5	45	34	4.8	21			20		65*	66							62	—
25*	25.5				22			—		68	69	105	88					65	64
27	27.5	48	37		24			23		72	73	110	93					69	68
30	30.5	52	40		27			26		75*	76							71	—
33	33.5	56	43		30			29		76	77	115	98	9.6			10	72	70
35*	35.5				32			—		80	81	120	103					76	74
36	36.5	60	46		33	5		32		85	86	125	108				7	81	79
39	39.5	62	49	1.5	5.7	36	6	35		90	91	130	112					86	84
40*	40.5					37		—		95	96	135	117	2	11.6		12	91	89
42	42.5	66	53			39		38		100	101	140	122					96	94
45	45.5	72	59			42		41		105	106	145	127					101	99

注：*仅用于滚动轴承锁紧装置。

表 12-19 外舌止动垫圈（摘自 GB/T 856—1988） 单位：mm

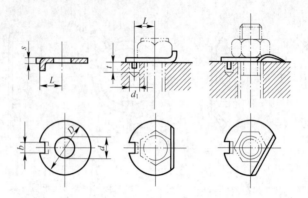

标记示例：
　规格为10、材料为Q235-A、经退火、表面氧化处理的外舌止动垫圈：垫圈 GB/T 856 10

规格 (螺纹大径)		3	4	5	6	8	10	12	(14)	16	(18)	20	(22)	24	(27)	30	36
d	max	3.5	4.5	5.6	6.76	8.76	10.93	13.43	15.43	17.43	19.52	21.52	23.52	25.52	28.52	31.62	37.62
	min	3.2	4.2	5.3	6.4	8.4	10.5	13	15	17	19	21	23	25	28	31	37
D	max	12	14	17	19	22	26	32	32	40	45	45	50	50	58	63	75
	min	11.57	13.57	16.57	18.48	21.48	25.48	31.38	31.38	39.38	44.38	44.38	49.38	49.38	57.26	62.26	74.26
b	max	2.5	2.5	3.5	3.5	3.5	4.5	4.5	4.5	5.5	6	6	7	7	8	8	11
	min	2.25	2.25	3.2	3.2	3.2	4.2	4.2	4.2	5.2	5.7	5.7	6.64	6.64	7.64	7.64	10.57
L		4.5	5.5	7	7.5	8.5	10	12	12	15	18	18	20	20	23	25	31
s		0.4	0.4	0.5	0.5	0.5	0.5	1	1	1	1	1	1	1	1.5	1.5	1.5
d_1		3	3	4	4	4	5	5	5	6	7	7	8	8	9	9	12
t		3	3	4	4	4	5	6	6	6	7	7	7	7	10	10	10

注：尽可能不采用括号内的规格。

表 12-20 单耳止动垫圈（摘自 GB/T 854—1988） 单位：mm

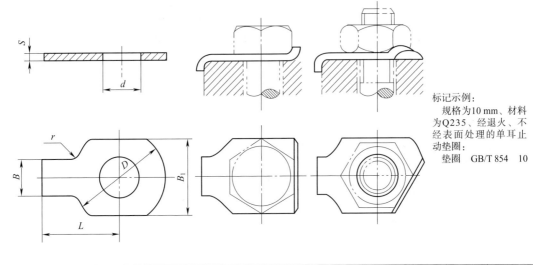

标记示例：
规格为10 mm、材料为Q235、经退火、不经表面处理的单耳止动垫圈：
垫圈 GB/T 854 10

规格（螺纹大径）	d		D		L			S	B	B_1	r
	max	min	max	min	公称	min	max				
2.5	2.95	2.7	8	7.64	10	9.17	10.29	0.4	3	6	2.5
3	3.5	3.2	10	9.64	12	11.65	12.35		4	7	
4	4.5	4.2	14	13.57	14	13.65	14.35		5	9	
5	5.6	5.3	17	16.57	16	15.65	16.35	0.5	6	11	4
6	6.76	6.4	19	18.48	18	17.65	18.35		7	12	
8	8.78	8.4	22	21.48	20	19.58	20.42		8	16	
10	10.93	10.5	26	25.48	22	21.58	22.42		10	19	6
12	13.43	13	32	31.38	28	27.58	28.42	1	12	21	10
(14)	15.43	15	32	31.38	28	27.58	28.42			25	
16	17.43	17	40	39.38	32	31.50	32.50		15	32	
(18)	19.52	19	45	44.38	36	35.50	36.50		18	38	
20	21.52	21	45	49.38	36	36.50	36.50				
(22)	23.52	23	50	49.38	42	41.50	42.50		20	39	
24	25.52	25	50	49.38	42	41.50	42.50			42	
(27)	28.52	28	58	57.26	48	47.50	48.5		24	48	
30	31.62	31	63	62.26	52	51.40	52.60	1.5	26	55	16
36	37.62	37	75	74.26	62	61.4	62.60		30	65	
42	43.62	43	88	87.13	70	69.40	70.60		35	78	
48	50.62	50	100	99.13	80	79.40	80.60		40	90	

注：尽量不采用括号内的规格。

表 12-21　双耳止动垫圈（摘自 GB/T 855—1988）　　　　　单位：mm

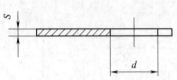
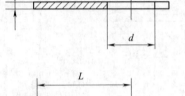
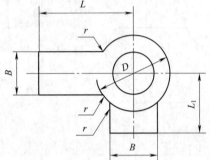
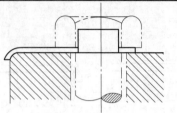
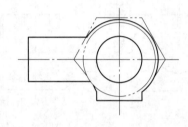

标记示例：
规格为10 mm、材料为Q235、经退火、不经表面处理的双耳止动垫圈：
垫圈　GB/T 855　10

规格（螺纹大径）	d max	d min	D max	D min	L 公称	L min	L max	L_1 公称	L_1 min	L_1 max	B	S	r
2.5	2.95	2.7	5	4.7	10	9.71	10.29	4	3.76	4.24	3	0.4	1
3	3.5	3.2	5	4.7	12	11.65	12.35	5	4.76	5.24	4	0.4	1
4	4.5	4.2	8	7.64	14	13.65	14.35	7	6.71	7.29	5		1
5	5.6	5.3	9	8.64	16	15.65	16.35	8	7.71	8.29	6	0.5	
6	6.76	6.4	11	10.57	18	17.65	18.35	9	8.71	9.29	7	0.5	
8	8.76	8.4	14	12.57	20	19.58	20.42	11	10.65	11.35	8		2
10	10.93	10.5	17	15.57	22	21.58	22.42	13	12.65	13.35	10		2
12	13.43	13	22	21.48	28	27.58	28.42	16	15.65	16.35	12		
(14)	15.43	15	22	21.48	28	27.58	28.42	16	15.65	16.35	12		
16	17.43	17	27	26.48	32	31.50	32.50	20	19.58	20.42	15	1	
(18)	19.52	19	32	31.38	36	31.50	36.50	22	21.58	22.42	18	1	
20	21.52	21	32	31.88	36	35.50	36.50	22	21.58	22.42	18		
(22)	23.52	23	36	35.38	42	41.50	12.50	25	24.58	25.42	20		3
24	25.52	25	36	35.38	42	41.50	42.50	25	24.58	25.42	20		3
(27)	28.52	28	41	40.38	48	47.50	48.50	30	29.58	30.42	24		
30	31.62	31	46	45.38	52	51.40	52.60	32	31.50	32.50	26		
36	37.62	37	55	54.26	62	61.40	62.60	38	37.50	38.50	30	1.5	
42	43.62	43	65	64.26	70	69.40	70.60	44	43.50	44.50	35	1.5	
48	50.62	50	75	74.26	80	79.40	80.60	50	49.50	50.50	40		4

注：尽量不采用括号内的规格。

表 12-22 轴端止动垫片（摘自 JB/ZQ 4347—2006） 单位：mm

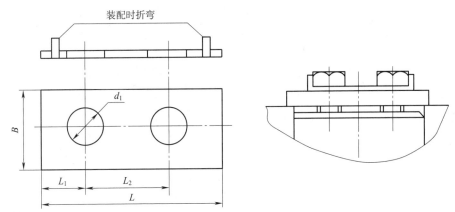

标记示例：
$B=20$ mm、$L=45$ mm 的轴端止动垫片：止动垫 20×45 JB/ZQ 4347—2006

B	L	S	L_1	L_2	d_1	轴端挡圈直径 D
15	40		20	10	7	40, 45, 50
20	45		25			60
25	55		25	15	12	70
30	70	1	30			80
30	80		40	20	14	90, 100
30	90		50			125
30	100		60			150
35	130		80			180
35	160	2	110	25	18	220
35	190		140			260

12.4 挡 圈

表 12-23 轴端挡圈 单位：mm

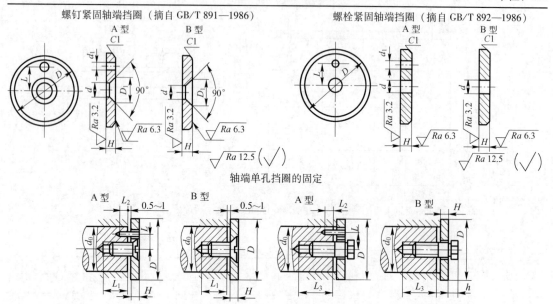

标记示例：

挡圈 GB/T 891 45（公称直径 D =45、材料为 Q235-A、不经表面处理的 A 型螺钉紧固轴端挡圈）

挡圈 GB/T 891 B45（公称直径 D =45、材料为 Q235-A、不经表面处理的 B 型螺钉紧固轴端挡圈）

轴径≤	公称直径 D	H	L	d	d_1	C	螺钉紧固轴端挡圈			螺栓紧固轴端挡圈			安装尺寸（参考）			
							D_1	螺钉 GB/T 819.1—2016（推荐）	圆柱销 GB/T 119.1—2000（推荐）	螺栓 GB/T 5783—2016（推荐）	圆柱销 GB/T 119.1—2000（推荐）	垫圈 GB/T 93—1987（推荐）	L_1	L_2	L_3	h
14	20	4	—													
16	22	4	—													
18	25	4	—	5.5	2.1	0.5	11	M5×12	A2×10	M5×16	A2×10	5	14	6	16	4.8
20	28	4	7.5													
22	30	4	7.5													
25	32	5	10													
28	35	5	10													
30	38	5	10	6.6	3.2	1	13	M6×16	A3×12	M6×20	A3×12	6	18	7	20	5.6
32	40	5	12													
35	45	5	12													
40	50	5	12													
45	55	6	16													
50	60	6	16													
55	65	6	16	9	4.2	1.5	17	M8×20	A4×14	M8×25	A4×14	8	22	8	24	7.4
60	70	6	20													
65	75	6	20													
70	80	6	20													
75	90	8	25	13	5.2	2	25	M12×25	A5×16	M12×30	A5×16	12	26	10	28	10.6
85	100	8	25													

注：1. 当挡圈装在带螺纹孔的轴端时，紧固用螺钉允许加长。
2. 材料：Q235-A，35 钢，45 钢。
3. "轴端单孔挡圈的固定"不属于 GB/T 891—1986、GB/T 892—1986，仅供参考。

表 12-24　轴用弹性挡圈——A 型（摘自 GB/T 894—2017）

标记示例：
　挡圈　GB/T 894　50（轴径d_1=50 mm，材料65Mn，热处理44～51HRC，经表面氧化处理的A型轴用弹性挡圈）

d_4—外部空间最大中心线直径

公称规格 d_1	挡圈					沟槽（推荐）				公称直径 d_1	挡圈					沟槽（推荐）				d_4
	d_3	s	b≈	d_5	a	d_2 基本尺寸	d_2 极限偏差	m	n≥		d_3	s	b≈	d_5	a	d_2 基本尺寸	d_2 极限偏差	m	n≥	
3	2.7	0.4	0.8	1	1.9	2.8	0 −0.04	0.5	0.3	38	35.2	2.5	4.2	5.8	8.4	36	0 −0.25	1.85	3	50.2
			0.9		2.2	3.8				40	36.5		4.4	6.0		37.5				52.6
4	3.7		1.1		2.5	4.8	0 −0.05	0.7		42	38.5	1.75	4.5	8.4		39.5			3.8	55.7
5	4.7	0.6	1.4		2.7	5.7		0.8	0.5	45	41.5		4.7	8.6		42.5				59.1
6	5.6	0.7	1.4	1.2	3.1	6.7		0.9		48	44.5		5.0	8.6		45.5				62.5
7	6.5	0.8	1.5		3.2	7.6	0 −0.06			50	45.8		5.1	8.7		47				64.5
8	7.4		1.7		3.3	8.6			0.6	52	47.8		5.2	8.7		49				66.7
9	8.4				3.3	9.6				55	50.8		5.4	8.8		52				70.2
10	9.3		1.8	1.5	3.3	10.5			0.8	56	51.8	2	5.5	8.8		53		2.15		71.6
11	10.2				3.3	11.5				58	53.8		5.6	9.4		55				73.6
12	11	1			3.4	12.4		1.1	0.9	60	55.8		5.8	9.6		57				75.6
13	11.9		2.0		3.5	13.4	0 −0.11			62	57.8		6.0	9.9		59			4.5	77.8
14	12.9		2.1	1.7	3.6	14.3			1.1	63	58.8		6.2	10.1		60				79
15	13.8		2.2		3.7	15.2		1.2		65	60.8		6.3	10.6		62	0 −0.30			81.4
16	14.7		2.3		3.8	16.2				68	63.5		6.5	11.0	3	65				84.8
17	15.7				3.9	17				70	65.5		6.6			67				87
18	16.5		2.5			18				72	67.5	2.5	6.8			69				89.2
19	17.5		2.6		4.0	19		1.5		75	70.5		7.0			72		2.65		92.7
20	18.5		2.7		4.1	20	0 −0.13			78	73.5		7.3			75				96.1
21	19.5	1.2	2.8		4.2	21				80	74.5		7.4			76.5				98.1
22	20.5					22.9		1.3		82	76.5		7.6			78.5				100.3
24	22.2		3.0	2	4.4	23.9			1.7	85	79.5		7.8			81.5				103.3
25	23.2		3.1		4.5	24.9	0 −0.21			88	82.5		8.0			84.5	0 −0.35		5.3	106.5
26	24.2		3.4		4.7	26.6				90	84.5	3	8.2		11.4	86.5		3.15		108.5
28	25.9		3.2		4.8	27.6		2.1		95	89.5		8.6			91.5				114.8
29	26.9		3.4		5.0	28.6				100	94.5		9.0			96.5				120.2
30	27.9	1.5	3.5		5.2	30.3				105	98		9.3			101				125.8
32	29.6		3.6		5.4	32.3		2.6		110	103		9.6			106	0 −0.54			131.2
34	31.5		3.8	2.5		33	0 −0.25			115	108	4	9.8			111		4.15	6	137.5
35	32.2		3.9		5.6				3	120	113		10.2		4	116				143.1
36	33.2	1.75	4.0			34		1.85		125	118		10.4			121	0 −0.63			149

注：尺寸 m 的极限偏差，当 d_1≤100 时为 $^{+0.14}_{\ 0}$；当 d_1>100 时为 $^{+0.18}_{\ 0}$。

表 12-25 孔用弹性挡圈——A 型（摘自 GB/T 893—2017） 单位：mm

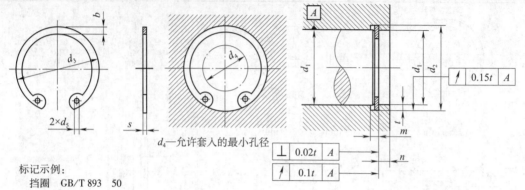

d_4—允许套入的最小孔径

标记示例：
挡圈 GB/T 893 50
（孔径 $d_1=50$ mm，材料 65Mn，热处理硬度 44~51HRC，经表面氧化处理的 A 型孔用弹性挡圈）

孔径 d_1	挡圈 d_3	s	$b\approx$	d_5	沟槽（推荐） d_2 基本尺寸	极限偏差	m H13	n min	d_4	孔径 d_1	挡圈 d_3	s	$b\approx$	d_5	沟槽（推荐） d_2 基本尺寸	极限偏差	m H13	n min	d_4
8	8.7	0.8	1.1	1	8.4	+0.09 0	0.9	0.6	2.0	48	51.5	1.75	4.5	2.5	50.5	+0.30 0	1.85	3.8	34.5
9	9.8		1.3		9.4				2.7	50	54.2		4.6		53				36.3
10	10.8		1.4	1.2	10.4				3.3	52	56.2		4.7		55				37.9
11	11.8		1.5		11.4				4.1	55	59.2		5.0		58				40.7
12	13		1.7	1.15	12.5	+0.11 0	0.8		4.9	56	60.2	2	5.1		59		2.15		41.7
13	14.1		1.8		13.6				5.4	58	62.2		5.2		61				43.5
14	15.1		1.9		14.6		0.9		6.2	60	64.2		5.4		63				44.7
15	16.1		2.0	1.7	15.7		1.1		7.2	62	66.2		5.5		65			4.5	46.7
16	17.3	1	2.0		16.8			1.2	8.0	63	67.2		5.6		66				47.7
17	18.3		2.1		17.8				8.8	65	69.2		5.8		68				49
18	19.5		2.2		19	+0.13 0		1.5	9.4	68	72.5		6.1		71				51.6
19	20.5		2.2		20				10.4	70	74.5		6.2		73				53.6
20	21.5		2.3		21				11.2	72	76.5	2.5	6.4		75		2.65		55.6
21	22.5		2.4		22				12.2	75	79.5		6.6		78				58.6
22	23.5		2.5	2.0	23				13.2	78	82.5		6.6	3.0	81				60.1
24	25.9		2.6		25.2			1.8	14.8	80	85.5		6.8		83.5				62.1
25	26.9		2.7		26.2	+0.21 0			15.5	82	87.5		7.0		85.5				64.1
26	27.9		2.8		27.2				16.1	85	90.5		7.0		88.5				66.9
28	30.1	1.2	2.9		29.4			2.1	17.9	88	93.5		7.2		91.5	+0.35 0			69.9
30	32.1		3.0		31.4		1.3		19.9	90	95.5		7.6		93.5			5.3	71.9
31	33.4		3.2		32.7			2.6	20.0	92	97.5	3	7.8		95.5		3.15		73.7
32	34.4		3.2		33.7				20.6	95	100.5		8.1		98.5				76.5
34	36.5		3.3		35.7				22.6	98	103.5		8.3		101.5				79
35	37.8		3.4		37			3	23.6	100	105.5		8.4		103.5				80.6
36	38.8	1.5	3.5	2.5	38	+0.25 0	1.6		24.6	102	108		8.5	3.5	106				82.0
37	39.8		3.6		39				25.4	105	112		8.7		109				85.0
38	40.8		3.7		40				26.4	108	115		8.9		112	+0.54 0			88.0
40	43.5		3.9		42.5			3.8	27.8	110	117	4	9.0		114		4.15	6	88.2
42	45.5	1.75	4.1		44.5		1.85		29.6	112	119		9.1		116				90.0
45	48.5		4.3		47.5				32.0	115	122		9.3		119				93.0
47	50.5		4.4		49.5				33.5	120	127		9.7		124	+0.63			96.9

注：尺寸 m 的极限偏差，当 $d_1\leqslant 100$ 时为 $^{+0.14}_{0}$；当 $d_1>100$ 时为 $^{+0.18}_{0}$。

12.5　螺纹零件的结构要素

表 12-26　螺栓和螺钉通孔及沉孔尺寸　　　单位：mm

螺纹规格	螺栓和螺钉通孔直径 d_h（摘自 GB/T 5277—1985）			沉头螺钉及半沉头螺钉的沉孔（摘自 GB/T 152.2—2014）				内六角圆柱头螺钉的圆柱头沉孔（摘自 GB/T 152.3—1988）				六角头螺栓和六角螺母的沉孔（摘自 GB/T 152.4—1988）			
d	精装配	中等装配	粗装配	d_h min=公称	最大值	D_c min=公称	最大值	$t \approx$	d_2	t	d_3	d_1	d_2	d_3	d_1	t
M3	3.2	3.4	3.6	3.4	3.58	6.3	6.5	1.55	6.0	3.4		3.4	9		3.4	只要能制出与通孔轴线垂直的圆平面即可
M4	4.3	4.5	4.8	4.5	4.68	9.4	9.6	2.55	8.0	4.6		4.5	10		4.5	
M5	5.3	5.5	5.8	5.5	5.68	10.4	10.65	2.58	10.0	5.7		5.5	11		5.5	
M6	6.4	6.6	7	6.6	6.85	12.6	12.85	3.13	11.0	6.8		6.6	13		6.6	
M8	8.4	9	10	9	9.22	17.3	17.55	4.28	15.0	9.0		9.0	18		9.0	
M10	10.5	11	12	11	11.27	20	20.3	4.65	18.0	11.0		11.0	22		11.0	
M12	13	13.5	14.5						20.0	13.0	16	13.5	26	16	13.5	
M14	15	15.5	16.5						24.0	15.0	18	13.5	30	18	13.5	
M16	17	17.5	18.5						26.0	17.0	20	17.5	33	20	17.5	
M18	19	29	21						—	—	—	—	36	22	20.0	
M20	21	22	24						33.0	21.5	24	22.0	40	24	22.0	
M22	23	24	26						—	—	—	—	43	26	24	
M24	25	26	28						40.0	25.5	28	26.0	48	28	26	
M27	28	30	32						—	—	—	—	53	33	30	
M30	31	33	35						48.0	32.0	36	33.0	61	36	33	
M36	37	39	42						57.0	38.0	42	39.0	71	42	39	

表 12-27　普通粗牙螺纹的余留长度、钻孔余留深度（摘自 JB/ZQ 4247—2006）　　　单位：mm

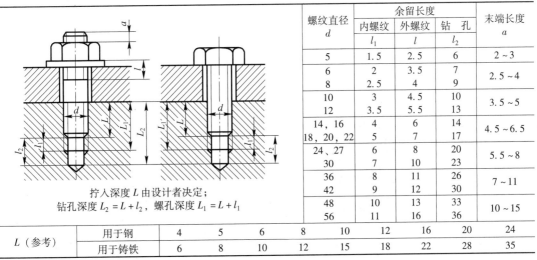

拧入深度 L 由设计者决定；
钻孔深度 $L_2 = L + l_2$，螺孔深度 $L_1 = L + l_1$

螺纹直径 d	余留长度			末端长度 a
	内螺纹 l_1	外螺纹 l	钻孔 l_2	
5	1.5	2.5	6	2~3
6	2	3.5	7	2.5~4
8	2.5	4	9	
10	3	4.5	10	3.5~5
12	3.5	5.5	13	
14, 16	4	6	14	4.5~6.5
18, 20, 22	5	7	17	
24、27	6	8	20	5.5~8
30	7	10	23	
36	8	11	26	7~11
42	9	12	30	
48	10	13	33	10~15
56	11	16	36	

| L（参考） | 用于钢 | 4 | 5 | 6 | 8 | 10 | 12 | 16 | 20 | 24 |
| | 用于铸铁 | 6 | 8 | 10 | 12 | 15 | 18 | 22 | 28 | 35 |

表 12-28　普通粗牙螺栓、螺钉的拧入深度和螺纹孔尺寸（参考）　　单位：mm

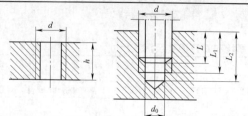

h—内螺纹通孔长度；
d_0—钻孔直径；
L—双头螺柱或螺钉拧入深度；
L_1—攻螺纹深度；
L_2—钻孔深度。

d	d_0	用于钢或青铜				用于铸铁				用于铝			
		h	L	L_1	L_2	h	L	L_1	L_2	h	L	L_1	L_2
6	5	8	6	10	12	12	10	14	16	15	12	24	29
8	6.8	10	8	12	16	15	12	16	20	20	16	26	30
10	8.5	12	10	16	20	18	15	20	24	24	20	34	38
12	10.2	15	12	18	22	22	18	24	28	28	24	38	42
16	14	20	16	24	28	28	24	30	34	36	32	50	54
20	17.5	25	20	30	35	35	30	38	44	45	40	62	68
24	21	30	24	36	42	42	35	48	54	55	48	78	84
30	26.5	36	30	44	52	50	45	56	62	70	60	94	102
36	32	45	36	52	60	65	55	66	74	80	72	106	114

表 12-29　扳手空间（摘自 JB/ZQ 4005—2006）　　单位：mm

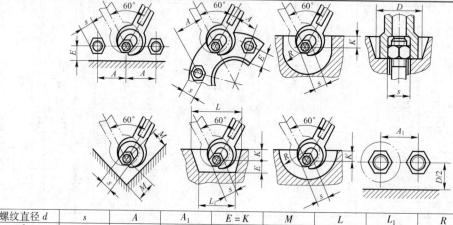

螺纹直径 d	s	A	A_1	$E=K$	M	L	L_1	R	D
6	10	26	18	8	15	46	38	20	24
8	13	32	24	11	18	55	44	25	28
10	16	38	28	13	22	62	50	30	30
12	18	42	—	14	24	70	55	32	—
14	21	48	36	15	26	80	65	36	40
16	24	55	38	16	30	85	70	42	45
18	27	62	45	19	32	95	75	46	52
20	30	68	48	20	35	105	85	50	56
22	34	76	55	24	40	120	95	58	60
24	36	80	58	24	42	125	100	60	70
27	41	90	65	26	46	135	110	65	76
30	46	100	72	30	50	155	125	75	82
33	50	108	76	32	55	165	130	80	88
36	55	118	85	36	60	180	145	88	95
39	60	125	90	38	65	190	155	92	100
42	65	135	96	42	70	205	165	100	106
45	70	145	105	45	75	220	175	105	112
48	75	160	115	48	80	235	185	115	126
52	80	170	120	48	84	245	195	125	132
56	85	180	126	52	90	260	205	130	138
60	90	185	134	58	95	275	215	135	145
64	95	195	140	58	100	285	225	140	152
68	100	205	145	65	105	300	235	150	158

12.6 键、花键

表 12-30 平键、键槽的剖面尺寸（摘自 GB/T 1095—2003）、
普通平键的形式和尺寸（摘自 GB/T 1096—2003） 单位：mm

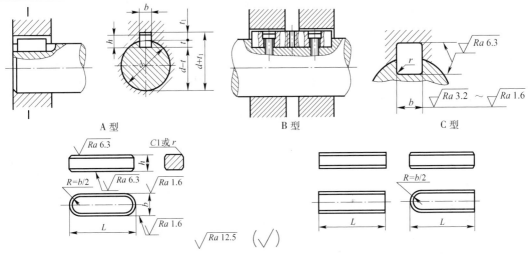

标记示例：
GB/T 1096 键 $16 \times 10 \times 100$ ［圆头普通平键（A 型）、$b=16$、$h=10$、$L=100$］
GB/T 1096 键 B$16 \times 10 \times 100$ ［平头普通平键（B 型）、$b=16$、$h=10$、$L=100$］
GB/T 1096 键 C$16 \times 10 \times 100$ ［单圆头普通平键（C 型）、$b=16$、$h=10$、$L=100$］

轴	键	键槽									
		宽度 b					深度			半径 r	
公称直径 d	公称尺寸 $b \times h$	公称尺寸 b	极限偏差				轴 t		毂 t_1		
			松连接		正常连接		紧密连接	公称尺寸	极限偏差	公称尺寸	极限偏差	最小	最大
			轴 H9	毂 D10	轴 N9	毂 JS9	轴和毂 P9						
6~8	2×2	2	+0.025 0	+0.060 +0.020	−0.004 −0.029	±0.012 5	−0.006 −0.031	1.2	+0.1 0	1	+0.1 0	0.08	0.16
>8~10	3×3	3						1.8		1.4			
>10~12	4×4	4	+0.030 0	+0.078 +0.030	0 −0.030	±0.015	−0.012 −0.042	2.5		1.8			
>12~17	5×5	5						3.0		2.3			
>17~22	6×6	6						3.5		2.8		0.16	0.25
>22~30	8×7	8	+0.036 0	+0.098 +0.040	0 −0.036	±0.018	−0.015 −0.051	4.0		3.3			
>30~38	10×8	10						5.0		3.3			
>38~44	12×8	12	+0.043 0	+0.120 +0.050	0 −0.043	±0.021 5	−0.018 −0.061	5.0		3.3		0.25	0.40
>44~50	14×9	14						5.5		3.8			
>50~58	16×10	16						6.0	+0.2 0	4.3	+0.2 0		
>58~65	18×11	18						7.0		4.4			
>65~75	20×12	20	+0.052 0	+0.149 +0.065	0 −0.052	±0.026	−0.022 −0.074	7.5		4.9		0.40	0.60
>75~85	22×14	22						9.0		5.4			
>85~95	25×14	25						9.0		5.4			
>95~110	28×16	28						10.0		6.4			
键的长度系列	6, 8, 10, 12, 14, 16, 18, 20, 22, 25, 28, 32, 36, 40, 45, 50, 56, 63, 70, 80, 90, 100, 110, 125, 140, 160, 180, 200, 220, 250, 280, 320, 360												

注：1. 在工作图中，轴槽深用 t 或 $(d-t)$ 标注，轮毂槽深用 $(d+t_1)$ 标注。
2. $(d-t)$ 和 $(d+t_1)$ 两组组合尺寸的极限偏差按相应的 t 和 t_1 极限偏差选取，但 $(d-t)$ 极限偏差值应取负号（−）。
3. 键尺寸的极限偏差 b 为 h8，h 为 h11，L 为 h14。
4. 键材料的抗拉强度应不小于 590 MPa。

表 12-31　矩形花键的尺寸和公差（摘自 GB/T 1144—2001）　　　　　单位：mm

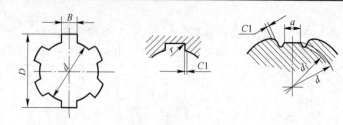

标记示例：

花键 $N=6$，$d=23\dfrac{H7}{f7}$，$D=26\dfrac{H10}{a11}$，$B=6\dfrac{H11}{d10}$　　　花键副 $6\times23\dfrac{H7}{f7}\times26\dfrac{H10}{a11}\times6\dfrac{H11}{d10}$ GB/T 1144

内花键 $6\times23H7\times26H10\times6H11$　GB/T 1144　　　外花键 $6\times23f7\times26a11\times6d10$　GB/T 1144

小径 d	基本尺寸系列和键槽截面尺寸									
	轻系列						中系列				
	规格 $N\times d\times D\times B$	C	r	参考		规格 $N\times d\times D\times B$	C	r	参考	
				$d_{1\min}$	$a_{\min}$				$d_{1\min}$	$a_{\min}$
18	—	—	—	—	—	$6\times18\times22\times5$	0.3	0.2	16.6	1.0
21						$6\times21\times25\times5$			19.5	2.0
23	$6\times23\times26\times6$	0.2	0.1	22	3.5	$6\times23\times28\times6$			21.2	1.2
26	$6\times26\times30\times6$			24.5	3.8	$6\times26\times32\times6$			23.6	1.2
28	$6\times28\times32\times7$			26.6	4.0	$6\times28\times34\times7$			25.3	1.4
32	$8\times32\times36\times6$	0.3	0.2	30.3	2.7	$8\times32\times38\times6$	0.4	0.3	29.4	1.0
36	$8\times36\times40\times7$			34.4	3.5	$8\times36\times42\times7$			33.4	1.0
42	$8\times42\times46\times8$			40.5	5.0	$8\times42\times48\times8$			39.4	2.5
46	$8\times46\times50\times9$			44.6	5.7	$8\times46\times54\times9$			42.6	1.4
52	$8\times52\times58\times10$			49.6	4.8	$8\times52\times60\times10$	0.5	0.4	48.6	2.5
56	$8\times56\times62\times10$			53.5	6.5	$8\times56\times65\times10$			52.0	2.5
62	$8\times62\times68\times12$			59.7	7.3	$8\times62\times72\times12$			57.7	2.4
72	$10\times72\times78\times12$	0.4	0.3	69.6	5.4	$10\times72\times82\times12$			67.4	1.0
82	$10\times82\times88\times12$			79.3	8.5	$10\times82\times92\times12$	0.6	0.5	77.0	2.9
92	$10\times92\times98\times14$			89.6	9.9	$10\times92\times102\times14$			87.3	4.5
102	$10\times102\times108\times16$			99.6	11.3	$10\times102\times112\times16$			97.7	6.2

内、外花键的尺寸公差

内花键				外花键			装配形式
d	D	B		d	D	B	
		拉削后不热处理	拉削后热处理				
一般用公差带							
H7	H10	H9	H11	f7	a11	d10	滑　动
				g7		f9	紧滑动
				h7		h10	固　定
精密传动用公差带							
H5	H10	H7、H9		f5	a11	d8	滑　动
				g5		f7	紧滑动
				h5		h8	固　定
H6				f6		d8	滑　动
				g6		f7	紧滑动
				h6		d8	固　定

注：1. N—键数、D—大径、B—键宽。
　　2. 精密传动用的内花键，当需要控制键侧配合间隙时，槽宽可选用 H7，一般情况下可选用 H9。
　　3. d 为 H6 和 H7 的内花键，允许与提高一级的外花键配合。

12.7 销 连 接

表 12-32 圆柱销（摘自 GB/T 119.1—2000）、圆锥销（摘自 GB/T 117—2000）　　　　单位：mm

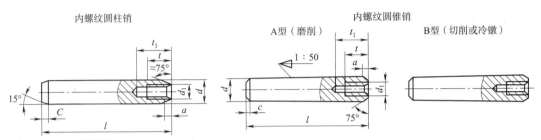

公差 m6：表面粗糙度 $Ra \leq 0.8$ μm
公差 h8：表面粗糙度 $Ra \leq 1.6$ μm
公称直径 $d=6$ mm、公差为 m6、公称长度 $l=30$ mm、材料为钢、不经淬火、不经表面处理的圆柱销：
销 GB/T 119.1 6 m6×30
公称直径 $d=6$ mm、长度 $l=30$ mm、材料为 35 钢、热处理硬度 28~38 HRC、表面氧化处理的 A 型圆锥销：
销 GB/T 117 6×30

	公差直径 d	3	4	5	6	8	10	12	16	20	25
圆柱销	d　h8/m6	3	4	5	6	8	10	12	16	20	25
	C ≈	0.5	0.63	0.8	1.2	1.6	2.0	2.5	3.0	3.5	4.0
	L（公差）	3~30	8~40	10~50	12~60	14~80	18~95	22~140	26~180	35~200	50~200
圆锥销	d　h10　min	2.96	3.95	4.95	5.95	7.94	9.94	11.93	15.93	19.92	24.92
	max	3	4	5	6	8	10	12	16	20	25
	a ≈	0.4	0.5	0.63	0.8	1.0	1.2	1.6	2.0	2.5	3.0
	L（公称）	12~45	14~55	18~60	22~90	22~120	26~160	32~180	40~200	45~200	50~200
	L（公称）的系列	12~32（2 进位），35~100（5 进位），100~200（20 进位）									

表 12-33　内螺纹圆柱销（摘自 GB/T 120.1—2000）、内螺纹圆锥销（摘自 GB/T 118—2000）

单位：mm

内螺纹圆柱销

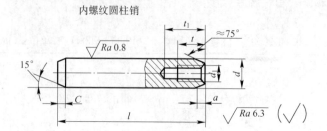

内螺纹圆锥销

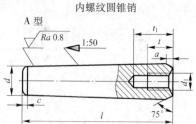

标记示例：

公称直径 $d=6$、公差为 m6、公称长度 $l=30$、材料为钢、不经淬火、不经表面处理的内螺纹圆柱销：

销 GB/T 120.1　6×30

公称直径 $d=10$、长度 $l=60$、材料为 35 钢、热处理硬度 28~38HRC、表面氧化处理的 A 型内螺纹圆锥销：

销 GB/T 118　10×60

	公称直径 d		6	8	10	12	16	20	25	30	40	50
内螺纹圆柱销	a	≈	0.8	1	1.2	1.6	2	2.5	3	4	5	6.3
	d m6	min	6.004	8.006	10.006	12.007	16.007	20.008	25.008	30.008	40.009	50.009
		max	6.012	8.015	10.015	12.018	16.018	20.021	25.021	30.021	40.025	50.025
	c	≈	1.2	1.6	2	2.5	3	3.5	4	5	6.3	8
	d_1		M4	M5	M6	M6	M8	M10	M16	M20	M20	M24
	t	min	6	8	10	12	16	18	24	30	30	36
	t_1		10	12	16	20	25	28	35	40	40	50
	l（公称）		16~60	18~80	22~100	26~120	32~160	40~200	50~200	60~200	80~200	100~200
内螺纹圆锥销	d h10	min	5.952	7.942	9.942	11.93	15.93	19.916	24.916	29.916	39.9	49.9
		max	6	8	10	12	16	20	25	30	40	50
	d_1		M4	M5	M6	M8	M10	M12	M16	M20	M20	M24
	t		6	8	10	12	16	18	24	30	30	36
	t_1	min	10	12	16	20	25	28	35	40	40	50
	C	≈	0.8	1	1.2	1.6	2	2.5	3	4	5	6.3
	l（公称）		16~60	18~80	22~100	26~120	32~160	40~200	50~200	60~200	80~200	100~200
l（公称）的系列			16~32（2 进位），35~100（5 进位），100~200（20 进位）									

表 12-34　开口销（摘自 GB/T 91—2000）

单位：mm

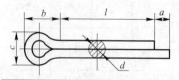

允许制造的形式

标记示例：

公称直径 $d=5$、长度 $l=50$、材料为低碳钢、不经表面处理的开口销

销 GB/T 91　5×50

公称直径 d		0.6	0.8	1	1.2	1.6	2	2.5	3.2	4	5	6.3	8	10	13
a	max		1.6				2.5			3.2		4		6.3	
c	max	1	1.4	1.8	2	2.8	3.6	4.6	5.8	7.4	9.2	11.8	15	19	24.8
	min	0.9	1.2	1.6	1.7	2.4	3.2	4	5.1	6.5	8	10.3	13.1	16.6	21.7
b	≈	2	2.4	3	3	3.2	4	5	6.4	8	10	12.6	16	20	26
l（公称）		4~12	5~16	6~20	8~25	8~32	10~40	12~50	14~63	18~80	22~100	32~125	40~160	45~200	71~250
l（公称）的系列		4，5，6~22（2 进位），25，28，32，36，40，45，50，56，63，71，80，90，100，112，125，140，160，180，200，224，250													

注：销孔的公称直径等于销的公称直径 d。

第13章 电 动 机

Y系列电动机是按照国际电工委员会(IEC)标准设计的,具有高效节能、振动小、噪声低、寿命长等优点。其中,Y系列(IP44)电动机为一般用途全封闭自扇冷式笼型三相异步电动机,具有可防止灰尘、铁屑或其他杂物侵入电动机内部的特点,适用于电源电压为380V且无特殊要求的机械,如机床、泵、风机、运输机、搅拌机、农业机械等。相关参数见表13-1~表13-4。

13.1 Y系列三相异步电动机的技术参数

表13-1 Y系列(IP44)三相异步电动机的技术参数

电动机型号	额定功率/kW	满载转速/(r/min)	堵转转速/额定转速	最大转速/额定转速	质量/kg	电动机型号	额定功率/kW	满载转速/(r/min)	堵转转速/额定转速	最大转速/额定转速	质量/kg
同步转速3 000 r/min,2极						同步转速1 500 r/min,4极					
Y80M1-2	0.75	2 825	2.2	2.3	16	Y80M1-4	0.55	1 390	2.4	2.3	17
Y90M2-2	1.1	2 825	2.2	2.3	17	Y80M2-4	0.75	1 390	2.3	2.3	18
Y90S-2	1.5	2 840	2.2	2.3	22	Y90S-4	1.1	1 400	2.3	2.3	22
Y90L-2	2.2	2 840	2.2	2.3	25	Y90L-4	1.5	1 400	2.3	2.3	27
Y100L-2	3	2 870	2.2	2.3	3	Y100L1-4	2.2	1 430	2.2	2.3	34
Y112M-2	4	2 890	2.2	2.3	45	Y100L2-4	3	1 430	2.2	2.3	38
Y132S1-2	5.5	2 900	2.0	2.3	64	Y112M-4	4	1 440	2.2	2.3	43
Y132S2-2	7.5	2 900	2.0	2.3	70	Y132S-4	5.5	1 440	2.2	2.3	68
Y160M1-2	11	2 900	2.0	2.3	117	Y132M-4	7.5	1 440	2.2	2.3	81
Y160M2-2	15	2 930	2.0	2.3	125	Y160M-4	11	1 460	2.2	2.3	123
Y160L-2	18.5	2 930	2.0	2.2	147	Y160L-4	15	1 460	2.0	2.3	144
Y180M-2	22	2 940	2.0	2.2	180	Y180M-4	18.5	1 470	2.0	2.2	182
Y200L1-2	30	2 950	2.0	2.2	240	Y180L-4	22	1 470	2.0	2.2	190
Y200L2-2	37	2 950	2.0	2.2	255	Y200L-4	30	1 480	2.0	2.2	270
Y225M-2	45	2 970	2.0	2.2	309	Y225S-4	37	1 480	1.9	2.2	284
Y250M-2	55	2 970	2.0	2.2	403	Y225M-4	45	1 480	1.9	2.2	320
Y280S-2	75	2 970	2.0	2.2	544	Y250M-4	55	1 480	2.0	2.2	427
Y280M-2	90	2 970	2.0	2.2	620	Y280S-4	75	1 480	1.9	2.2	562
Y315S-2	110	2 980	1.8	2.2	980	Y280M-4	90	1 480	1.9	2.2	667

续表

电动机型号	额定功率/kW	满载转速/(r/min)	堵转转速/额定转速	最大转速/额定转速	质量/kg	电动机型号	额定功率/kW	满载转速/(r/min)	堵转转速/额定转速	最大转速/额定转速	质量/kg
同步转速 3 000 r/min，2 极						同步转速 1 500 r/min，4 极					
Y90S-6	0.75	910	2.0	2.2	23	Y132S-8	2.2	710	2.0	2.0	63
Y90L-6	1.1	910	2.0	2.2	25	Y132M-8	3	710	2.0	2.0	79
Y100L-6	1.5	940	2.0	2.2	33	Y160M1-8	4	720	2.0	2.0	118
Y112M-6	2.2	940	2.0	2.2	45	Y160M2-8	5.5	720	2.0	2.0	119
Y132S-6	3	960	2.0	2.2	63	Y160L-8	7.5	720	2.0	2.0	145
Y132M1-6	4	960	2.0	2.2	73	Y180L-8	11	730	1.7	2.0	184
Y132M2-6	5.5	960	2.0	2.2	84	Y200L-8	15	730	1.8	2.0	250
Y160M-6	7.5	970	2.0	2.0	119	Y225S-8	18.5	730	1.7	2.0	266
Y160L-6	11	970	2.0	2.0	147	Y225M-8	22	740	1.8	2.0	292
Y180L-6	15	970	2.0	2.0	195	Y250M-8	30	740	1.8	2.0	405
Y200L1-6	18.5	970	2.0	2.0	220	Y280S-8	37	740	1.8	2.0	520
Y200L2-6	22	970	2.0	2.0	250	Y280M-8	45	740	1.8	2.0	562
Y225M-6	30	980	1.7	2.0	292	Y315S-8	55	740	1.8	2.0	1008

注：电动机型号以 Y132S2-2-B3 为例，Y 表示系列型号；132 表示基座中心高；S 表示短机座（M—中机座；L—长机座）；第一个 2 表示第 2 种铁芯长度；第二个 2 为电动机的极数，B3 表示安装型式，见表 13-2。

13.2 Y 系列电动机的安装代号

表 13-2 Y 系列电动机安装代号

安装型式	基本安装型	由 B3 派生安装型				
	B3	V5	V6	B6	B7	B8
示意图						
中心高	80~280	80~160				

安装型式	基本安装型	由 B5 派生安装型		基本安装型	由 B35 派生安装型	
	B5	V1	V3	B35	V15	V36
示意图						
中心高	80~225	80~280	80~160	80~280	80~160	

13.3 Y系列电动机的安装及外形尺寸

表 13-3 机座带地脚、端盖上无凸缘的电动机（摘自 GB/T 28575—2020）

单位：mm

机座号	极数	安装尺寸及公差															外形尺寸				
		A 基本尺寸	A/2 基本尺寸	B 基本尺寸	C 基本尺寸	C 极限偏差	D 基本尺寸	D 极限偏差	E 基本尺寸	E 极限偏差	F 基本尺寸	F 极限偏差	G[①] 基本尺寸	G 极限偏差	H 基本尺寸	H 极限偏差	K[②] 基本尺寸	K 极限偏差	K 位置度公差	AB	AC	AD	HD	L
63M	2、4	100	50	80	40	±1.5	11	+0.008 −0.003	23	±0.26	4	0 −0.030	8.5	0 −0.10	63	0 −0.5	7	+0.36 0	φ0.5 Ⓜ	135	130	—	180	230
71M	2、4、6	112	56	90	45	±1.5	14	+0.008 −0.003	30	±0.26	5	0 −0.030	11	0 −0.10	71	0 −0.5	7	+0.36 0	φ0.5 Ⓜ	150	145	—	195	255
80M		125	62.5	100	50	±1.5	19	+0.009 −0.004	40	±0.31	6	0 −0.036	15.5	0 −0.10	80	0 −0.5	10	+0.36 0	φ0.5 Ⓜ	165	175	145	220	305
90S		140	70	100	56	±1.5	24	+0.009 −0.004	50	±0.31	8	0 −0.036	20	0 −0.20	90	0 −0.5	10	+0.36 0	φ0.5 Ⓜ	180	205	170	265	360
90L		140	70	125	56	±1.5	24	+0.009 −0.004	50	±0.31	8	0 −0.036	20	0 −0.20	90	0 −0.5	10	+0.36 0	φ0.5 Ⓜ	180	205	170	265	390
100L	2、4、6、8	160	80	140	63	±2.0	28	+0.009 −0.004	60	±0.31	8	0 −0.036	24	0 −0.20	100	0 −0.5	12	+0.43 0	φ1.0 Ⓜ	205	215	180	270	435
112M		190	95	140	70	±2.0	28	+0.009 −0.004	60	±0.31	8	0 −0.036	24	0 −0.20	112	0 −0.5	12	+0.43 0	φ1.0 Ⓜ	230	255	200	310	440
132S		216	108	140	89	±2.0	38	+0.009 −0.004	80	±0.37	10	0 −0.036	33	0 −0.20	132	0 −0.5	12	+0.43 0	φ1.0 Ⓜ	270	310	230	365	510
132M		216	108	178	89	±2.0	38	+0.009 −0.004	80	±0.37	10	0 −0.036	33	0 −0.20	132	0 −0.5	12	+0.43 0	φ1.0 Ⓜ	270	310	230	365	550

（a）机座号63~71　（b）机座号80~90　（c）机座号100~132

（d）机座号160~355　（e）机座号63~71　（f）机座号80~355

续表

机座号	极数	安装尺寸及公差												外形尺寸				
		A 基本尺寸	A/2 基本尺寸	B 基本尺寸	C 基本尺寸	C 极限偏差	D 基本尺寸	D 极限偏差	E 基本尺寸	E 极限偏差	F 基本尺寸	F 极限偏差	G[1] 基本尺寸	G 极限偏差	H 基本尺寸	H 极限偏差	K[2] 基本尺寸	K 极限偏差	位置公差	AB	AC	AD	HD	L
160M	2,4,6,8	254	127	210	108	±3.0	42	+0.018 / +0.002	110	±0.43	12	0 / -0.043	37	0 / -0.20	160	0 / -0.5	14.5	+0.43 / 0	φ1.2 Ⓜ	320	340	260	425	730
160L	2,4,6,8	254	127	254	108	±3.0	42	+0.018 / +0.002	110	±0.43	12	0 / -0.043	37		160		14.5			320	340	260	425	760
180M	2,4,6,8	279	139.5	241	121		48		110		14		42.5		180	0 / -0.5	18.5			355	390	285	460	770
180L	4,8	279	139.5	279	121		48		110		14		42.5		180		18.5			355	390	285	460	800
200L	4,6,8	318	159	305	133		55	+0.030 / +0.011	140	±0.50	16	0 / -0.043	49		200	0 / -0.5				395	445	320	520	860
225S	4,8	356	178	286	149		60		140	±0.43	18	0 / -0.043	53		225				φ2.0 Ⓜ	435	495	350	575	830
225M	4,6,8	356	178	311	149		60		140	±0.43	18		53		225					435	495	350	575	830
225M	2	356	178	311	149		55	+0.030 / +0.011	140		16		49		225					435	495	350	575	860
250M	4,6,8	406	203	349	168		65		140	±0.50	18		58	0 / -0.20	250		24	+0.52 / 0		490	550	390	635	990
250M	2	406	203	349	168		60		140		18		53		250					490	550	390	635	990
280S	4,6,8	457	228.5	368	190	±4.0	75		140		20	0 / -0.052	67.5		280	0 / -1.0			φ2.0 Ⓜ	550	630	435	705	1 040
280S	2	457	228.5	368	190		65	+0.030 / +0.011	140		18	0 / -0.043	58		280					550	630	435	705	1 180
280M	4,6,8	457	228.5	419	190		75		140		20	0 / -0.052	67.5		280					550	630	435	705	1 290
280M	2	457	228.5	419	190		65		140		18		58		280					550	630	435	705	1 210
315S	3	508	254	406	216		80		170		22		71		315		28			635	645	530	845	1 320
315S	2	508	254	406	216		65		140		18	0 / -0.043	58		315					635	645	530	845	1 210
315M	4,6,8,10	508	254	457	216		80		170		22	0 / -0.052	71		315					635	645	530	845	1 320
315M	2,3	508	254	457	216		65		140		18	0 / -0.043	58		315					635	645	530	845	1 210
315L	4,6,8,10	508	254	508	216		80		170	±0.50	22	0 / -0.052	71		315					635	645	530	845	1 320
355M	4,6,8,10	610	305	560	254	±4.0	75	+0.030 / +0.011	140		20		67.5		355	0 / -1.0	28	+0.52 / 0	φ2.0 Ⓜ	730	710	655	1 010	1 500
355M	2	610	305	560	254		95	+0.035 / +0.013	170		25		86		355					730	710	655	1 010	1 530
355L	4,6,8,10	610	305	630	254		75	+0.030 / +0.011	140		20		67.5		355					730	710	655	1 010	1 500
355L	2	610	305	630	254		95	+0.035 / +0.013	170		25		86		355					730	710	655	1 010	1 530

注：出线盒的位置在电动机顶部，根据用户要求，也可以放在侧面。
① $C = D - GE$，GE 的极限偏差对机座号 80 及以下为 ($^{+0.10}_{0}$)，其余为 ($^{+0.20}_{0}$)。
② K 孔的位置度公差以轴伸的轴线为基准。

表 13-4 机座不带底脚、端盖上有凸缘（带通孔）的电动机（摘自 GB/T 28575—2020）

机座号	凸缘号	极数	D 基本尺寸	D 极限偏差	E 基本尺寸	E 极限偏差	F 基本尺寸	F 极限偏差	G[1] 基本尺寸	G[1] 极限偏差	M	N 基本尺寸	N 极限偏差	P[3]	R[4] 基本尺寸	R[4] 极限偏差	S[2] 基本尺寸	S[2] 极限偏差	位置度公差	T 基本尺寸	T 极限偏差	凸缘孔数	AC	AD	HF	L
63M	FF115	2, 4	11	+0.008 −0.003	23	±0.26	4	−0.030	8.5	0 −0.10	115	95	+0.013 −0.009	140	0	±1.5	10	+0.36 0	$\phi 1.0$⑩	3	0 −0.10	4	130	120	—	230
71M	FF130	2, 4, 6	14		30		5		11		130	110		160									145	125	—	255
80M	FF165		19		40		6		15.5		165	130	+0.014 −0.011	200						3.5			175	145	—	305
90S			24	+0.009 −0.004	50	±0.31	8	0 −0.036	20		215	180				±2.0	12	+0.43 0					205	170	—	395
90L																									—	425
100L	FF215		28		60				24					250						4			215	200	240	435
112M																									275	475
132S	FF265	2, 4, 6, 8	38	+0.018 +0.002	80	±0.37	10		33		265	230	+0.016 −0.013	300									255	230	335	535
132M																										550
160M	FF300		42		110	±0.43	12		37	0 −0.20	300	250		350		±3.0	14.5						310	260	390	730
160L																										760
180M			48				14		42.5														340	260	390	805
180L																										835
200L	FF350		55		140	±0.50	16		49		350	300		400									390	285	435	890
225S	FF400	4, 8	55		110	±0.43	16	0 −0.043	49		400	350	+0.018 −0.018	450									445	320	495	865
225M		2	60				18		53																550	895
250M		4, 6, 8			140	±0.50			53														495	350	550	895
		2																								
280S	FF500	4, 6, 8	65	+0.030 +0.011	140	±0.50	18	0 −0.052	58		500	450	±0.020	550		±4.0	18.5	+0.52 0	$\phi 1.2$⑩	5	0 −0.12	8	550	390	615	995
		2																								1 030
			65				18		58														630	435	675	
280M		4, 6, 8	75				20		67.5																	1 080

注：① $G = D − GE$，GE 极限偏差对机座号 80 及以下为（$^{+0.20}_{0}$），其余为（$^{+0.20}_{0}$）。
② S 孔的位置度公差以轴伸的轴线为基准。
③ P 尺寸为上极限值。
④ R 为凸缘配合面至轴伸肩的距离。

(a) 机座号63~71
(b) 机座号80~90
(c) 机座号100~132
(d) 机座号160~280
(e) 机座号63~90
(f) 机座号100~200
(g) 机座号225~280

安装尺寸及公差 /mm
外形尺寸 /mm

第三篇
机械设计实例

第14章 机械设计实例

导读：

本章以蜗轮-齿轮减速器为设计实例，详细介绍减速器的设计过程，包括电动机选型、减速比分配、蜗轮蜗杆与齿轮设计计算和校核、轴系受力分析、轴承选型和寿命计算、联轴器与键选型等部分，以方便学生借鉴设计流程，有利于学生学习和掌握减速器的结构特点，引导学生自主设计。

学习目标：

1. 了解不同种类的减速器，掌握其结构形式；
2. 掌握独立完成轴、齿轮、蜗轮蜗杆、箱体等零部件的设计计算与绘图的能力；
3. 掌握并运用设计资料如有关国家及行业标准、设计规范等的能力；
4. 掌握课程设计整体流程，培养独立完成设计工作的能力。

14.1 机械设计课程设计任务书

学生	姓名	专业	指导教师	姓名	类别	
	学号	班级		职称		

1. 设计题目

带式输送机传动装置的二级蜗轮蜗杆-齿轮减速器结构设计

2. 课程设计提供的原始数据资料

1）已知条件

带上的圆周力：$F = 1\,874$ N　　　滚筒直径：$D = 0.40$ m

带的牵引速度：$v = 0.39$ m/s

使用地点：室外　　　　　　　　生产批量：小批

载荷性质：微振　　　　　　　　使用寿命：8年2班

动力来源：电力，三相交流，380 V/220 V

输送带速度允许偏差：±(3% ~ 5%)

2）传动装置简图

传动装置简图如图 14-1 所示。

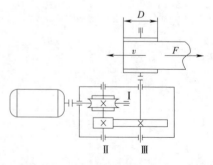

图 14-1　带式输送机传动装置简图

3. 课程设计应完成的主要内容及要求

1）说明书

按设计任务书给出的原始资料和要求完成设计说明书。将设计任务书装订在说明书的第一页。说明书应内容完整，格式排版符

蜗轮蜗杆-斜齿轮二级减速器

合要求。

传动装置的总体设计中包含：分析和拟定传动装置的运动简图；电动机的选择；计算传动装置的总传动比和分配各级传动比；计算各轴的转速、功率和转矩；设计计算齿轮传动、蜗杆传动、带传动和链传动等的主要参数和尺寸。

2）图纸

包括减速器装配图一张，A0 或 A1 打印；齿轮或轴零件图一张，A2 或 A3 手绘。要求方案合理、结构布置正确、投影准确、表达清楚；图面整洁，图纸内容完整；符合国家标准的基本规定；图纸完成后拆边并折叠成 A4 大小，与说明书一起装档案袋，并在档案袋上填写班级、姓名、学号、内装资料名称。

4. 设计进度安排（略）

5. 主要参考文献资料（略）

14.2 机械设计课程设计计算说明书

目 录（略）

设计计算及说明	主要结果
1 传动系统方案分析 采用任务书所推荐的传动方案，能够满足工作要求，具有结构简单、传动效率高等特点。使用蜗杆传动和齿轮传动相结合的方式，蜗杆位于高速级，传动比大。圆柱齿轮位于低速级转矩输入端，采用斜齿圆柱齿轮，能够避免因转矩作用产生偏载的最大值与因弯矩作用产生偏载的最大值叠加，可减缓沿齿宽载荷分布不均的现象，同时起到传动平稳的效果。 **2 电动机的选择与确定** 2.1 电动机类型选择 　　三相交流异步电动机具有高效、节能、噪声小、振动小、运行安全可靠等特点。根据任务书中的要求，电动机需要具备防灰尘、泥水，防护等级高，小批量生产，效率高，工作可靠等性能，故选择 Y 系列（IP44）三相异步电动机，全封闭自扇冷式结构。 2.2 电动机容量确定 　　根据工况条件，带上工作拉力 $F = 1\,874$ N，带速 $v = 0.39$ m/s；查阅资料后确定系统各功耗部分的传动效率分别为 $\eta_w = 0.96$（带传动效率），$\eta_1 = 0.99$（联轴器效率），$\eta_2 = 0.97$（齿轮传动效率），$\eta_3 = 0.98$（每对轴承效率），$\eta = 0.8$（蜗轮蜗杆传动效率）。根据电动机最小功率公式求得电动机最小功率： $$P_d = \frac{Fv}{\eta_w \eta_1^2 \eta_2 \eta_3^4 \eta} = 1.085 \text{ kW}$$ 　　根据确定的电动机最小功率 $P_d = 1.085$ kW。选择同步转速为 1 500 r/min 范围内的三相异步电动机，选择结果见表 14-1。	$P_d = 1.085$ kW

表 14-1 电动机参数表

电动机型号	额定功率/kW	同步转速/(r/min)	满载转速/(r/min)
Y90L-4	1.5	1 500	1 400

设计计算及说明	主要结果

3 传动装置总传动比的确定及分配

3.1 传动装置总传动比确定

由输出端的卷筒轴尺寸 $D = 0.40$ m，可得输出端转速为

$$n = \frac{60v}{\pi D} = 18.63 \text{ r/min}$$

取 $n_d = 1\,400$ r/min 参与计算，系统总传动比为

$$i_{总} = \frac{n_d}{n} = 75.14$$

3.2 各级传动比分配

对蜗杆齿轮二级减速器，其传动比分配原则遵循齿轮传动的传动比：$i_2 =$ (0.04~0.07)$i_{总}$，蜗杆齿轮减速器要尽可能利用蜗轮蜗杆传动大传动比的特点，将主要的减速任务分担给蜗轮蜗杆，而齿轮传动的传动比就要比蜗轮蜗杆传动小得多。

计算得到齿轮传动传动比 $i_2 = 0.04 \times 75.14 = 3.01$，可得蜗轮蜗杆传动比为

$$i_1 = \frac{i_{总}}{i_2} = \frac{75.14}{3.01} = 24.96$$

4 传动装置运动参数计算

4.1 各轴功率计算

电动机轴：$P_d = 1.085$ kW   Ⅰ轴：$P_Ⅰ = P_d \cdot \eta_1 = 1.074$ kW

Ⅱ轴：$P_Ⅱ = P_Ⅰ \cdot \eta \cdot \eta_3^2 = 0.825$ kW   Ⅲ轴：$P_Ⅲ = P_Ⅱ \cdot \eta_2 \cdot \eta_3 = 0.785$ kW

4.2 各轴转速计算

电动机轴：$n_d = 1\,400$ r/min   Ⅰ轴：$n_Ⅰ = n_d = 1\,400$ r/min

Ⅱ轴：$n_Ⅱ = n_Ⅰ/i_1 = 56.09$ r/min   Ⅲ轴：$n_Ⅲ = n_Ⅱ/i_2 = 18.62$ r/min

4.3 各轴转矩计算

电动机轴：$T_d = \frac{9\,550P_d}{n_d} = 7.4$ N·m   Ⅰ轴：$T_Ⅰ = \frac{9\,550P_Ⅰ}{n_Ⅰ} = 7.33$ N·m

Ⅱ轴：$T_Ⅱ = \frac{9\,550P_Ⅱ}{n_Ⅱ} = 140.47$ N·m   Ⅲ轴：$T_Ⅲ = \frac{9\,550P_Ⅲ}{n_Ⅲ} = 402.62$ N·m

整理上述计算结果见表 14-2。

表 14-2 传动与动力装置运动学参数初算表

轴号	功率 P/kW	转矩 T/(N·m)	转速 n/(r/min)	传动比 i	效率 η
电动机轴	1.085	7.40	1 400	1.00	0.99
Ⅰ轴	1.074	7.33	1 400	24.96	0.78
Ⅱ轴	0.825	140.47	56.09	3.01	0.95
Ⅲ轴	0.785	402.62	18.62		0.97

5 减速器传动零件设计

5.1 蜗轮蜗杆传动设计计算

1）齿轮传动材料、精度及参数

蜗杆材料：蜗杆传递功率不大，速度中等，蜗杆选 45 钢，调质处理。

主要结果：
$i_{总} = 75.14$
$i_1 = 24.96$
$i_2 = 3.01$

$P_d = 1.085$ kW
$P_Ⅰ = 1.074$ kW
$P_Ⅱ = 0.825$ kW
$P_Ⅲ = 0.785$ kW

$n_d = 1\,400$ r/min
$n_Ⅰ = 1\,400$ r/min
$n_Ⅱ = 56.09$ r/min
$n_Ⅲ = 18.62$ r/min

$T_d = 7.4$ N·m
$T_Ⅰ = 7.33$ N·m
$T_Ⅱ = 140.47$ N·m
$T_Ⅲ = 402.62$ N·m

蜗杆选 45 钢

设计计算及说明	主要结果
蜗轮材料：铸造锡青铜，砂型铸造。轮芯用灰铸铁 HT100 制造。 精度等级：初估蜗轮圆周速度为 1 m/s，初选取 9 级。 蜗杆头数：$z_1 = 2$，$z_2 = 24.96 z_1 = 49.92$，取整为 50。 2）按齿面接触强度设计及校核 （1）根据闭式蜗杆传动的设计准则，先按齿面接触疲劳强度进行设计，再校核齿根弯曲疲劳强度。 ①应力次数：$N = 60 n_{II} t_2 = 60 \times 56.09 \times 46\,720 = 1.57 \times 10^8$，其中 t_2 为使用寿命。 铸造锡青铜可查表 8-7，得蜗轮材料强度为 $R_m = 220$ MPa。 许用接触应力：$[\sigma_H] = 0.9 R_m \sqrt[8]{\dfrac{10^7}{N}} = 0.9 \times 220 \times \sqrt[8]{\dfrac{10^7}{1.57 \times 10^8}}$ MPa $= 141.14$ MPa ②计算 $m^3 q$，存在关系： $$m^3 q \geq 9.47 \cos \gamma \, K T_{II} \left(\dfrac{Z_E}{z_2 [\sigma_H]} \right)^2$$ 查表 14-3 得：$\qquad 9.47 \cos \gamma = 9.26$ 载荷系数：$\qquad K = K_A K_\beta K_V$ 由于动力装置为电动机，传动平稳，查表 14-4，取 $K_A = 1$，因载荷工作性质微振，故取载荷分布不均匀系数 $K_\beta = 1.1$。	蜗轮材料灰铸铁 HT100 $z_1 = 2$ $z_2 = 50$ $N = 1.57 \times 10^8$ $R_m = 220$ MPa $[\sigma_H]$ $= 141.14$ MPa $K_A = 1$ $K_\beta = 1.1$

表 14-3　导程角与蜗杆头数关系

z_1	1	2	4	6
γ	3°~8°	8°~16°	16°~30°	28°~33.5°
$9.47 \cos \gamma$	9.42	9.26	8.71	8.13

表 14-4　工作情况系数 K_A

动力机	工作机		
	均匀	中等冲击	严重冲击
电动机、汽轮机	0.8~1.25	0.9~1.5	1~1.75
多缸内燃机	0.9~1.5	1~1.75	1.25~2
单缸内燃机	1~1.75	1.25~2	1.5~2.25

设计计算及说明	主要结果
蜗杆传动比齿轮传动更平稳，所以动载荷系数较小，当蜗轮蜗杆圆周速度 $v_2 \leq 3$ m/s，$K_V = 1 \sim 1.1$；当 $v_2 > 3$ m/s 时，$K_V = 1.1 \sim 1.2$。因此预估 $v_2 \leq 3$ m/s，取 $K_V = 1$，则 $K = 1 \times 1.1 \times 1 = 1.1$。 确定弹性系数（见表 14-5），因选用的是铸锡青铜蜗轮和钢蜗杆相配，$Z_E = 155$ $\sqrt{\text{MPa}}$，即可计算 $m^3 p$ 为 $$m^3 p = 9.26 \times 1.1 \times 14\,047 \times \dfrac{155^2}{50 \times 141.14} = 690.26$$ 查表 14-6 取 $m = 4$ mm，$d_1 = 50$ mm，$q = 12.5$。	$K_V = 1$ $K = 1.1$ $Z_E = 155 \sqrt{\text{MPa}}$ $m = 4$ mm $d_1 = 50$ mm $q = 12.5$

设计计算及说明	主要结果

续表

表 14-5　弹性系数（Z_E）

蜗杆材料	蜗轮材料			
	铸造锡青铜	铸造铝青铜	灰铸铁	球墨铸铁
	ZGuSn10Pl	ZGuAl9Fe4Ni4Mn2	HT	QT
钢	155.0	156.0	162.0	181.4
球墨铸铁	—	—	156.6	173.9

表 14-6　部分动力蜗杆传动蜗杆基本参数（轴交角 90°）

模数 m/mm	中圆直径 d_1/mm	蜗杆头数 z_1	直径系数 q	m^3q
1	18	1	18.000	18
2	18	1, 2, 4	9.000	72
	22.4	1, 2, 4	12.000	96
	28	1, 2, 4	14.000	112
4	31.5	1, 2, 4	7.875	504
	40	1, 2, 4, 6	10.000	640
	50	1, 2, 4	12.500	800

③蜗杆与蜗轮的主要参数及几何尺寸：

传动中心距：$a = \dfrac{m}{2}(q + z_2) = \dfrac{4}{2}(12.5 + 50)\ \text{mm} = 125\ \text{mm}$

蜗杆分度圆直径：$d_1 = mq = 4 \times 12.5\ \text{mm} = 50\ \text{mm}$

蜗轮分度圆直径：$d_2 = mz_2 = 4 \times 50\ \text{mm} = 200\ \text{mm}$

蜗杆导程角：$\gamma = \arctan\left(\dfrac{2}{12.5}\right) = 9°09'02''$

④确定精度等级：$v_2 = \dfrac{\pi n_{\text{II}} d_2}{60 \times 1\,000} = 0.58\ \text{m/s} < 1.5\ \text{m/s}$

故初选 9 级精度等级，不修正 K_V。

(2) 弯曲疲劳强度校核。

①许用弯曲应力：

查表 8-7 可知屈服强度 $R_{p0.2} = 130\ \text{MPa}$。

$[\sigma]_F = (0.25 R_{p0.2} + 0.08 R_m)\sqrt[9]{\dfrac{10^6}{N}} \times 1.25$

$= (0.25 \times 130 + 0.08 \times 220)\sqrt[9]{\dfrac{10^6}{1.57 \times 10^8}} \times 1.25\ \text{MPa} = 35.7\ \text{MPa}$

当量齿数：$z_v = \dfrac{z}{\cos^3 \gamma} = 51.93$

查表 14-7，得齿形系数 $Y_F = 1.64$。

主要结果：
$a = 125\ \text{mm}$
$d_1 = 50\ \text{mm}$
$d_2 = 200\ \text{mm}$
$\gamma = 9°09'02''$

$R_{p0.2} = 130\ \text{MPa}$
$[\sigma]_F = 35.7\ \text{MPa}$

$z_v = 51.93$
$Y_F = 1.64$

设计计算及说明	主要结果

表 14-7　蜗轮齿形系数 Y_F

z_v	Y_F	z_v	Y_F	z_v	Y_F	z_v	Y_F
20	2.24	30	1.99	40	1.76	80	1.52
24	2.12	32	1.94	45	1.68	100	1.47
26	2.10	35	1.86	50	1.64	150	1.44
28	2.04	37	1.82	60	1.59	300	1.40

螺旋角系数：$Y_\beta = 1 - \gamma/140° = 0.94$。

②弯曲应力：

$$\sigma_F = \frac{1.64KT_{II}}{d_1 d_2 m} Y_F Y_\beta = \frac{1.64 \times 1.1 \times 140\,470}{50 \times 200 \times 4} \times 1.64 \times 0.94 \text{ MPa} = 9.71 \text{ MPa}$$

校核齿根弯曲疲劳强度：$\sigma_F \leq [\sigma]_F$，满足弯曲强度。

3）热平衡计算

由于摩擦损耗的功率 $P_f = P(1-\eta)$，则产生的热流量为

$$H_1 = 1\,000P(1-\eta)$$

式中　P——蜗杆传递的功率，kW。

以自然冷却的方式，能从箱体外壁散逸到周围空气中的热流量为

$$H_2 = k_d A(t - t_0)$$

式中　k_d——箱体的散热系数，20 ℃时，可取 $k_d = 16$ W/(m²·℃)；

　　　t——油的工作温度，℃；

　　　A——散热面积，箱内能溅到，而外表面又可被周围空气冷却的箱体表面积，m²。

按热平衡条件 $H_1 = H_2$，可求得在既定工作条件下的油温。

箱体面积：$A = 0.33 \left(\dfrac{a}{100}\right)^{1.75} = 0.49$ m²

式中　a——中心距，mm。

则工作油温 $t = \left(20 + \dfrac{1\,000 \times (1-0.8) \times 1.074}{16 \times 0.49}\right)$ ℃ $= 47.4$ ℃。

工作油温一般限制为 0 ℃ $< t <$ 70 ℃，最高不应超过 80 ℃，所以满足温度要求。

5.2　齿轮传动设计计算

1）齿轮传动材料、精度及参数

由表 14-8 可知，小齿轮选择 45 钢，调质，$HB_1 = 240$ HBS；大齿轮选择 45 钢，正火，$HB_2 = 200$ HBS。$HB_1 - HB_2 = 40$ HBS，合适，初选 8 级精度。

选取齿数：闭式软齿面小齿轮在满足弯曲强度的条件下，应尽量多齿，以保证运行的平稳性并延长刀具的寿命，齿数一般为 20~40，第一级小齿轮选择齿数 $z_3 = 25$，大齿轮齿数 $z_4 = 25 \times 3.01 = 75.25$，取整为 $z_4 = 75$。

主要结果：

$\sigma_F = 9.71$ MPa

$\sigma_F \leq [\sigma_F]$

满足弯曲强度

$t = 47.4$ ℃

满足温度要求

小齿轮选择 45 钢

大齿轮选择 45 钢

$HB_1 = 240$ HBS

$HB_2 = 200$ HBS

$z_3 = 25$

$z_4 = 75$

设计计算及说明	主要结果

表 14-8　齿轮常用部分材料及其力学性能

材料牌号	热处理方法	抗拉强度 $R_m/(\text{N/mm}^2)$	屈服点 $R_{p0.2}/(\text{N/mm}^2)$	硬度 HBS	硬度 HRC（齿面）
45	正火	580	290	162~217	
45	调质	650	360	217~255	
45	表面淬火				40~50
42SiMn	调质	750	470	217~269	
42SiMn	表面淬火				40~55

设计计算及说明	主要结果
实际齿数比：$u = \dfrac{z_4}{z_3} = 3$ 齿数比误差：$\left\|\dfrac{\Delta i}{i}\right\| = 0.33\% < 5$，在允许范围内，满足要求。 选取螺旋角：螺旋角过小，斜齿轮的优点不明显，过大则会导致轴向力增大。一般件的螺旋角为 $8°\sim 25°$，在此初选螺旋角 $\beta = 14°$。 齿宽系数：由于小齿轮为硬齿轮，大齿轮为软齿轮，两支撑相对小齿轮做不对称布置，令齿宽系数 $\psi_d = 0.8$。 2）按齿面接触强度设计及校核 （1）由公式进行试算，即 $d_3 \geqslant \sqrt[3]{\dfrac{2KT_{\text{II}}}{\psi_d}\dfrac{u+1}{u}\left(\dfrac{Z_E Z_H Z_\varepsilon Z_\beta}{[\sigma_H]}\right)^2}$。 ① 确定公式内的各计算数值，初定小齿轮分度圆直径。 确定载荷系数 K：由于动力机为电动机，工作机为轻微振动，查表 14-4 得 $K_A = 1$。 动载系数 K_V：估算圆周速度 $v = 2\text{ m/s}$，$vz_3/100 = 0.5\text{ m/s}$，查图 14-2 可得动载系数 $K_V = 1.05$。	$\beta = 14°$ $\psi_d = 0.8$ $K_A = 1$ $K_V = 1.05$

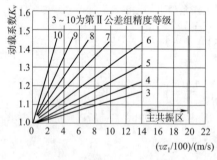

图 14-2　斜齿圆柱齿轮动载系数 K_V

齿间载荷分配系数 K_α：K_α 由总重合度 ε_γ 查图 14-3 可得，对于圆柱齿轮，ε_γ 为 ε_α 与 ε_β 之和。

$$\varepsilon_\alpha = \left[1.88 - 3.2\left(\dfrac{1}{z_3} + \dfrac{1}{z_4}\right)\right]\cos\beta = 1.66$$

设计计算及说明	主要结果

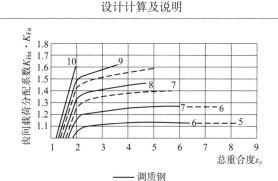

图14-3 齿间载荷分配系数 K_α

$$\varepsilon_\beta = \frac{b\sin\beta}{\pi m_n} = \frac{\psi_d z_3}{\pi}\tan\beta = \frac{0.8 \times 25}{\pi}\tan 14° = 1.98$$

$$\varepsilon_\alpha + \varepsilon_\beta = 1.66 + 1.98 = 3.64$$

所以取 $K_\alpha = 1.45$。

齿向载荷分布系数 K_β：根据非对称布置（轴刚性大），软齿面，尺宽系数 $\psi_d = 0.8$，查图14-4可得 $K_\beta = 1.06$。

$K_\alpha = 1.45$

$K_\beta = 1.06$

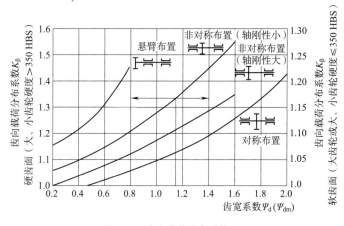

图14-4 齿向载荷分布系数 K_β

可得 $\quad K = K_A K_V K_\alpha K_\beta = 1 \times 1.05 \times 1.45 \times 1.06 = 1.61$

②弹性系数 Z_E：由于大齿轮和小齿轮均采用45号钢，$Z_E = 189.8\sqrt{\text{MPa}}$

③节点区域系数 Z_H：由 $\beta = 14°$，$x_1 = x_2 = 0$ 选取 $Z_H = 2.43$。

④重合度系数 Z_ε：$\quad Z_\varepsilon = \sqrt{\frac{4-\varepsilon_\partial}{3}(1-\varepsilon_\beta) + \frac{\varepsilon_\beta}{\varepsilon_\partial}}$

当 $\varepsilon_\beta \geqslant 1$ 时，取 $\varepsilon_\beta = 1$，则 $Z_\varepsilon = \sqrt{\frac{1}{\varepsilon_\alpha}} = \sqrt{\frac{1}{1.66}} = 0.776$

$K = 1.61$

$Z_E = 189.8\sqrt{\text{MPa}}$

$Z_H = 2.43$

$Z_\varepsilon = 0.776$

$Z_\beta = 0.985$

设计计算及说明	主要结果

⑤螺旋角系数 Z_β： $Z_\beta = \sqrt{\cos\beta} = \sqrt{\cos 14°} = 0.985$

所以 $Z_E Z_H Z_\varepsilon Z_\beta = 352.5 \sqrt{\text{MPa}}$

⑥应力循环次数：

$$N_3 = 60 n_{\text{II}} j L_h = 60 \times 56.09 \times 1 \times 8 \times 365 \times 2 \times 8 = 1.57 \times 10^8$$

$$N_4 = \frac{N_3}{u} = 5.2 \times 10^7$$

其中，j 为小齿轮每转一圈同一齿面啮合的次数，L_h 为齿轮的工作寿命。所以查图 14-5 可得，接触疲劳寿命系数 $K_{HN3} = 1.1$，$K_{HN4} = 1.2$。

	$K_{HN3} = 1.1$
	$K_{HN4} = 1.2$

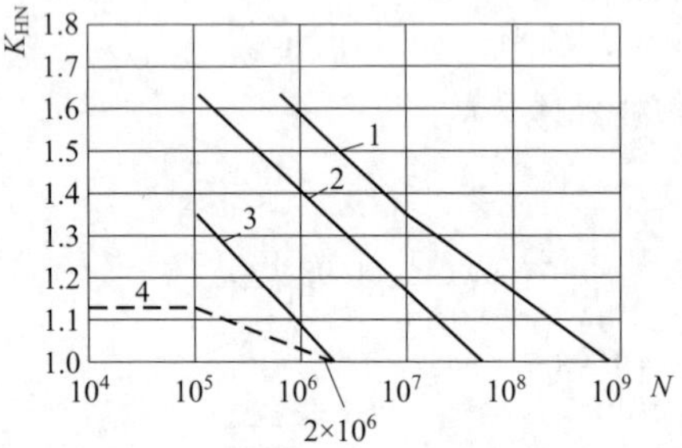

1—碳糖常化、调质、表面淬火及渗碳，球墨铸铁（允许一定的点蚀）；2—同1，不允许出现点蚀；3—碳钢调质后气体渗氮，渗氮钢气体渗氮，灰铸铁；4—碳钢调制后液体渗氮。

图 14-5 接触疲劳寿命系数 K_{HN}

⑦许用接触疲劳强度： $[\sigma_H] = \dfrac{\sigma_{\text{Hlim}} \cdot K_{HN}}{S_H}$

齿轮的接触疲劳强度极限查图 14-6（a）可得：$\sigma_{\text{Hlim3}} = 590$ MPa，查图 14-6（b）可得 $\sigma_{\text{Hlim4}} = 470$ MPa。

取失效概率为 1%，安全系数 $S_H = 1$，则 $[\sigma_H] = K_{HN} \sigma_{\text{Hlim}}$。

代入计算结果为 $[\sigma_{H3}] = 1.1 \times 590 = 649$ MPa

$[\sigma_{H4}] = 1.2 \times 470 = 564$ MPa

取 $[\sigma_H] = 564$ MPa。

$[\sigma_H] = 564$ MPa

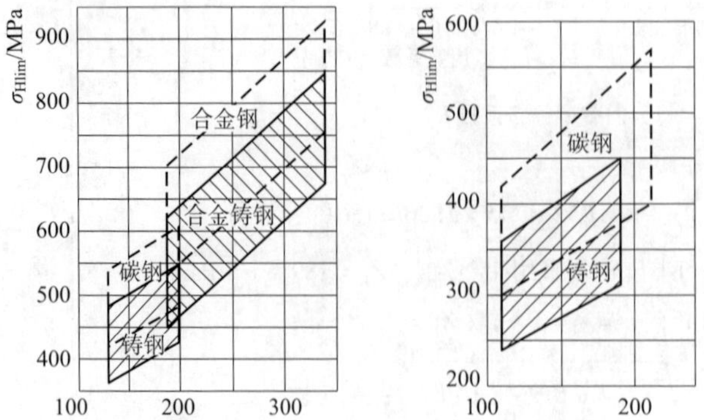

图 14-6 齿轮材料的接触疲劳强度极限 σ_{Hlim}

续表

设计计算及说明	主要结果
⑧初算小齿轮直径：$$d_3 \geq \sqrt[3]{\frac{2 \times 1.61 \times 1.4047 \times 10^5}{0.8} \times \frac{3.01+1}{3.01} \times \left(\frac{352.5}{564}\right)^2} = 66.51 \text{ mm}$$ ⑨计算圆周速度：$$v = \frac{\pi d_3 n_2}{60 \times 1000} = \frac{\pi \times 66.51 \times 56.09}{60 \times 1000} \text{ m/s} = 0.2 \text{ m/s}$$	$v = 0.2$ m/s
⑩K_V修正载荷系数：$\frac{vz_3}{100} = 0.05$，查图14-2得$K_V' = 1.01$。	$K_V' = 1.01$
⑪矫正分度圆直径：$d_3' = d_3 \sqrt[3]{\frac{K_V'}{K_V}} = 65.65$ mm	
⑫法面模数m：$m = \frac{d_3 \cos \beta}{z_3} = \frac{65.65 \times \cos 14°}{25} = 2.55$ 取标准值：$m = 3$ mm。	$m = 3$ mm
⑬中心距：$a = \frac{(z_3 + z_4)m}{2 \times \cos \beta} = 154.59$ mm 由于中心距都以0、5结尾，初定$a = 155$ mm。 按圆整后的中心距修正螺旋角：$$\beta' = \arccos \frac{m(Z_3 + Z_4)}{2a} = 14°35'33''$$ β变化不大，因此参数ε_α、K_α、Z_H不必修正。	$a = 155$ mm
⑭计算分度圆直径：$d_3 = \frac{mz_3}{\cos \beta} = 77.3$ mm，$d_4 = \frac{mz_4}{\cos \beta} = 231.89$ mm	$d_3 = 77.3$ mm $d_4 = 231.89$ mm
⑮计算齿轮宽度：$b_4 = \psi_d d_3 = 0.8 \times 66.51 = 53.21$ mm，标准尺寸后$b_4 = 56$ mm，为了保证完全啮合，取$b_3 = 63$ mm。	$b_4 = 56$ mm $b_3 = 63$ mm
（2）齿轮传动强度校核。 校核齿根弯曲疲劳强度计算公式为 $$\sigma = \frac{2KT}{bdm_n} \cdot Y_{Fa1} \cdot Y_{Sa1} \cdot Y_\varepsilon \cdot Y_\beta$$ $$\sigma_{F3} = \frac{2KT_2}{bd_3 m_n} \cdot Y_{Fa1} \cdot Y_{Sa1} \cdot Y_\varepsilon \cdot Y_\beta \leq [\sigma_{F3}]$$ $$\sigma_{F4} = \frac{2KT_3}{bd_4 m_n} \cdot Y_{Fa1} \cdot Y_{Sa1} \cdot Y_\varepsilon \cdot Y_\beta = \sigma_{F3} \frac{Y_{Fa2} Y_{Fa2}}{Y_{Fa1} Y_{Sa1}} \leq [\sigma_{F4}]$$	
①重合度系数Y_ε：$$Y_\varepsilon = 0.25 + \frac{0.75}{\varepsilon_\alpha} = 0.25 + \frac{0.75}{1.66} = 0.702$$	$Y_\varepsilon = 0.702$
②螺旋角系数Y_β：$$Y_\beta = 1 - \varepsilon_\beta' \frac{\beta_2'}{120°} = 1 - 1 \times \frac{14°35'33''}{120°} = 0.88$$	$Y_\beta = 0.88$

设计计算及说明	主要结果
（由于 $\varepsilon_\beta = 1.98 > 1$，按 $\varepsilon_\beta = 1$ 计算） ③当量齿数： $$z_{v3} = \frac{z_3}{\cos^3\beta'} = \frac{25}{\cos^3(14°35'33'')} = 26.6$$ $$z_{v2} = \frac{z_4}{\cos^3\beta'} = \frac{75}{\cos^3(14°35'33'')} = 79.79$$ 查图 14-7 和图 14-8，得齿形系数 $Y_{Fa1} = 2.66$，$Y_{Fa2} = 2.24$，应力修正系数 $Y_{Sa1} = 1.63$，$Y_{Sa2} = 1.78$。	$z_{v3} = 26.6$ $z_{v4} = 79.79$ $Y_{Fa1} = 2.66$ $Y_{Fa2} = 2.24$ $Y_{Sa1} = 1.63$ $Y_{Sa2} = 1.78$

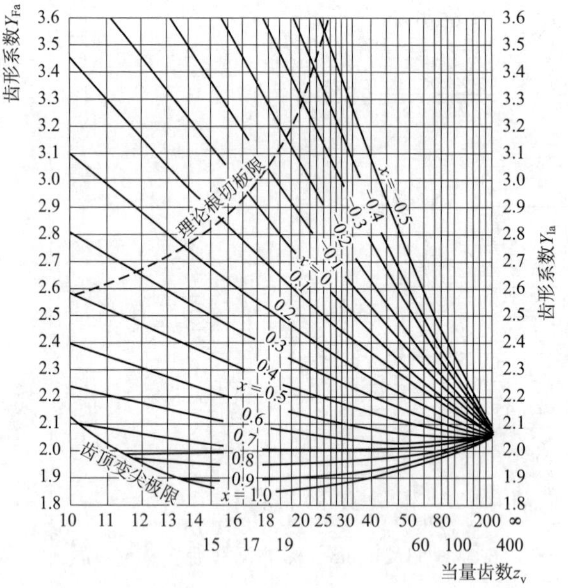

图 14-7 外齿轮齿形系数 Y_{Fa}

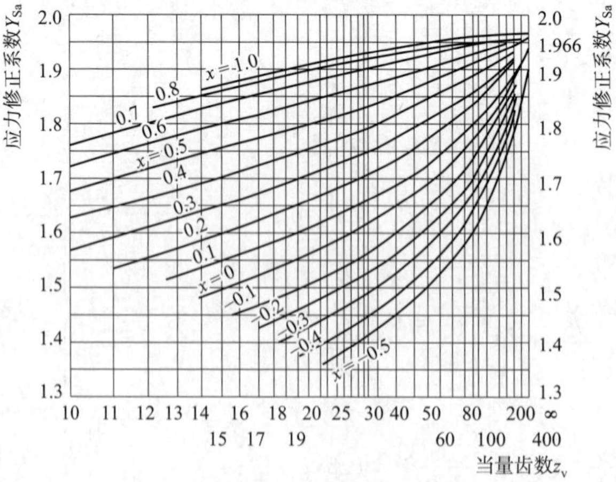

图 14-8 外齿轮应力修正系数 Y_{Sa}

设计计算及说明	主要结果
④ 许用齿根弯曲疲劳强度：$[\sigma_F] = \dfrac{\sigma_{\text{Flim}} K_{\text{FN}}}{S_F}$ 查图 14-9 可得：$\sigma_{\text{Flim 3}} = 450$ MPa，$\sigma_{\text{Flim 4}} = 390$ MPa。 由 $N_3 = 1.57 \times 10^8$，$N_4 = 1.575.2 \times 10^7$，查图 14-10 可得：$K_{\text{FN3}} = 1.0$，$K_{\text{FN4}} = 1.0$。 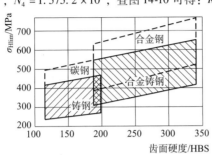 图 14-9　齿轮材料的弯曲疲劳强度极限 σ_{Flim} 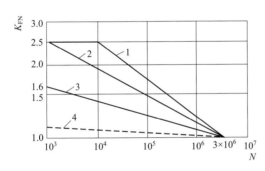 1—碳钢常化、调质，球墨铸铁；2—碳钢经表面淬火、渗碳； 3—渗碳钢气体渗氮，灰铸铁；4—碳钢调质后液体渗氮。 图 14-10　弯曲疲劳寿命系数 K_{FN} ⑤ 弯曲疲劳许用应力： 取失效概率为 1%，安全系数 $S_F = 1$，得 $$[\sigma_F] = \dfrac{\sigma_{\text{Flim3}} K_{\text{FN}}}{S_F} = \sigma_{\text{Flim3}} K_{\text{FN}}$$ 代入数据计算结果可得：$[\sigma_{F3}] = 450$ MPa，$[\sigma_{F4}] = 390$ MPa。 计算弯曲应力为 $$\sigma_{F3} = 328 \text{ MPa} < [\sigma_{F3}],\ \sigma_{F4} = 302 \text{ MPa} < [\sigma_{F4}]$$ 满足弯曲强度，故所选参数合适。 **6　轴的设计计算与强度校核** **6.1　选择轴的材料和最小直径** 　　因传动的功率不大，并对质量和结构大小无特殊要求，所以Ⅰ、Ⅱ轴的材料选用 45 钢，调质处理，其中Ⅲ轴受力较大，选用 40Cr。	$\sigma_{\text{Flim 3}} = 450$ MPa $\sigma_{\text{Flim 4}} = 390$ MPa $K_{\text{FN 3}} = 1.0$ $K_{\text{FN 4}} = 1.0$ $\sigma_{F3} =$ 328 MPa $< [\sigma_{F3}]$ $\sigma_{F4} =$ 302 MPa $< [\sigma_{F4}]$ 满足弯曲强度 Ⅰ、Ⅱ轴材料 45 钢 Ⅲ轴材料 40Cr

设计计算及说明	主要结果
当轴的支撑距离未定时,无法由强度确定轴径,要用初步估算的方法,即按纯扭矩并降低许用扭转切应力确定轴径 d。计算公式为 $$d \geq C \times \sqrt[3]{P/n}$$ 考虑到各轴均有弯矩,Ⅰ、Ⅱ轴取 $C = 112$,Ⅲ轴取 98。初算各轴头直径: $$d_5 \geq C \times \sqrt[3]{\frac{P_1}{n_1}} = 112 \times \sqrt[3]{\frac{1.085}{1\,400}} = 10.28 \text{ mm}$$ $$d_6 \geq C \times \sqrt[3]{\frac{P_2}{n_2}} = 112 \times \sqrt[3]{\frac{0.825}{56.09}} = 27.44 \text{ mm}$$ $$d_7 \geq C \times \sqrt[3]{\frac{P_3}{n_3}} = 98 \times \sqrt[3]{\frac{0.785}{18.62}} = 34.11 \text{ mm}$$ 由于Ⅰ轴和Ⅲ轴要与联轴器匹配,该轴段截面上至少存在一个键槽,因此将轴径增大,同时考虑电动机轴的大小与联轴器相适配。所以最后取三个轴的最小轴径分别为 $d_5 = 12$ mm,$d_6 = 30$ mm,$d_7 = 38$ mm。三根轴都满足开键槽后,开键段轴颈取设计轴径 × $(1 + 3\%)$ 的要求。	$d_5 = 12$ mm $d_6 = 30$ mm $d_7 = 38$ mm
6.2 蜗杆蜗轮与齿轮的受力 1. 作用在蜗杆蜗轮上的力 蜗轮与蜗杆之间,相互作用着 F_{t1} 与 F_{a2}、F_{r1} 与 F_{r2}、F_{a1} 与 F_{t2} 这三对大小相等、方向相反的力。各力的大小计算为 $$F_{t1} = F_{a2} = \frac{2T_{\text{I}}}{d_1} = \frac{2 \times 7\,330}{50} \text{ N} = 293.2 \text{ N}$$ $$F_{a1} = F_{t2} = \frac{2T_{\text{II}}}{d_2} = \frac{2 \times 140\,470}{200} \text{ N} = 1\,404.7 \text{ N}$$ $$F_{r1} = F_{r2} = F_{t2} \tan\alpha = 1\,404.7 \times \tan 20° \text{ N} = 511.3 \text{ N}$$ 2. 作用在齿轮上的力 $$F_{t3} = F_{t4} = \frac{2T_{\text{II}}}{d_3} = \frac{2 \times 140\,470}{77.3} \text{ N} = 3\,634.4 \text{ N}$$ $$F_{r3} = F_{r4} = F_{t3}\frac{\tan\alpha_n}{\cos\beta} = 3\,634.4 \times \frac{\tan 20°}{\cos 14°35'33''} \text{ N} = 1\,365.4 \text{ N}$$ $$F_{a3} = F_{a4} = F_{t3}\tan\beta = 3\,634.4 \times \tan 14°35'33'' \text{ N} = 929.9 \text{ N}$$ 减速器中各轴的受力如图 14-11 所示。	$F_{t1} = 293.2$ N $F_{a2} = 293.2$ N $F_{r1} = 511.3$ N $F_{r2} = 511.3$ N $F_{a1} = 1\,404.7$ N $F_{t2} = 1\,404.7$ N $F_{t3} = 3\,634.4$ N $F_{t4} = 3\,634.4$ N $F_{r3} = 1\,365.4$ N $F_{r4} = 1\,365.4$ N $F_{a3} = 929.9$ N $F_{a4} = 929.9$ N
6.3 轴的设计与校核 1. 高速轴Ⅰ的结构设计与校核 (1) 结构设计。 高速(蜗杆)轴速度为 1 400 r/min,其分度圆半径为 25 mm,可确定蜗杆分度圆圆周速度为 1.83 m/s,小于 4 m/s,因此采用下置式蜗杆。 蜗杆轴上传动件为蜗杆,蜗杆与轴一体。根据轴的最小直径 $d_5 = 12$ mm,考虑轴上零件的结构尺寸、安装与密封件的尺寸等,计算轴的各段直径和长度,确定高速轴(Ⅰ轴)的尺寸如图 14-12 所示。	

设计计算及说明	主要结果
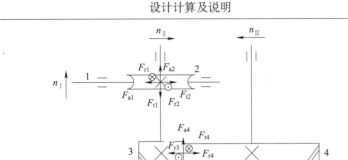 图 14-11 减速器轴系受力分析 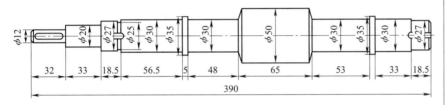 图 14-12 高速（蜗杆）轴结构示意图 （2）结构强度校核。 采用许用弯曲应力校核轴的强度，计算力学模型如图 14-13 所示。 计算时取集中载荷作用位置进行受力分析，分别选取轴承中心处点 B 和 D、联轴器中点 A 和蜗杆中点 C 作为载荷的集中载荷位置进行分析。有 $l_{AB} = 84$ mm，$l_{BC} = 125$ mm，$l_{CD} = 120$ mm。 ① 求水平面内支反力 F_{BH}、F_{DH} 和弯矩 M_H，作水平弯矩 M_H 图。 $\sum M_D = 0$，则 $F_{BH} l_{BD} - F_{a1} \dfrac{d_1}{2} - F_{r1} l_{CD} = 0$ $F_{BH} = \dfrac{F_{a1} \dfrac{d_1}{2} + F_{r1} l_{CD}}{l_{BD}} = \dfrac{1\,404.7 \times \dfrac{50}{2} + 511.3 \times 120}{245}$ N $= 393.77$ N $\sum F_y = 0$，则 $F_{DH} = F_{r1} - F_{BH} = (511.3 - 393.77)$ N $= 117.53$ N $M_{CH右} = F_{DH} l_{CD} = 117.53 \times 120$ N·mm $= 14\,103.6$ N·mm $M_{CH左} = M_{CH右} + F_{a1} \dfrac{d_1}{2} = \left(14\,103.6 + 1\,404.7 \times \dfrac{50}{2}\right)$ N·mm $= 49\,221.1$ N·mm ② 求垂直平面内支反力 F_{BV}、F_{DV} 和弯矩 M_V，作垂直平面弯矩 M_V 图。 $\sum M_D = 0$，则 $F_{t1} l_{CD} - F_{BV} l_{BD} = 0$ $F_{BV} = \dfrac{F_{t1} l_{CD}}{l_{BD}} = \dfrac{293.2 \times 120}{245}$ N $= 143.61$ N	$l_{AB} = 84$ mm $l_{BC} = 125$ mm $l_{CD} = 120$ mm $F_{BH} = 393.77$ N $F_{DH} = 117.53$ N $M_{CH右} =$ $14\,103.6$ N·mm $M_{CH左} =$ $49\,221.1$ N·mm $F_{BV} = 143.61$ N

设计计算及说明	主要结果
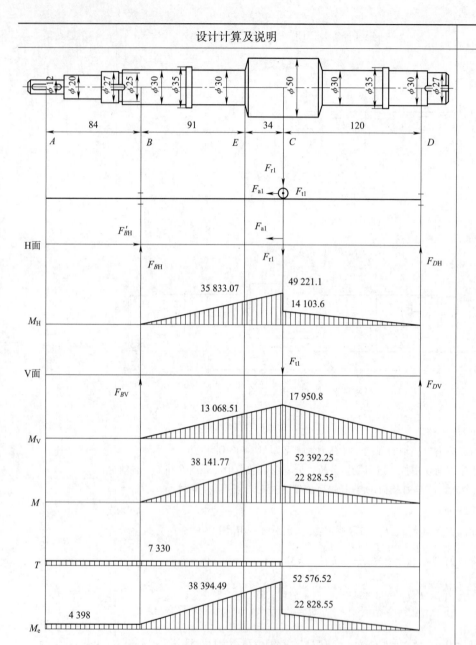 图 14-13 高速轴 I 结构设计及强度计算力学模型 $\sum F_y = 0$，则 $F_{DV} = F_{t1} - F_{BV} = (293.2 - 143.61)\text{ N} = 149.59\text{ N}$ $M_{CV} = F_{DV} l_{CD} = 149.59 \times 120\text{ N} \cdot \text{mm} = 17\,950.8\text{ N} \cdot \text{mm}$ ③计算合成弯矩，作弯矩图。 $M_{C左} = \sqrt{M_{CH左}^2 + M_{CV}^2} = \sqrt{49\,221.1^2 + 17\,950.8^2}\text{ N} \cdot \text{mm} = 52\,392.25\text{ N} \cdot \text{mm}$ $M_{C右} = \sqrt{M_{CH右}^2 + M_{CV}^2} = \sqrt{14\,103.6^2 + 17\,950.8^2}\text{ N} \cdot \text{mm} = 22\,828.55\text{ N} \cdot \text{mm}$	$F_{DV} = 149.59\text{ N}$ $M_{CV} =$ $17\,950.8\text{ N} \cdot \text{mm}$ $M_{C左} =$ $52\,392.25\text{ N} \cdot \text{mm}$ $M_{C右} =$ $22\,828.55\text{ N} \cdot \text{mm}$

设计计算及说明	主要结果
除上述截面外,再取 E 截面进行计算 ($l_{CE}=34$ mm),因为该界面弯矩不是最大的,但是其直径比截面 C 小。 $M_{EH} = F_{BH}l_{BE} = 393.77 \times 91$ N·mm $= 35\ 833.07$ N·mm $M_{EV} = F_{BV}l_{BE} = 143.61 \times 91$ N·mm $= 13\ 068.51$ N·mm $M_E = \sqrt{M_{EH}^2 + M_{EV}^2} = \sqrt{35\ 833.07^2 + 13\ 068.51^2}$ N·mm $= 38\ 141.77$ N·mm ④转矩 $T = T_I = 7\ 330$ N·mm。 ⑤计算当量弯矩 M_e,作当量弯矩图。轴单向回转,转矩按脉动循环处理,取 $\alpha = 0.6$,则各当量弯矩为 $M_{Ae} = \sqrt{M_A^2 + (\alpha T)^2}$ N·mm $= 4\ 398$ N·mm $M_{Be} = \sqrt{M_B^2 + (\alpha T)^2}$ N·mm $= 4\ 398$ N·mm $M_{Ce左} = \sqrt{M_C^2 + (\alpha T)^2} = \sqrt{52\ 392.25^2 + (0.6 \times 7\ 330)^2}$ N·mm $= 52\ 576.52$ N·mm $M_{Ce右} = \sqrt{M_C^2 + (\alpha T)^2} = \sqrt{22\ 828.55^2 + (0.6 \times 0)^2}$ N·mm $= 22\ 828.55$ N·mm $M_{Ee} = \sqrt{M_E^2 + (\alpha T)^2} = \sqrt{38\ 141.77^2 + (0.6 \times 7\ 330)^2}$ N·mm $= 38\ 394.49$ N·mm ⑥按弯扭合成应力校核轴的强度。综上可知,C、E 截面的当量弯矩最大,故 C、E 截面为可能危险截面,取 C、E 截面进行校核,$[\sigma_{-1}] = 60$ MPa。 $\sigma_{-1C} = \dfrac{M_{Ce}}{0.1 d_C^3} = 4.2$ MPa $< [\sigma_{-1}] = 60$ MPa $\sigma_{-1E} = \dfrac{M_{Ee}}{0.1 d_E^3} = 14.22$ MPa $< [\sigma_{-1}] = 60$ MPa 所以高速轴Ⅰ的强度满足要求。 2. 中间轴Ⅱ的结构设计与校核 (1) 结构设计。 因蜗轮径向尺寸较大,故采用分离式,用平键和轴连接。齿轮分度圆直径为 77.3 mm,配合段轴径为 35 mm。根据轴的最小直径 $d_6 = 30$ mm,考虑轴上零件的安装、结构大小与密封件、定位零件的大小,设计轴的各段长度如图 14-14 所示。 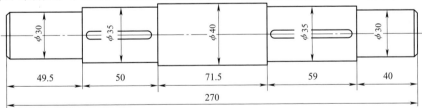 图 14-14 中间(蜗轮齿轮)轴结构示意图 (2) 结构强度校核。 采用许用弯曲应力校核轴的强度,计算力学模型如图 14-15 所示。	$M_{EH} =$ $35\ 833.07$ N·mm $M_{EV} =$ $13\ 068.51$ N·mm $M_E =$ $38\ 141.77$ N·mm $M_{Ae} = 4\ 398$ N·mm $M_{Be} = 4\ 398$ N·mm $M_{Ce左} =$ $52\ 576.52$ N·mm $M_{Ce右} =$ $22\ 828.55$ N·mm $M_{Ee} =$ $38\ 394.49$ N·mm $[\sigma_{-1}] = 60$ MPa $\sigma_{-1C} < [\sigma_{-1}]$ $\sigma_{-1E} < [\sigma_{-1}]$ 强度满足要求

设计计算及说明 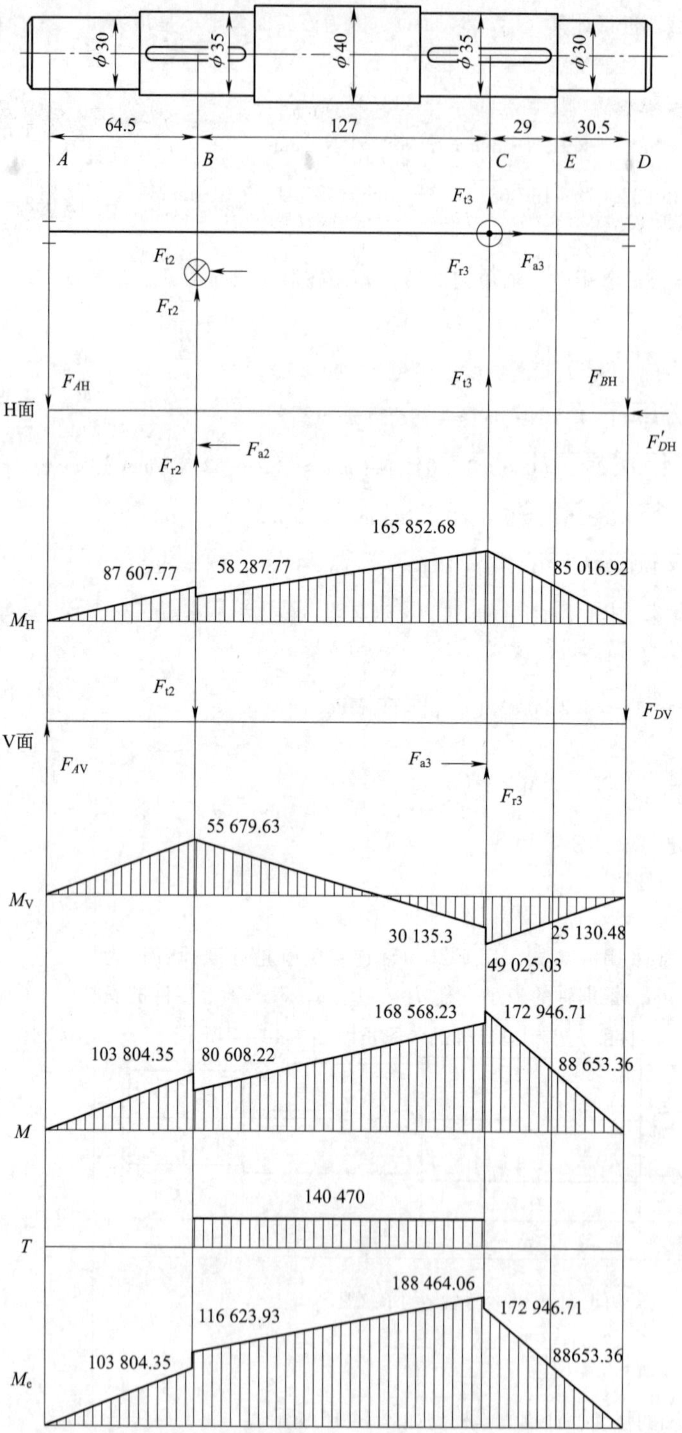	主要结果

图 14-15 中间轴 II 结构设计及强度计算力学模型

续表

设计计算及说明	主要结果
取集中载荷作用于齿轮齿宽中点 B、C 和轴承的载荷集中点 A、D 作受力分析，轴承宽 19 mm。则有 $l_{AB}=64.5$ mm，$l_{BC}=127$ mm，$l_{CD}=59.5$ mm。 ①求水平面内支反力 F_{AH}、F_{DH} 和弯矩 M_H，作水平弯矩 M_H 图。 $$\sum M_A = 0，则 F_{r2}l_{AB} - F_{a2}\frac{d_2}{2} + F_{t3}l_{AC} - F_{DH}l_{AD} = 0$$ $$F_{DH} = \frac{F_{r2}l_{AB} - F_{a2}\frac{d_2}{2} + F_{t3}l_{AC}}{l_{AD}}$$ $$= \frac{511.3 \times 64.5 - 293.2 \times \frac{200}{2} + 3\,634.4 \times 191.5}{251} \text{N} = 2\,787.44 \text{ N}$$ $\sum F_y = 0$，则 $F_{AH} = F_{r2} + F_{t3} - F_{DH} = (511.3 + 3\,634.4 - 2\,787.44)$ N $= 1\,358.26$ N $M_{BH左} = F_{AH}l_{AB} = 1\,358.26 \times 64.5$ N·mm $= 87\,607.77$ N·mm $M_{BH右} = M_{BH左} - F_{a2}\frac{d_2}{2} = \left(87\,607.77 - 293.2 \times \frac{200}{2}\right)$ N·mm $= 58\,287.77$ N·mm $M_{CH} = F_{DH}l_{CD} = 2\,787.44 \times 59.5$ N·mm $= 165\,852.68$ N·mm ②求垂直平面内支反力 F_{AV}、F_{DV} 和弯矩 M_V，作垂直平面弯矩 M_V 图。 $$\sum M_A = 0，则 F_{r2}l_{AB} - F_{r3}l_{AC} - F_{a3}\frac{d_3}{2} + F_{DV}l_{AD} = 0$$ $$F_{DV} = \frac{F_{r2}l_{AB} - F_{r3}l_{AC} - F_{a3}\frac{d_3}{2}}{l_{AD}}$$ $$= \frac{1\,404.7 \times 64.5 - 1\,365.4 \times 191.5 - 929.9 \times \frac{77.3}{2}}{251} \text{N} = -823.95 \text{ N}$$ $\sum F_y = 0$，则 $F_{AV} = F_{r2} - F_{r3} + F_{DV} = (1\,404.7 - 1\,365.4 + 823.95)$ N $= 863.25$ N $M_{CV右} = F_{DV}l_{CD} = -823.95 \times 59.5$ N·mm $= -49\,025.30$ N·mm $M_{CV左} = -M_{CV右} + F_{a3}\frac{d_3}{2} = \left(-66\,075.94 + 929.9 \times \frac{77.3}{2}\right)$ N·mm $= -30\,135.3$ N·mm $M_{BV} = F_{AV}l_{AB} = 863.25 \times 64.5$ N·mm $= 55\,679.63$ N·mm ③计算合成弯矩，作弯矩图。 $M_{B左} = \sqrt{M_{BV}^2 + M_{BH左}^2} = \sqrt{55\,679.63^2 + 87\,607.77^2}$ N·mm $= 103\,804.35$ N·mm $M_{B右} = \sqrt{M_{BV}^2 + M_{BH右}^2} = \sqrt{55\,679.63^2 + 58\,287.77^2}$ N·mm $= 80\,608.22$ N·mm $M_{C左} = \sqrt{M_{CV左}^2 + M_{CH}^2} = \sqrt{30\,135.3^2 + 165\,852.68^2}$ N·mm $= 168\,568.23$ N·mm $M_{C右} = \sqrt{M_{CV右}^2 + M_{CH}^2} = \sqrt{49\,025.03^2 + 165\,852.68^2}$ N·mm $= 172\,946.71$ N·mm 除上述截面外，由于 E 点的直径小于 B 点和 C 点，因此应再取 E 截面进行计算（$l_{DE}=30.5$ mm）。	$l_{AB}=64.5$ mm $l_{BC}=127$ mm $l_{CD}=59.5$ mm $F_{DH}=2\,787.44$ N $F_{AH}=1\,358.26$ N $M_{BH左}=$ $87\,607.77$ N·mm $M_{BH右}=$ $58\,287.77$ N·mm $M_{CH}=$ $165\,852.68$ N·mm $F_{DV}=-823.95$ N $F_{AV}=863.25$ N $M_{CV右}=$ $-49\,025.30$ N·mm $M_{CV左}=$ $-30\,135.3$ N·mm $M_{BV}=$ $55\,679.63$ N·mm $M_{B左}=$ $103\,804.35$ N·mm $M_{B右}=$ $80\,608.22$ N·mm $M_{C左}=$ $168\,568.23$ N·mm $M_{C右}=$ $172\,946.71$ N·mm

设计计算及说明	主要结果
$M_{EH} = F_{DH} l_{ED} = 2\ 787.44 \times 30.5$ N·mm $= 85\ 016.92$ N·mm $M_{EV} = F_{DV} l_{ED} = -823.95 \times 30.5$ N·mm $= -25\ 130.48$ N·mm $M_E = \sqrt{M_{ECV}^2 + M_{EH}^2} = \sqrt{85\ 016.92^2 + 25\ 130.48^2}$ N·mm $= 88\ 653.36$ N·mm ④转矩 $T = T_{II} = 140\ 470$ N·mm。 ⑤计算当量弯矩 M_e,作当量弯矩图。轴单向回转,转矩按脉动循环处理,取 $\alpha = 0.6$,则各当量弯矩为 $M_{Be左} = \sqrt{M_{B左}^2 + (\alpha T)^2} = \sqrt{103\ 804.35^2 + (0.6 \times 0)^2}$ N·mm $= 103\ 804.35$ N·mm $M_{Be右} = \sqrt{M_{B右}^2 + (\alpha T)^2} = \sqrt{80\ 608.22^2 + (0.6 \times 140\ 470)^2} = 116\ 623.93$ N·mm $M_{Ce左} = \sqrt{M_{C左}^2 + (\alpha T)^2} = \sqrt{168\ 568.23^2 + (0.6 \times 140\ 470)^2} = 188\ 464.06$ N·mm $M_{Ce右} = \sqrt{M_{C右}^2 + (\alpha T)^2} = \sqrt{172\ 946.71^2 + (0.6 \times 0)^2} = 172\ 946.71$ N·mm $M_{Ee} = \sqrt{M_E^2 + (\alpha T)^2} = \sqrt{88\ 653.36^2 + (0.6 \times 0)^2} = 88\ 653.36$ N·mm ⑥按弯扭合成应力校核轴的强度。综上可知,C、E 截面的当量弯矩最大,故 C、E 截面为可能危险截面,取 C、E 截面进行校核。$[\sigma_{-1}] = 60$ MPa。 $$\sigma_{-1C} = \frac{M_{Ce}}{0.1 d_C^3} = 46.05 \text{ MPa} < [\sigma_{-1}] = 60 \text{ MPa}$$ $$\sigma_{-1E} = \frac{M_{Ee}}{0.1 d_E^3} = 32.83 \text{ MPa} < [\sigma_{-1}] = 60 \text{ MPa}$$ 所以中间轴 II 的强度满足要求。 3. 低速轴 III 的结构设计与校核 (1) 结构设计。 轴的尺寸设计应按照从两端到中间的顺序,根据最小直径和轴上的零件安装、定位要求依次确定轴的直径和长度。传动轴安装结构示意图如图 14-16 所示。 ①确定轴各段的直径。 d_{31}:根据计算结果,选择合适的联轴器,确定轴的最小直径为联轴器接触位置,可得 $d_{31} = 38$ mm。 d_{32}:$d_{32} = d_{31} + 2h$,h 为轴肩高度,一般 $h = 3 \sim 5$ mm,考虑密封毛毡的尺寸,取 $h = 5$,所以 $d_{32} = (38 + 10)$ mm $= 48$ mm。 d_{33}:$d_{33} = d_{32} + 2h$,d_{33} 与 d_{32} 之间为非定位轴肩,$h = 1 \sim 2$ mm,根据受力和安装轴承的要求,选择轴承为 33110,轴承内径为 50 mm,因此 $d_{33} = 50$ mm。 d_{36}:$d_{36} = d_{33}$,同一根轴上的轴承尽量选择同一个型号,因此 $d_{36} = d_{33} = 50$ mm。 d_{35}:$d_{35} = d_{36} + 2h$,d_{35} 与 d_{36} 之间为非定位轴肩,$h = 1 \sim 2$ mm,同时参考齿轮的内径,尽可能选择标准尺寸,所以 $d_{35} = 53$ mm。 d_{34}:d_{33} 与 d_{34} 之间为轴承的定位轴肩,d_{34} 与 d_{35} 之间为齿轮的定位轴肩,轴承内径小于齿轮内径,同时轴承内圈与轴肩之间安装有挡油环,因此只需要考虑齿轮的定位轴肩,有 $d_{34} = d_{35} + 2h$,$h = 3 \sim 5$ mm,$d_{34} = 60$ mm。	$M_{EH} = 85\ 016.92$ N·mm $M_{EV} = -25\ 130.48$ N·mm $M_E = 88\ 653.36$ N·mm $M_{Be左} = 103\ 804.35$ N·mm $M_{Be右} = 116\ 623.93$ N·mm $M_{Ce左} = 188\ 464.06$ N·mm $M_{Ce右} = 172\ 946.71$ N·mm $M_{Ee} = 88\ 653.36$ N·mm $[\sigma_{-1}] = 60$ MPa $\sigma_{-1C} < [\sigma_{-1}]$ $\sigma_{-1E} < [\sigma_{-1}]$ 强度满足要求 $d_{31} = 38$ mm $d_{32} = 48$ mm $d_{36} = d_{33} = 50$ mm $d_{35} = 53$ mm $d_{34} = 60$ mm

设计计算及说明	主要结果

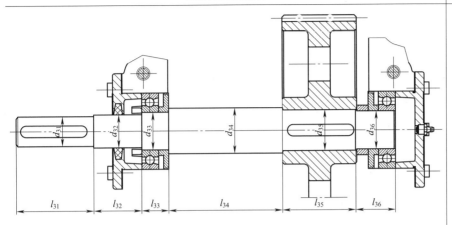

图 14-16 低速轴结构示意图

（注：图中序号 d_{31} 表示Ⅲ轴第 1 段直径）

② 确定轴各段的长度。

l_{31}：l_{31} 为轴的外伸部分，与联轴器相匹配，联轴器安装长度为 82 mm，l_{31} 应比联轴器轴孔短 $\Delta l = 2 \sim 3$ mm，所以 $l_{31} = 80$ mm。

l_{32}：l_{32} 与外界零件、密封装置及轴承端盖的结构相关，因采用嵌入式轴承端盖，计算后取 $l_{32} = 50$ mm。

l_{35}：$l_{35} = b_4 - \Delta l$，b_4 为大齿轮轮齿宽，$\Delta l = 2 \sim 3$ mm，所以 $l_{35} = 53$ mm。

l_{33}：l_{33} 为安装轴承的位置，考虑挡油环等零件的存在，$l_{33} = 36$ mm。

l_{36}：l_{36} 为安装轴承位置，考虑挡油环等零件的存在，以及齿轮与箱体之间的距离，$l_{36} = 42$ mm。

l_{34}：l_{34} 为轴身长度，两端起到定位作用，由绘图确定，最终确定为 $l_{34} = 137$ mm。

③ 确定轴上键槽的尺寸。

键槽长度应比该轴段的长度短 $5 \sim 10$ mm，并且符合键的长度系列标准值，并且为了便于安装时轮毂上的键槽容易对准轴上的键，轴上的键槽靠近轴上零件装入的一侧，一般键距离装入端 $1 \sim 3$ mm，距离另一端 $3 \sim 5$ mm。

与联轴器相连接的键：查表 12-30 可得键的型号为键 $10 \times 8 \times 75$。

与齿轮相连接的键：查表 12-30 可得键的型号为键 $16 \times 10 \times 45$。

④ 其他。

为减小应力集中和便于安装，与联轴器连接位置的轴端应倒角处理 $C = 1 \sim 3$ mm，轴肩位置应有过渡圆弧，过度圆弧半径 $r = 1 \sim 3$ mm。

综上设计轴的各段直径和长度，确定尺寸后的结果如图 14-17 所示。

（2）结构强度校核。

采用许用弯曲应力校核轴的强度，计算力学模型如图 14-18 所示。

取集中载荷作用于齿轮齿宽的中点 C，轴承的载荷集中点 B、D 以及联轴器载荷作用中点 A 作受力分析，轴承宽 32 mm。则有 $l_{AB} = 101$ mm，$l_{BC} = 191$ mm，$l_{CD} = 59$ mm。

$l_{AB} = 101$ mm
$l_{BC} = 191$ mm
$l_{CD} = 59$ mm

设计计算及说明	主要结果

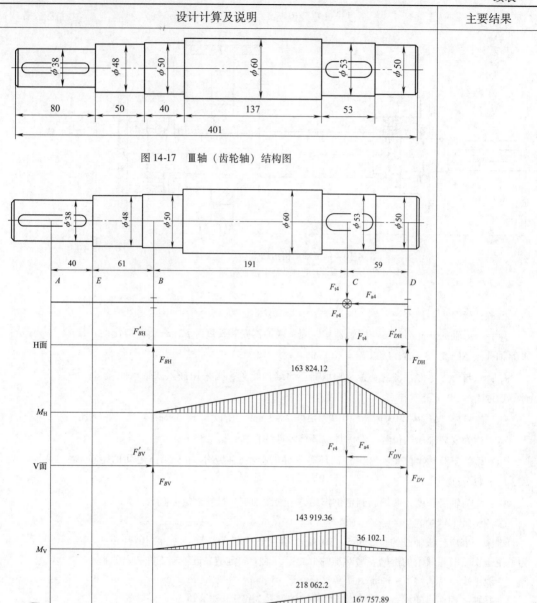

图 14-17　Ⅲ轴（齿轮轴）结构图

图 14-18　低速轴Ⅲ结构设计及强度计算力学模型

续表

设计计算及说明	主要结果
①求水平面内支反力 F_{BH}、F_{DH} 和弯矩 M_H，作水平弯矩 M_H 图。 $\sum M_B = 0$，则 $F_{t4}l_{BC} + F_{DH}l_{BD} = 0$ $F_{DH} = \dfrac{F_{t4}l_{BC}}{l_{BD}} = \dfrac{3\,634.4 \times 191}{250}$ N $= 2\,776.68$ N $\sum F_y = 0$，则 $F_{BH} = F_{t4} - F_{DH} = (3\,634.4 - 2\,776.68)$ N $= 857.72$ N $M_{CH} = F_{DH}l_{CD} = 2\,776.68 \times 59$ N·mm $= 163\,824.12$ N·mm ②求垂直平面内支反力 F_{BV}、F_{DV} 和弯矩 M_V，作垂直平面弯矩 M_V 图。 $\sum M_D = 0$，则 $F_{BV}l_{BD} - F_{r4}l_{CD} - F_{a4}\dfrac{d_4}{2} = 0$ $F_{BV} = \dfrac{F_{r4}l_{CD} + F_{a4}\dfrac{d_4}{2}}{l_{BD}} = \dfrac{1\,365.4 \times 59 + 929.9 \times \dfrac{231.89}{2}}{250}$ N $= 753.5$ N $\sum F_y = 0$，则 $F_{DV} = F_{r4} - F_{BV} = (1\,365.4 - 753.5)$ N $= 611.9$ N $M_{CV右} = F_{DV}l_{CD} = 611.9 \times 59$ N·mm $= 36\,102.1$ N·mm $M_{CV左} = M_{CV右} + F_{a4}\dfrac{d_4}{2} = \left(36\,102.1 + 929.9 \times \dfrac{231.89}{2}\right)$ N·mm $= 143\,919.36$ N·mm ③计算合成弯矩，作弯矩图。 $M_{C右} = \sqrt{M_{CH}^2 + M_{CV右}^2} = \sqrt{163\,824.12^2 + 36\,102.1^2}$ N·mm $= 167\,754.89$ N·mm $M_{C左} = \sqrt{M_{CH}^2 + M_{CV左}^2} = \sqrt{163\,824.12^2 + 143\,919.36^2}$ N·mm $= 218\,062.2$ N·mm ④转矩 $T = T_{\text{III}} = 402\,620$ N·mm。 ⑤计算当量弯矩 M_e，作当量弯矩图。轴单向回转，转矩按脉动循环处理，取 $\alpha = 0.6$，则各当量弯矩为 $M_{Ae} = \sqrt{M_A^2 + (\alpha T)^2} = \sqrt{0^2 + (0.6 \times 402\,620)^2}$ N·mm $= 241\,573$ N·mm $M_{Be} = \sqrt{M_B^2 + (\alpha T)^2} = \sqrt{0^2 + (0.6 \times 402\,620)^2}$ N·mm $= 241\,572$ N·mm $M_{Ce左} = \sqrt{M_{C左}^2 + (\alpha T)^2} = \sqrt{218\,062.2^2 + (0.6 \times 402\,620)^2}$ N·mm $= 325\,435.33$ N·mm $M_{Ce右} = \sqrt{M_{C右}^2 + (\alpha T)^2} = \sqrt{167\,754.89^2 + (0.6 \times 0)^2}$ N·mm $= 167\,754.89$ N·mm ⑥按弯扭合成应力校核轴的强度。 根据计算，除以上截面外，再取 E 截面进行计算，因为该截面的轴颈最小，且承受弯矩最大。故 C、E 截面为可能是危险截面，取 C、E 截面进行校核。$[\sigma_{-1}] = 60$ MPa。 $\sigma_{-1C} = \dfrac{M_{Ce}}{0.1d_C^3} = 21.86$ MPa $< [\sigma_{-1}] = 60$ MPa $\sigma_{-1E} = \dfrac{M_{Ee}}{0.1d_E^3} = 44.02$ MPa $< [\sigma_{-1}] = 60$ MPa 所以低速轴Ⅲ的强度满足要求。	$F_{DH} = 2\,776.68$ N $F_{BH} = 857.72$ N $M_{CH} = 163\,824.12$ N·mm $F_{BV} = 753.5$ N $F_{DV} = 611.9$ N $M_{CV左} = 143\,919.36$ N·mm $M_{CV右} = 36\,102.1$ N·mm $M_{C右} = 167\,754.89$ N·mm $M_{C左} = 218\,062.2$ N·mm $M_{Ae} = 241\,573$ N·mm $M_{Be} = 241\,572$ N·mm $M_{Ce左} = 325\,435.33$ N·mm $M_{Ce右} = 167\,754.89$ N·mm $[\sigma_{-1}] = 60$ MPa $\sigma_{-1C} < [\sigma_{-1}]$ $\sigma_{-1E} < [\sigma_{-1}]$ 强度满足要求

续表

设计计算及说明	主要结果

7 滚动轴承选择及轴的支撑方式
7.1 滚动轴承的选择
  滚动轴承由内圈、外圈、滚动体、保持架组成，保持架多用低碳钢冲压制成，其余部分采用强度高、耐磨性好的轴承合金钢制造。
  轴承的选用，包括类型、尺寸、精度、游隙、配合以及支承形式的选择与寿命计算，本实例设计的是蜗杆齿轮减速器，其中轴承转速相对较高，载荷不大，旋转精度相对较高，故应选择球轴承。下面对几种可选择的球轴承进行对比分析。
  (1) 深沟球轴承。主要承受径向载荷和一定的双向轴向载荷，极限转速高，结构简单，价格低廉，性价比高。
  (2) 调心球轴承。要承受径向载荷和轴向力不大的双向轴向载荷。另外，相比于深沟球轴承，它可以自动调心，内外圈轴线允许有小于3°的相对偏转角，以适应轴的变形和安装误差。主要适用于弯曲刚度小的轴、两轴承孔同心度较低及多支点的支承中。
  (3) 角接触球轴承。同时承受较大的径向载荷和单向轴向载荷，接触角越大承受轴向载荷的能力越大。这类轴承宜成对使用，适用于旋转精度高的支承。
  (4) 推力球轴承。推力球轴承由紧环、滚动体和松环三部分组成，紧环和松环的内径不同，内径小的为紧环，安装时与轴一般采用过盈配合；内径大的称为松环，与轴之间为间隙配合。推力球轴承只能承受单向轴向载荷，应用于轴向载荷大、转速不高的支承中。
  (5) 圆锥滚子轴承。与角接触球轴承类似，因其滚动体与套圈之间是线接触，同时能够承受径向载荷和单向轴向载荷的能力比角接触球轴承的大，但是极限转速低。
  经过对比分析，Ⅰ轴采用角接触球轴承和深沟球轴承组合的方式；Ⅱ轴可以调整斜齿轮旋向抵消部分轴向力，因此选择深沟球轴承；Ⅲ轴采用圆锥滚子轴承，抵消轴向力。
7.2 滚动轴承的寿命计算
  1. 高速轴Ⅰ轴
  (1) 根据轴颈直径、载荷性质存在较大轴向力，轴承选择7306C角接触球轴承，轴向力较大一侧使用并列两个角接触球轴承。
  参数为 $d = 30$ mm，$D = 72$ mm，$B = 19$ mm
  7306C 基本额定动载荷 $C_r = 26.2$ kN
  7306C 基本额定静载荷 $C_0r = 19.8$ kN
  一对角接触球轴承的基本额定动载荷按双列轴承计算，$C_{\Sigma r} = 1.62 C_r = 42.444$ kN。
  由角接触球轴承 $\alpha = 15°$ 时，界限值可近似取 $e \approx 0.4$。
  轴承受力如图14-19所示。
	轴承选择7306C
	
	$C_{\Sigma r} = 42.444$ kN
	$e \approx 0.4$

设计计算及说明	主要结果
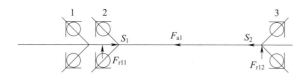 图 14-19 高速轴 I 轴承受力简图 （2）径向载荷：$F_{r l 1}=\sqrt{F_{BH}^{2}+F_{BV}^{2}}=\sqrt{393.77^{2}+143.61^{2}}$ N = 419.14 N $F_{r l 2}=\sqrt{F_{DH}^{2}+F_{DV}^{2}}=\sqrt{117.53^{2}+149.59^{2}}$ N = 190.24 N （3）内部轴向力： $S_1 = 0.4 F_{rl1} = 0.4 \times 419.14$ N = 167.66 N $S_2 = 0.4 F_{rl2} = 0.4 \times 190.24$ N = 76.1 N $S_2 + F_{a1} = (76.1 + 1\,404.7)$ N = 1 480.8 N > S_1 所以 1、2 轴承压紧，3 轴承放松，轴有向左运动的趋势。轴承 1、2 承受的轴向力 $F_{A1} = S_2 + F_{a1} = 1\,480.8$ N；因轴承 3 只承受内部轴向力，所以轴承 3 承受的轴向力 $F_{A2} = S_2 = 76.1$ N。 （4）当量动载荷：载荷为微振，查表 14-9 可得载荷系数 $f_p = 1.1$。 $\dfrac{F_{A1}}{F_{rl1}}=\dfrac{1\,480.8}{419.14}=3.5>e$，查表 14-10 可得 $X_1 = 0.44$，$Y_1 = 1.4$。 $\dfrac{F_{A2}}{F_{rl2}}=\dfrac{76.1}{190.24}=0.4$，查表 14-10 可得 $X_2 = 1$，$Y_2 = 0$。 $P_1 = f_p(X_1 F_r + Y_1 F_a) = 1.1 \times (0.44 \times 419.14 + 1.4 \times 1\,480.8)$ N = 2 257.54 N $P_2 = f_p(X_2 F_r + Y_2 F_a) = 1.1 \times (1 \times 190.24 + 0 \times 76.1)$ N = 209.26 N （5）寿命计算： 因为 $P_1 > P_2$，所以轴承 1 和 2 的寿命更短。因此只需要计算轴承 1 和 2 的寿命。取 $P = P_1$，代入下列公式，轴承 1 和 2 的寿命为 $L_h = \dfrac{10^6}{60n}\left(\dfrac{C}{P}\right)^{\varepsilon} = \dfrac{10^6}{60 \times 1\,400}\left(\dfrac{42\,444}{2\,257.54}\right)^3$ h = 79 115.8 h > 46 720 h 该轴承的寿命满足要求。	F_{rl1} = 419.14 N F_{rl2} = 190.24 N 1、2 轴承压紧 3 轴承放松 F_{A1} = 1 480.8 N $F_{A2} = S_2$ = 76.1 N $f_p = 1.1$ $X_1 = 0.44$ $Y_1 = 1.4$ $X_2 = 1$ $Y_2 = 0$ P_1 = 2 257.54 N P_2 = 209.26 N L_h = 79 115.8 h 轴承的寿命满足要求

表 14-9 载荷系数 f_p

载荷性质	机械举例	载荷系数 f_p
平稳或轻微冲击的运转	电动机、空调机、水泵等	1.0~1.2
轻度冲击的运转	机床、起重机、传动装置、风机、造纸机等	1.2~1.5
剧烈冲击、振动的运转	破碎机、轧钢机、振动筛、工程机械等	1.5~3.0

设计计算及说明									主要结果
表 14-10 径向系数 X 和轴向系数 Y									
轴承类型	$\dfrac{iF_a}{C_0}$	单列轴承				双列轴承			
		$F_a/F_r \leq e$		$F_a/F_r > e$		$F_a/F_r \leq e$		$F_a/F_r > e$	
		X	Y	X	Y	X	Y	X	Y
角接触球轴承 $\alpha=15°$	0.015	1	0	0.44	1.47	1	1.65	0.72	2.39
	0.029				1.40		1.57		2.28
	0.058				1.30		1.46		2.11
	0.087				1.23		1.38		2.00
	0.12				1.19		1.34		1.93
	0.17				1.12		1.26		1.82
	0.29				1.02		1.14		1.66
	0.44				1.00		1.12		1.63
	0.58				1.00		1.12		1.63

注：1. C_0 是轴承的额定静载荷，i 是滚动体列数，α 是接触角。

2. 两套或者两套以上相同的角接触球轴承或圆锥滚子轴承安装在同一支点上，以"串联"配置作为一个整体（成对或者组合安装）运转，制造和安装精度精确，能保证载荷分布均匀，这一轴承组的基本额定动载荷等于轴承数的 0.7 次（圆锥滚子轴承按 7/9 次）幂乘单列轴承的基本额定动载荷。计算当量动载荷时，用单列轴承的 X、Y 值。

2. 中间轴 Ⅱ 轴

（1）根据轴颈直径、载荷性质，查表 9-2 可知选择 7006C 角接触球轴承。参数为 $d=30$ mm，$D=55$ mm，$B=13$ mm。

7006C 基本额定动载荷：$Cr=15.2$ kN

7006C 基本额定静载荷：$C_0 r=10.2$ kN

界限值：$e=0.4$

轴承受力如图 14-20 所示。

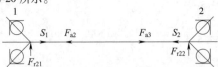

图 14-20 中间轴 Ⅱ 轴承受力简图

（2）径向载荷：$F_{r21}=\sqrt{F_{AH}^2+F_{AV}^2}=\sqrt{1\,358.26^2+863.25^2}$ N $=1\,609.37$ N

$F_{r22}=\sqrt{F_{DH}^2+F_{DV}^2}=\sqrt{2\,787.44^2+823.95^2}$ N $=2\,906.67$ N

（3）内部轴向力：

$S_1=eF_{r21}=0.4\times1\,609.37$ N $=643.75$ N

$S_2=eF_{r22}=0.4\times2\,906.67$ N $=1\,162.67$ N

主要结果：

轴承选择 7006C
$Cr=15.2$ kN
$C_0 r=10.2$ kN
$e=0.4$

$F_{r21}=1\,609.37$ N
$F_{r22}=2\,906.67$ N

续表

设计计算及说明	主要结果

轴承正装，$F_{a3} + S_1 = (929.9 + 643.75)\text{ N} = 1\,573.65\text{ N} > F_{a2} + S_2 = (293.2 + 1\,162.67)\text{ N} = 1\,455.87\text{ N}$

所以轴有向右移动的趋势，使得轴承1放松，轴承2压紧。

$$F_{A3} = S_1 = 643.75\text{ N}$$
$$F_{A4} = S_1 + F_{a3} - F_{a2} = (643.75 + 929.9 - 293.2)\text{ N} = 1\,280.45\text{ N}$$

（4）当量动载荷：

$\dfrac{F_{A3}}{F_{r21}} = \dfrac{643.75}{1\,609.37} = 0.4 = e$，查表14-10可得$X_3 = 1$，$Y_3 = 0$。

$\dfrac{F_{A4}}{F_{r22}} = \dfrac{1\,280.45}{1\,162.67} = 1.1 > e$，查表14-10可得$X_4 = 0.44$，$Y_4 = 1.40$。

载荷为微振，查表14-9可得载荷系数$f_p = 1.1$。

$P_1 = f_p(X_3 F_{r21} + Y_3 F_{A3}) = 1.1 \times (1 \times 1\,609.37 + 0 \times 642.75)\text{ N} = 1\,770.3\text{ N}$
$P_2 = f_p(X_4 F_{r22} + Y_4 F_{A4}) = 1.1 \times (0.44 \times 1\,162.67 + 1.4 \times 1\,280.45)\text{ N} = 2\,534.62\text{ N}$

（5）寿命计算：

因为$P_1 < P_2$，所以轴承2的寿命更短，因此只需要计算轴承2的寿命。取$P = P_2$，代入公式，轴承2寿命为

$$L_h = \dfrac{10^6}{60n}\left(\dfrac{C}{P}\right)^\varepsilon = \dfrac{10^6}{60 \times 56.09}\left(\dfrac{15\,200}{2\,534.62}\right)^3 \text{ h} = 64\,084.8\text{ h} > 46\,720\text{ h}$$

该轴承的寿命满足要求。

3. 低速轴Ⅲ轴

（1）根据轴颈直径、载荷性质，查表9-2可知选择7010C角接触球轴承，参数为$d = 50\text{ mm}$，$D = 80\text{ mm}$，$B = 16\text{ mm}$。

基本额定动负荷：$Cr = 26.5\text{ kN}$

基本额定静负荷：$C_0 r = 22\text{ kN}$

界限值：$e = 0.4$

轴承受力如图14-21所示。

图14-21 低速轴Ⅲ轴承受力简图

（2）径向载荷：

$F_{r31} = \sqrt{F_{BH}^2 + F_{AV}^2} = \sqrt{857.72^2 + 753.5^2}\text{ N} = 1\,141.68\text{ N}$

$F_{r32} = \sqrt{F_{DH}^2 + F_{DV}^2} = \sqrt{2\,776.68^2 + 611.9^2}\text{ N} = 2\,843.3\text{ N}$

主要结果：

$F_{A3} = S_1 = 643.75\text{ N}$
$F_{A4} = 1\,280.45\text{ N}$

$X_3 = 1$，$Y_3 = 0$
$X_4 = 0.44$，$Y_4 = 1.40$

$f_p = 1.1$
$P_1 = 1\,770.3\text{ N}$
$P_2 = 2\,534.62\text{ N}$

$L_h = 64\,084.8\text{ h}$
轴承的寿命满足要求

轴承选择7010C

$Cr = 26.5\text{ kN}$
$C_0 r = 22\text{ kN}$
$e = 0.4$

$F_{r31} = 1\,141.68\text{ N}$
$F_{r32} = 2\,843.3\text{ N}$

设计计算及说明	主要结果
（3）内部轴向力： $$S_1 = eF_{r31} = 0.4 \times 1\,141.68 \text{ N} = 456.67 \text{ N}$$ $$S_2 = eF_{r32} = 0.4 \times 2\,843.3 \text{ N} = 1\,137.32 \text{ N}$$ 轴承正装，$F_{a4} + S_2 = (929.9 + 1\,137.32) \text{ N} = 2\,067.22 \text{ N} > S_1 = 456.67 \text{ N}$ 所以轴有向左移动的趋势，使得轴承1压紧，轴承2放松。 $$F_{A5} = S_2 + F_{a4} = 2\,067.22 \text{ N}, \quad F_{A6} = S_2 = 1\,137.32 \text{ N}$$ （4）当量动载荷： $$\frac{F_{A5}}{F_{r31}} = \frac{2\,067.22}{1141.68} = 1.8 > e，查表14-10得 X_5 = 0.44, Y_5 = 1.4。$$ $$\frac{F_{A6}}{F_{r32}} = \frac{1\,137.32}{2\,843.3} = 0.4 = e，查表14-10得 X_6 = 1, Y_6 = 0。$$ 载荷为微振，查表14-9可得载荷系数 $f_p = 1.1$。 $$P_1 = f_p(X_5 F_{r31} + Y_5 F_{A5}) = 1.1 \times (0.44 \times 1\,141.68 + 1.4 \times 2\,067.22) \text{ N} = 3\,736.09 \text{ N}$$ $$P_2 = f_p(X_6 F_{r32} + Y_6 F_{A6}) = 1.1 \times (1 \times 2\,843.3 + 0 \times 1\,137.32) \text{ N} = 3\,127.63 \text{ N}$$ （5）寿命计算： 因为 $P_1 > P_2$，所以轴承1的寿命更短，因此只需要计算轴承1的寿命。取 $P = P_1$，代入公式，轴承1寿命为 $$L_h = \frac{10^6}{60n}\left(\frac{C}{P}\right)^\varepsilon = \frac{10^6}{60 \times 18.62}\left(\frac{26\,500}{3\,736.09}\right)^3 \text{ h} = 319\,414 \text{ h} > 46\,720 \text{ h}$$ 该轴承的寿命满足要求。	$F_{A5} = 2\,067.22$ N $F_{A6} = 1\,137.32$ N $X_5 = 0.44, Y_5 = 1.4$ $X_6 = 1, Y_6 = 0$ $f_p = 1.1$ $P_1 = 3\,736.09$ N $P_2 = 3\,127.63$ N $L_h = 319\,414$ h 轴承的寿命满足要求
8 键的选择及强度计算 8.1 高速轴Ⅰ与联轴器之间的键 1. 选择键的类型 轴径 $= 12$ mm，轴长 $= 30$ mm，一般键距离装入端 $1 \sim 3$ mm，距离另一端 $3 \sim 5$ mm，查表12-30可得键的尺寸选择如下： 圆头普通平键（A型）：$b = 4$ mm，$h = 4$ mm，$L = 20$ mm 键：$4 \times 4 \times 20$　GB/T 1096—2003 2. 键的强度校核 键的接触长度 $l' = L - b = 16$ mm，查表14-11可得，由于是静连接轻微冲击载荷，键、轴的材料都是钢，联轴器的材料是铸铁HT200，强度较弱，取 $[\sigma_p] = 60$ MPa（轻微振动故取大值），则键连接能传递的转矩为 $$T = \frac{1}{4}hl'd[\sigma_p] = \frac{1}{4} \times 4 \times 16 \times 12 \times 60 \text{ N·m} = 11.52 \text{ N·m}$$ $$T = 11.52 \text{ N·m} > T_Ⅰ = 7.33 \text{ N·m}$$ 所以满足要求。	键：$4 \times 4 \times 20$ $T > T_Ⅰ$ 满足要求

设计计算及说明	主要结果

表 14-11　键连接的许用挤压应力 $[\sigma_p]$ 和压强 $[P]$　　　单位：MPa

连接的工作方式	连接中较弱零件的材料	$[\sigma_p]$ 或 $[P]$		
		静载荷	轻微冲击载荷	冲击载荷
静连接用 $[\sigma_p]$	锻钢、铸钢	125～150	100～120	
	铸铁	70～80	50～60	
动连接用 $[P]$	锻钢、铸钢	50	40	30

8.2　中间轴Ⅱ轴与蜗轮之间的键

　　1. 键的确定

　　轴径 = 35 mm，轴长 = 50 mm，一般键距离装入端 1～3 mm，距离另一端 3～5 mm，查表 12-30 可得键的尺寸如下：

　　圆头普通平键（A 型）：$b = 10$ mm，$h = 8$ mm，$L = 40$ mm

　　键：$10 \times 8 \times 40$　　GB/T 1096—2003

　　2. 键的强度校核

　　键的接触长度 $l' = L - b = 30$ mm，查表 14-11 可得，由于是静连接轻微冲击载荷，键、轴的材料都是钢，取 $[\sigma_p] = 120$ MPa（轻微振动故取大值），则键连接能传递的转矩为

$$T = \frac{1}{4}hl'd[\sigma_p] = \frac{1}{4} \times 8 \times 30 \times 35 \times 120 \text{ N} \cdot \text{m} = 252 \text{ N} \cdot \text{m}$$

则　　　　　　　　　　　$T = 252$ N·m $> T_{\text{Ⅱ}} = 140.47$ N·m

　　满足要求。

键：$10 \times 8 \times 40$

$T > T_{\text{Ⅱ}}$
满足要求

8.3　中间轴Ⅱ轴与小齿轮之间的键

　　1. 键的确定

　　轴径 = 35 mm，轴长 = 83 mm，一般键距离装入端 1～3 mm，距离另一端 3～5 mm，查表 12-30 可得键的尺寸如下：

　　圆头普通平键（A 型）：$b = 10$ mm，$h = 8$ mm，$L = 75$ mm

　　键：$10 \times 8 \times 76$　　GB/T 1096—2003

　　2. 键的强度校核

　　键的接触长度 $l' = L - b = 65$ mm，查表 14-11 可得，由于是静连接轻微冲击载荷，键、轴的材料都是钢，取 $[\sigma_p] = 120$ MPa（轻微振动故取大值），则键连接能传递的转矩为

$$T = \frac{1}{4}hl'd[\sigma_p] = \frac{1}{4} \times 8 \times 65 \times 35 \times 120 \text{ N} \cdot \text{m} = 546 \text{ N} \cdot \text{m}$$

$$T = 546 \text{ N} \cdot \text{m} > T_{\text{Ⅱ}} = 140.47 \text{ N} \cdot \text{m}$$

　　满足要求。

键：$10 \times 8 \times 76$

$T > T_{\text{Ⅱ}}$
满足要求

8.4　低速轴Ⅲ轴与第大齿轮之间的键

　　1. 键的确定

　　轴径 = 53 mm，轴长 = 53 mm，一般键距离装入端 1～3 mm，距离另一端 3～5 mm，查表 12-30 可得键的尺寸如下：

　　圆头普通平键（A 型）：$b = 16$ mm，$h = 10$ mm，$L = 45$ mm

　　键：$16 \times 10 \times 45$　　GB/T 1096—2003

键：$16 \times 10 \times 45$

续表

设计计算及说明	主要结果
2. 键的强度校核 键的接触长度 $l' = L - b = 29$ mm，查表 14-11 可得，由于是静连接轻微冲击载荷，键、轴的材料都是钢，取 $[\sigma_p] = 120$ MPa（轻微振动故取大值），则键连接能传递的转矩为 $$T = \frac{1}{4}hl'd[\sigma_p] = \frac{1}{4} \times 10 \times 29 \times 53 \times 120 \text{ N·m} = 461.1 \text{ N·m}$$ $$T = 461.1 \text{ N·m} > T_{\text{III}} = 402.62 \text{ N·m}$$ 满足要求。 **8.5 低速轴Ⅲ轴与联轴器之间的键** 1. 键的确定 轴径 = 38 mm，轴长 = 80 mm，一般键距离装入端 1～3 mm，距离另一端 3～5 mm，查表 12-30 可得键的尺寸如下： 圆头普通平键（A 型）：$b = 10$ mm，$h = 8$ mm，$L = 75$ mm 键：$10 \times 8 \times 75$　GB/T 1096—2003 2. 键的强度校核 键的接触长度 $l' = L - b = 65$ mm，查表 14-11 可得，由于是静连接轻微冲击载荷，键、轴的材料都是钢，取 $[\sigma_p] = 120$ MPa（轻微振动故取大值），则键连接能传递的转矩为 $$T = \frac{1}{4}hl'd[\sigma_p] = \frac{1}{4} \times 8 \times 65 \times 38 \times 120 \text{ N·m} = 592.8 \text{ N·m}$$ $$T = 592.8 \text{ N·m} > T_{\text{III}} = 402.62 \text{ N·m}$$ 满足要求。 **9　主要附件的选择** **9.1　联轴器的选择** 联轴器主要用作连接两轴，使之一同回转，以传递运动和扭矩。根据联接轴的直径、运行状态选择联轴器结果见表 14-12。	$T > T_{\text{III}}$ 满足要求 键：$10 \times 8 \times 75$ $T > T_{\text{III}}$ 满足要求 GY1 联轴器 GY6 联轴器

表 14-12　联轴器的类型及参数

轴	型号	额定转矩 T_n/(N·m)	轴孔直径/mm	轴孔长度 Y 型/mm
输入轴	GY1 联轴器	25	12	32
输出轴	GY6 联轴器	900	38	82

设计计算及说明	主要结果
9.2　齿轮与轴承润滑方式及密封类型的选择 1. 润滑方案确定 蜗轮蜗杆与齿轮啮合的圆周速度为：$v_2 = 0.58$ m/s，$v = 0.18$ m/s，两者均小于 12 m/s，所以采用浸油润滑。 两对齿轮的圆周速度的平均值为 $$\bar{v} = \frac{v_1 + v_2}{2} = \frac{0.58 + 0.18}{2} \text{ m/s} = 0.38 \text{ m/s}$$	浸油润滑

设计计算及说明	主要结果

查表 10-1 可选择 L-CKC220 型工业闭式齿轮油。
2. 轴承的润滑与密封
  高速级轴承 $d_n = 30$ mm × 1 400 r/min = 42 000 mm·r/min < 160 000 mm·r/min，故轴承选择脂润滑（160 000 mm·r/min 为脂润滑时角接触球轴承允许的 d_n 值）。
  轴承的密封外部使用毡圈密封，内部使用挡油盘。
9.3 通气器与视孔盖
  减速器工作时由于箱内温度升高，空气膨胀压力增大，为使箱内受热膨胀的空气能自动排出以保持箱内压力平衡，不使润滑油沿剖分面等处渗漏，选择通气螺塞，尺寸为 M16 × 15。
  为便于检查内部设备是否出现损坏，在箱盖上设置视孔盖，规格为 $l_1 = 100$ mm，$b_1 = 60$ mm，$h = 3$ mm。
9.4 油标
  油标尺常放置在便于观测减速器油面及油面稳定处。在确定油标尺位置前应先确定出箱体内最高油面的位置，一般油面可到低速级大齿轮半径的三分之一；然后确定油标尺的高度和角度，应使油孔位置在油面以上，以免油溢出。油标尺应该足够长，保证其浸在油液中。
9.5 螺栓
  装配箱体使用螺栓分别为：地脚螺栓 M16 × 80；轴承盖螺钉 M8 × 30；箱盖与箱座连接螺栓 M12 × 60；视孔盖螺钉 M5 × 10；轴承端盖螺栓 M8 × 30。
9.6 定位销与起盖螺钉
  为保证箱体轴承座及孔的加工和装配精度，在箱体连接凸缘的长度方向两端各设置一个圆锥定位销，两定位销距离尽量远，以保证定位精度。选择定位销型号为 GB/T 117—2000 A10 × 50。
  起盖螺钉上的螺纹长度要大于机盖连接凸缘的厚度，螺杆端部要做成圆柱形、大倒角或半圆形，以免顶坏螺纹。选择型号为 GB/T 5783—2016 M12 × 80。
10 主要技术要求
  （1）装配前所有零件用煤油清洗，机体内不许有任何杂物存在。内壁涂上不被机油浸蚀的涂料两次。
  （2）箱座内装 HJ-50 润滑油至规定高度，液面不允许超过蜗杆轴轴承滚动体中心线。润滑油脂填入量不得超过轴承空隙体积的 2/3。
  （3）检查减速器各接触面及密封处，均不许漏油。剖分面允许涂以密封油漆或水玻璃，不允许使用任何填料。
  （4）用涂色法检验斑点。按齿高接触斑点不小于 40%，按齿长接触斑点不小于 50%。必要时可用研磨。
  （5）蜗杆轴圆锥滚子轴承外端面与该轴承端盖留有 0.04～0.07 mm 的轴向间隙。
  （6）中间级角接触轴承外端面与该轴承端盖留有 0.03～0.05 mm 的轴向间隙。
  （7）低速级角接触球轴承外端面与该轴承端盖留有 0.04～0.07 mm 的轴向间隙。
  （8）减速器装配好后应做空载试验，正反转各 1 h，要求运转平稳，振动噪声
	选择 L-CKC220 型工业闭式齿轮油
	轴承的密封外部使用毡圈密封，内部使用挡油盘

设计计算及说明	主要结果
小，连接固定处不得松动。负载试验时油的温升不得超过 35%，轴承温升不得超过 40 ℃。 （9）表面涂灰色油漆，外伸轴及其零件须涂油包装严密，运输和装卸时不得倒置。 **11** 设计小结（略） **12** 参考文献 　　［1］许立忠，周玉林. 机械设计［M］. 北京：中国标准出版社，2009. 　　［2］韩晓娟. 机械设计课程设计指导手册［M］. 北京：中国标准出版社，2009. 　　［3］龚湘义. 机械设计课程设计图册［M］. 北京：中国标准出版社，2009. 　　［4］贾春玉，董志奎. 机械工程图学［M］. 北京：中国标准出版社，2019. 　　［5］成大先. 机械设计手册［M］. 北京：化学工业出版社，2008. 　　［6］王军，田同海，何晓玲. 机械设计课程设计［M］. 北京：机械工业出版社，2018. 　　［7］吴宗泽，罗圣国，高志，等. 机械设计课程设计手册［M］. 5 版. 北京：高等教育出版社，2019. 　　［8］濮良贵，陈国定，吴立言. 机械设计［M］. 10 版. 北京：高等教育出版社，2019. 　　［9］陈彩萍，员创治. 机械制图［M］. 北京：机械工业出版社，2020.	

第四篇
机械设计基础实验

第15章　平面机构运动简图测绘实验

导读：

机械的结构分析是机构运动分析、动力分析及机械综合的必要前提，也是机构创新设计的基础。本章通过对若干典型机构模型进行测绘与分析，加深对机构组成要素中构件、运动副、自由度、约束、运动链等概念的理解。

1. 实验目的

（1）通过实验设备进一步掌握机器、机构的组成，以及运动副的结构、类型、特点。

（2）培养学生根据实际机械或模型，用专业符号测绘机构运动简图的能力。

（3）培养学生对常用机构进行结构分析和运动分析的能力。

（4）进行实验操作，对实验数据具有分析和解释的能力。

2. 实验设备

（1）若干机械实物或机构模型。

（2）钢板尺、铅笔、橡皮、圆规、草稿纸。

3. 实验原理

在分析机构时，为了使问题简化，可以不考虑构件的外形、构件的截面尺寸和运动副的实际构造，只用简单的线条和符号代表构件和运动副，并按一定比例表示出运动副的相对位置，以此说明实际机构的运动特征。

4. 实验内容

（1）对2~4种典型机构或机器的实物或模型进行运动简图的绘制。

（2）计算机构的自由度并判别机构是否具有确定的运动。

（3）绘制曲柄摇杆机构的运动简图，用作图的方法标出极位夹角、压力角、传动角、死点位置。

5. 实验步骤

1）确定机构中构件数目

测绘时使被测的机器或模型缓慢地运动，从原动件开始仔细观察机构运动，分清各个运动构件，从而确定组成机构的构件数目。

2）确定运动副的类型和数目

根据相互连接两构件的接触情况和相对运动的性质，确定各个运动副的种类和数目。

3）选择机构运动简图的投影面

选取与机构运动平面平行的面为投影面，必要时也可以就机构的不同部分选择两个或两个以上的投影面，然后展开到同一平面上，或者把主运动简图上难以表达清楚的部分，另绘一局部简图。总之，以简单清楚地把机构的运动情况正确表示出来为原则，使其能表示出一个瞬时的机构位置。

4）画出机构运动简图的草图

将原动件转到某一适当位置，以便在绘制机构运动简图时，能清楚地表示各构件之间和运动副之间的相对位置，且要求在此位置时，各构件不互相重叠；根据各构件在投影面上的投影状况，从原动件开始，循着运动传递路线，在草稿纸上，按规定的符号，目测各运动副的相对位置，使实物与机构运动简图大致成比例，徒手画出机构简图的草图。

5）计算机构的自由度

机构的自由度用 F 表示，计算平面机构自由度的公式为 $F = 3n - 2P_l - P_h$，其中 n 为机构中活动构件的数目，P_l 为平面低副数目，P_h 为平面高副数目。将计算结果与实物对照，观察自由度是否与原动件数目相等，判断机构是否有确定的运动。注意：计算机构自由度时，应考虑机构中是否存在虚约束、局部自由度或复合铰链。

6）确定比例尺，绘制正式的机构运动简图，注明构件的运动学尺寸

仔细测量机构的运动学尺寸，任意假定原动件的位置，并按一定比例绘制机构运动简图。运动学尺寸是指同一构件上两运动副元素之间的相对位置参数。通常包含以下几类：

（1）对于同一构件上任意两转动副，其中心距离即为运动学尺寸，若该构件是机架，则还需要加上两转动副中心连线与参考直线之间的夹角。图 15-1 所示为蒸汽机机构运动简图，构件 1 中的 L_{AB}、L_{AD}，构件 2 中的 L_{BC}，构件 4 中的 L_{DE}，构件 5 中的 L_{FE}、L_{FG}，构件 6 中的 L_{GH} 以及构件 8 机架中的 L_{AF} 和夹角 α。

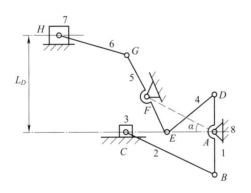

图 15-1 蒸汽机机构运动简图

（2）对于同一构件上的两移动副，如果导路方向线平行，其导路中心线间的垂直距离即为机构的运动学尺寸，如图 15-1 所示，C、H 两处移动路中心线之间的垂直距离 L_D，即为其运动学尺寸；若两移动副导路方向线不平行，则其导路中心线间的夹角即为机构的运动学尺寸，当其夹角为 90° 时，可以省略。

（3）对于同一构件上某一转动副与另一移动副，则从转动副中心到移动副导路中心线间的垂直距离即为机构的运动学尺寸。如图 15-1 所示，转动副中心 A 到移动副 C 的导路中心线的垂直距离等于 0，故可以省略。

（4）在高副中，凸轮副的轮廓形状应按实际描绘。根据测量的运动学尺寸，选定简图比例尺用 μ_l 表示，即 μ_l = 实际尺寸（mm）/图示尺寸（mm）。

在实验报告纸上,用三角板和圆规将上述草图按选定的比例尺,画出正式的机构运动简图。用箭头表示原动件,以阿拉伯数字(1,2,3…)依次标注各构件,大写英文字母(A,B,C…)标注各运动副,并列表说明构件的运动学尺寸。

7)绘制曲柄摇杆机构的运动简图

选用典型的曲柄摇杆机构,按上述方法画出机构运动简图,并在图上用作图的方法确定机构的极位夹角、压力角、传动角、死点位置。

6. 注意事项

(1)绘制机构运动简图时,须将原动件转到某一适当位置,使各构件不相互重叠。

(2)注意机架的相关尺寸不应遗漏。

(3)注意一个构件在中部与其他构件用转动副连接的表示方法。

(4)两个运动副不在同一运动平面时,应注意其相对位置尺寸的测量方法。

7. 实验报告

1)实验目的

2)实验原理

3)实验数据

平面机构运动简图测绘报告表见表 15-1。

表 15-1 平面机构简图测绘报告表

机构名称				比例 $\mu_l =$	
机构运动简图				运动学尺寸	
原动件数目					
机构自由度计算	$n =$	$P_l =$	$P_h =$	$F =$	
该机构是否有确定的运动					

4)心得体会

思 考 题

1. 一个正确的平面机构运动简图,应能说明哪些内容?

2. 绘制平面机构运动简图时,原动件的位置为何可以任意假设?会不会影响简图的正确性?

3. 自由度大于或小于原动件数时会产生什么结果?

拓 展 阅 读

对内燃机做出巨大贡献的人物——瓦特,他改良了蒸汽机(内燃机的前身)。1764 年,一所学校请瓦特修理一台纽科门式蒸汽机,瓦特由此产生了采用分离冷凝器改造传统蒸汽机的最初设想。据瓦特的理论计算,这种新蒸汽机的热效率将是纽科门蒸汽机的三倍。但是,要把理论上的东西变为实际,还要走很长的路。瓦特辛辛苦苦造出了几台蒸汽机,但效果反而不如纽科门蒸汽机,甚至四处漏气,无法启动。尽管耗资巨大的试验使他债台高筑,但他没有在困难面前怯步,而是继续进行试验,并在企业家罗巴克的资助下于1769年制造出了第一台样机。这个案例告诉我们任何科技的进步都需要经历一代人甚至几代人的努力和克服各种困难才能取得,对于工科生来说,这种工匠精神值得我们敬佩和学习。

视频 内燃机

视频 四足机器人

第16章　智能硬支撑动平衡实验

导读：

由于结构不对称、质量分布不均匀或制造安装偏差等原因，使转子的质心偏离其回转轴线，因此，在转子转动时会产生离心惯性力，这不但会增大转动副的摩擦力和构件中的内应力，而且因为这些惯性力的大小及方向呈周期性变化，将引起机器产生强迫振动，甚至会出现共振而造成严重后果。因此，必须对转子的不平衡惯性力加以平衡，以消除或减小其不良影响。

在一般机械中，转子的刚性都比较好，其共振转速较高，转子的工作转速一般低于$(0.6 \sim 0.75) n_c$（n_c为转子的第一阶临界转速），此时，转子产生的弹性变形非常小，称为刚性转子。刚性转子的平衡按理论力学中的力系平衡进行，如果只实现其惯性力平衡，称为转子的静平衡；如果同时实现惯性力和惯性力矩平衡，则称为转子的动平衡。

刚性转子动平衡实验用动平衡实验台测定需加于两个平衡基面中的平衡质量的大小和方位，并通过增减配重质量进行校正，直到达到平衡要求。

1. 实验目的

（1）理解智能动平衡实验台的系统特点及工作原理。

（2）学会使用智能动平衡实验台进行刚性转子的动平衡实验。

（3）培养学生分析实验数据、解决实际问题的能力。

2. 实验设备

（1）智能动平衡实验台的结构简图如图16-1所示。

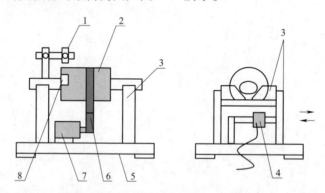

1—光电传感器；2—被试转子；3—硬支撑摆架组件；4—压力传感器；5—减振底座；
6—传动带；7—电动机；8—零位标志。

图16-1　智能动平衡实验台结构简图

（2）转子及平衡块。

3. 实验原理

转子动平衡检测一般用于轴向宽度B与直径D的比值大于0.2的转子（小于0.2的转

子适用于静平衡）。转子动平衡检测时，必须同时考虑其惯性力和惯性力矩的平衡，即 $P_i=0$，$M_i=0$。如图16-2所示，设一回转构件的偏心重 Q_1 及 Q_2 分别位于平面1和平面2内，r_1 及 r_2 为其回转半径。当回转体以等角速度回转时，它们将产生离心惯性力 P_I 及 P_{II}，形成一空间力系。

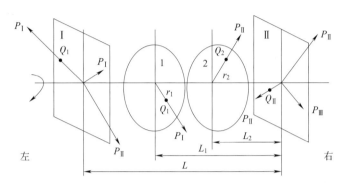

图16-2 转子动平衡检测实验原理图

由理论力学可知，一个力可以分解为与它平行的两个分力。因此可以根据该回转体的结构，选定两个平衡基面Ⅰ和Ⅱ作为安装配重的平面。将上述离心惯性力分别分解到平面Ⅰ和Ⅱ内，即将力 P_1 及 P_2 分解为 P_{1I} 及 P_{2I}（在平面Ⅰ内）及 P_{1II} 及 P_{2II}（在平面Ⅱ内）。这样就可以把空间力系的平衡问题转化为两个平面汇交力系的平衡问题。显然，只要在平面Ⅰ和Ⅱ内各加入一个合适的配重 Q_I 和 Q_{II}，使两平面内的惯性力之和均等于0，构件即平衡。

智能动平衡实验台测试系统由计算机、数据采集器、高灵敏度有源压电式传感器和光电相位传感器等组成。当被测转子在部件上被拖动旋转后，由于转子的中心惯性，主轴与其旋转轴线存在偏移而产生不平衡离心力，迫使支承做强迫振动，安装在左右两个硬支撑机架上的两个有源压电式传感器感受此力而发生机电换能，产生两路包含有不平衡信息的电信号，输出到数据采集装置的两个信号输入端；与此同时，安装在转子上方的光电相位传感器产生与转子旋转同频同相的参考信号，通过数据采集器输入到计算机。计算机通过采集器采集此三路信号，由上位机软件进行前置处理，包括跟踪滤波、幅度调整、相关处理、校正面之间的分离解算、最小二乘加权处理等。最终算出左右两面的不平衡质量（g），校正角（°），以及实测转速（r/min）。

4. 实验内容

检测到转子的动不平衡，找到偏心的位置和偏心量的大小，进行动平衡实验并演示整个检测处理过程。

5. 实验步骤

（1）启动电源并打开系统软件。

（2）系统标定（标定以后重复实验无须再次标定，更换试件或实验台有调整时应重新标定）。

①按左上角"标定"菜单功能键，屏幕上出现仪器标定窗口；将4块1.1 g的磁铁分别放置在标准转子左右两侧的零度位置上。

②启动动平衡实验机，待转子转速平稳运转后（转子转速在900 r/min左右，否则应调

整光电管与转子的位置：光电管的灯靠近转子上的黑胶布时灯灭，远离时灯亮，灭和亮都要保持一段时间；光电管的头向上仰，距离不能太近也不能太远），按"标定采集"键，进度条移动即表示正在采集数据，采集结束后按"拟合计算"键并等待数秒，采集次数增加得到计算数据结果（如拟合计算结果差异大，可按"取消本次"键取消该次标定数据并重新获取数据），然后按"标定计算"键，得出 1 次标定值；标定值是多次测试的平均值，需反复多次，默认至少为 6 次以确保标定准确。

③标定结束后应按"保存标定"键，完成标定过程后，按"退出标定"键，即可进入转子的动平衡实际检测。

（3）动平衡测试分析。

①停止动平衡实验机，将两块任意重的磁铁分别放置在标准转子左右两侧的任意位置上。

②按"数据采集"键，进入实时数据采集。

③信号采满后按"拟合曲线"键，在图形框内显示转子左右支承的轴压力滤波后的曲线，并在数字窗口中显示转速、左右不平衡压力及相位角。

④按"平衡分析"键，在数字窗口中显示出转子左右不平衡质量和相位角后，按提示分别对转子左右两侧配重进行调整，再次进行"平衡分析"，直到达到平衡标准。

⑤按"数据保存"键，将左右拟合曲线、平衡图及数据保存到选择文件夹内。

⑥如需再做一次实验，按"停止采集"键，重复上述步骤。

⑦如要停止实验，按"退出系统"键，并关闭动平衡实验机。

6. 注意事项

（1）启动电动机前应检查试件安装是否正常，用手带动圆带转动一周。

（2）实验台需水平摆放，切勿倾斜或晃动。

（3）实验时转子转速应缓慢升速，停机前应先降速再停机。

7. 实验报告

1）实验目的

2）实验原理

3）实验数据

（1）动平衡过程记录表见表 16-1。

表 16-1 动平衡过程记录表

次数	左边		右边	
	角度	质量/g	角度	质量/g
1				
2				
3				
4				
5				

注：次数以达到平衡质量为标准。

（2）绘制实验曲线。
4）心得体会

思 考 题

1. 简述智能动平衡实验台的结构及工作原理。
2. 什么是动平衡？哪些构件需要进行动平衡测试？

第 17 章　螺栓连接实验

导读：

螺纹连接是最常用的可拆机械静连接，应用广泛。螺纹连接的基本类型有螺栓连接、双头螺柱连接、螺钉连接，其中应用最广的是螺栓连接。如何计算和测量螺栓的受力情况及静、动态特性参数，是工程技术人员的一个重要课题。

17.1　单螺栓连接静、动态特性实验

1. 实验目的

（1）通过实验进一步理解螺栓连接在拧紧过程中各部分的受力与变形情况。

（2）培养学生的实验动手能力及根据数据结果分析问题和解决问题的能力。

（3）引导学生培养严谨细致、精益求精的职业精神。

2. 实验设备

该实验所需的设备有：螺栓连接综合实验台、静动态测量仪、计算机、专用软件及专用扭力扳手（0~200 N·m）一把，量程为 0~1 mm 的千分表两个及其他配套器具。

1）螺栓连接实验台

（1）螺栓部分包括 M16 螺栓、大螺母、组合垫片。贴有测拉力和扭矩的两组应变片，分别测量螺栓在拧紧时所受的预紧拉力和扭矩。组合垫片设计成刚性和弹性两用的结构，用于改变被连接件系统的刚度。

（2）被连接件部分由上板、下板和八角环、锥塞组成，八角环上贴有一组应变片，测量被连接件受力的大小，中部有锥形孔，插入或拔出锥塞即可改变八角环的受力，以改变被连接件系统的刚度。

（3）加载部分由蜗杆、蜗轮、挺杆和弹簧组成，挺杆上贴有应变片，用于测量所加工作载荷的大小，蜗杆一端与电动机相连，另一端装有手轮，启动电动机或转动手轮使挺杆上升或下降，以达到加载、卸载（改变工作载荷）的目的。

2）计算机专用多媒体软件

实验台专用多媒体软件可进行螺栓静态连接实验和动态连接实验的数据结果处理和整理，并打印出所需的实测曲线和理论曲线图，待实验结束后进行分析。

3. 实验内容

（1）螺栓连接在静态、动态情况下，拧紧过程中各部分的受力与变形情况。

（2）计算螺栓相对刚度，并绘制螺栓连接的受力变形图。

（3）验证受轴向工作载荷时，预紧螺栓连接的变形规律以及对螺栓总拉力的影响。

（4）通过螺栓的动载实验，改变螺栓连接的相对刚度，观察螺栓动应力幅值的变化，以验证提高螺栓连接强度的各项措施。

4. 实验原理

螺栓连接的受力和变形情况较复杂，因为螺栓与被连接件的刚度不同，螺栓连接在承受预紧力时，螺栓被拉伸，被连接件被压缩，拉伸量与压缩量不等；当螺栓连接再继续承受轴向工作载荷时，螺栓进一步被拉伸，被压缩的被连接件因螺栓伸长而被放松，其压缩量随之减小，其减小量与螺栓拉伸增量相等。显然，螺栓连接承受轴向工作载荷后，预紧力发生了变化，螺栓的总拉力并不等于预紧力与工作拉力之和，而等于残余预紧力与工作拉力之和。

螺栓总拉力的大小，直接关系到螺栓的强度；残余预紧力的大小，影响连接的紧密性。螺栓连接动载荷幅值的大小、螺栓与被连接件的刚度以及预紧力的大小都对螺栓连接的疲劳强度产生影响。螺栓连接综合实验通过对螺栓连接的受力与变形进行测试与分析，验证其受力变形规律及提高螺栓连接疲劳强度的各项措施。图 17-1 所示为单个螺栓连接在承受轴向拉伸载荷前、后的受力及变形情况。

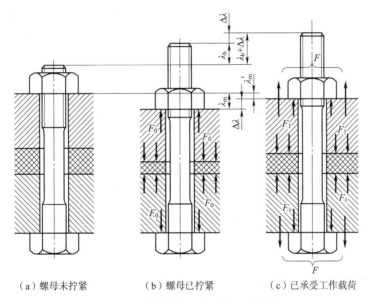

(a) 螺母未拧紧　　(b) 螺母已拧紧　　(c) 已承受工作载荷

图 17-1　单个紧螺栓连接受力变形图

图 17-1（a）所示为螺母刚好拧到和被连接件相接触，但尚未拧紧的情况。此时，螺栓和被连接件都不受力，因此也不产生变形。图 17-1（b）所示为螺母已拧紧，但尚未承受工作载荷的情况。此时，螺栓受预紧力 F_0 的拉伸作用，其伸长量为 λ_b；相反，被连接件则受 F_0 的压缩作用，其压缩量为 λ_m。

图 17-1（c）所示为承受工作载荷时的情况。此时若螺栓和被连接件的材料在弹性变形范围内，则两者的受力与变形的关系符合拉（压）胡克定律。当螺栓承受工作载荷后，因所受的拉力由 F_0 增至 F_2 而继续伸长，其伸长量增加 $\Delta\lambda$，总伸长量为 $\lambda_b + \Delta\lambda$。与此同时，原来被压缩的被连接件，因螺栓伸长而被放松，其压缩量也随之减小。根据连接的变形协调条件，被连接件压缩变形的减少量应等于螺栓拉伸变形的增加量 $\Delta\lambda$。因此，总压缩量为 $\lambda'_m = \lambda_m - \Delta\lambda$。而被连接件的压缩力由 F_0 减至 F_1，F_1 称为残余预紧力。

显然，连接受载后，由于预紧力的变化，螺栓的总拉力 F_2 并不等于预紧力 F_0 与工作拉

力 F 之和,而等于残余预紧力 F_1 与工作拉力 F 之和。

上述螺栓和被连接件的受力与变形关系,还可以用线图表示。如图 17-2 所示,图中纵坐标代表力,横坐标代表变形。螺栓拉伸变形由坐标原点 O_b 向右量起;被连接件压缩变形由坐标原点 O_m 向左量起。图 17-2(a)、(b)分别表示螺栓和被连接件的受力与变形的关系。由图可见,在连接尚未承受工作拉力 F 时,螺栓的拉力和被连接件的压缩力都等于预紧力 F_0。因此,为方便分析,可将图 17-2(a)和图 17-2(b)合并成图 17-2(c)。

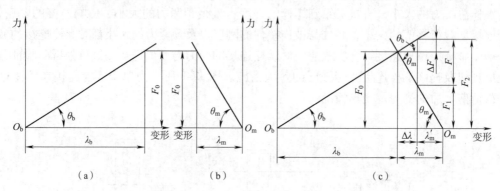

图 17-2 单个紧螺栓连接受力变形线图

如图 17-2(c)所示,当连接承受工作载荷 F 时,螺栓的总拉力为 F_2,相应的总伸长量为 $\lambda_b + \Delta\lambda$;被连接件的压缩力等于残余预紧力 F_1,相应的总压缩量为 $\lambda' = \lambda_m - \Delta\lambda$。可知螺栓的总拉力 F_2 等于残余预紧力 F_1 与工作拉力 F 之和,即

$$F_2 = F_1 + F$$

为保证连接的紧密性,防止连接受载后接合面间产生缝隙,应使 $F_1 > 0$。推荐采用的 F_1 为:对于有密封性要求的连接,$F_1 = (1.5 \sim 1.8)F$;对于一般连接,工作载荷稳定时,$F_1 = (0.2 \sim 0.6)F$;工作载荷不稳定时,$F_1 = (0.6 \sim 1.0)F$;对于地脚螺栓连接,$F_1 \geq F$。

HLYBY-16-A 型静动态测量仪是利用金属材料的特性,将非电量的变化转换成电量变化的测量仪,应变测量的转换元件——应变片是用极细的金属电阻丝绕成或用金属箔片印刷腐蚀而成,用粘剂将应变片牢固地贴在被测物件上,当被测件受到外力作用长度发生变化时,粘贴在被测件上的应变片也相应变化,应变片的电阻值也随之变化了 ΔR,即可将机械量转换成电量(电阻值)的变化。用灵敏的电阻测量仪——电桥,测出电阻值的变化 $\Delta R/R$,即可换算出相应的应变 ε,并可直接在测量仪的液晶显示屏读出应变值。该仪器通过 A/D 板可向计算机发送被测点应变值。

5. 实验步骤

以出厂设定的(实验台八角环上未装两锥塞,组合垫片换成弹性的)螺栓连接静动态实验为例说明实验方法和步骤。

1)螺栓连接静态实验方法与步骤

(1)打开电源开关,应变仪进入默认的单个螺栓应变采集界面。用手轻旋单个螺栓锁紧螺母,力度使其刚好拧紧,调节两个千分表使表头分别接触被测螺栓与连接平板(使表头微缩两圈左右)。

(2) 运行测试软件进入"静态螺栓实验界面"。

(3) 选择正确的串口号，然后单击"检测可用设备"按钮，检测到的设备号会变成绿色，然后选中与计算机相连的设备。此操作为第一次使用该软件时的操作，软件会自动保存上次的串口号和扫描到的设备，下次运行软件直接选择绿色的设备号即可。

(4) 单击"接收数据"按钮，接收到的数据与应变仪界面数据同步，单击"校零"按钮。

(5) 用扭力扳手顺时针拧紧螺母，同时观察螺栓上的千分表，变形大概 35 μm 即可，此时记录下两个千分表的读数。注意，平板千分表为反方向旋转，读数请注意观察。

(6) 在软件界面"预紧变形"栏输入螺栓和八角环形变量大小，即螺栓和平板接触的千分表读数。单击"预紧"→"预紧标定"按钮。

(7) 启动电动机或手动旋转使挺杆上升到最顶端加载，然后停止电动机或手动旋转，稍等片刻（15 s 左右）后单击"加载"→"加载标定"按钮。

(8) 单击"实验报告"按钮，输出 Word 版实验报告，填写实验者信息后保存实验报告。

(9) 用扭力扳手逆时针旋松螺母，启动电动机使挺杆处于最下方，关闭电源开关，完成实验。

2) 螺栓连接动态实验

继续从静态实验步骤（7）开始，单击"返回"按钮到主界面，单击"动态螺栓实验"按钮进入测试界面。

(8) 选择当前绿色实验设备号，单击"动态测试"按钮（此时按钮会切换为"停止测试"）启动电动机，观察实测曲线和理论曲线图，待绘出 2 个完整周期的图后，单击"停止测试"按钮，停止电动机。

(9) 单击"实验报告"按钮，输出 Word 版实验报告，填写实验者信息后保存实验报告。

(10) 用扭力扳手逆时针旋松螺母，启动电动机使挺杆处于最下方，关闭电源开关，完成实验。

6. 注意事项

进行动态实验，开启电动机电源开关时必须注意把手轮卸下来，避免电动机转动时发生安全事故，并可减少实验台振动和噪声。

7. 实验报告

1) 实验目的
2) 实验原理
3) 实验数据

(1) 实验台型号及主要技术参数。

①螺栓材料为 40Cr，弹性模量 $E = 206\,000$ N/mm^2，螺栓杆外直径 $D_1 = 16$ mm，螺栓杆内直径 $D_2 = 8$ mm，变形计算长度 $L = 160$ mm。

②八角环材料为 40Cr，弹性模量 $E = 206\,000$ N/mm^2，$L = 105$ mm。

③挺杆材料为 40Cr，弹性模量 $E = 206\,000$ N/mm^2，挺杆直径 $D = 14$ mm，变形计算长

度 $L = 88$ mm。

④电阻应变片：$R = 120$ Ω，灵敏系数 $K = 2.2$。

（2）螺栓静态特性实验。

实验数据总结见表 17-1。

表 17-1 螺栓静态特性实验数据总结

测量项	实测值				理论值			
	螺栓拉力	螺栓扭矩	八角环	挺杆	螺栓拉力	螺栓扭矩	八角环	挺杆
预紧形变值/μm								
预紧应变值/με								
预紧力/N								
预紧刚度/（N/mm）								
预紧标定值/（με/N）								
加载形变值/μm								
加载应变值/με								
加载力/N								
加载刚度/（N/mm）								
加载标定值/（με/N）								

（3）螺栓连接静、动态特性应力分布曲线图。

4）心得体会

17.2 螺栓组连接实验

1. 实验目的

（1）通过测试螺栓组连接在翻转力矩作用下各螺栓所受的载荷，深化课程学习中对螺栓组连接受力分析的认识。

（2）理解电阻应变仪的工作原理并掌握其使用方法。

2. 实验设备

螺栓组连接实验台结构如图 17-3 所示，被连接件机座 1 和托架 3 被双排共 10 个螺栓 2 连接，连接面间加入垫片 6（硬橡胶板），砝码 5 的重力通过双级杠杆加载系统 4（以 1:75）增力作用到托架 3 上，托架受到翻转力矩的作用，螺栓组连接受横向载荷和倾覆力矩联合作用，各个螺栓所受轴向力不同，它们的轴向变形也就不同（计算时考虑双级杠杆加载系统 4 的自重载荷 700 N）。在各个螺栓上贴有电阻应变片，可在螺栓中段测试部位的任一侧贴一片，或在对称的两侧各贴一片，如图 17-4 所示，各个螺栓的受力可通过贴在其上的工作电阻应变片的变形，用电阻应变仪测得。

3. 实验原理

电阻应变仪系统的组成如图 17-5 所示，主要由测量桥、桥压、滤波器、A/D 转换器、MCU、键盘、显示屏组成。测量方法为：由 DC 2.5 V 高精度稳定桥压供电，通过高精度放大器，把测量桥桥臂压差（μV 信号）放大，后经过数字滤波器，滤去杂波信号，通过 24 位 A/D 模数转换送入 MCU（即 CPU）处理，调零点方式采用计算机内部自动调零，最后送显示屏显示测量数据，同时配有 RS-485 通信口，可以与计算机通信。计算方法为

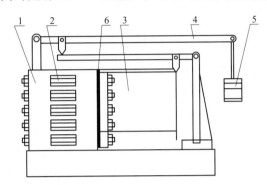

1—机座；2—测试螺栓；3—托架；4—杠杆系统；5—砝码；6—垫片。
图 17-3 螺栓组连接实验台结构

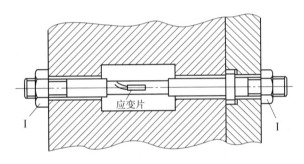

图 17-4 螺栓安装及贴片

$$\Delta U_{BD} - \frac{E}{4K}\varepsilon$$

式中　ΔU_{BD}——工作电阻应变片平衡电压差，μV；
　　　E——桥压，μV；
　　　K——电阻应变系数；
　　　ε——应变值。

电阻应变仪主要由测量桥和读数桥等部分组成。工作电阻应变片和补偿电阻应变片分别接入电阻应变仪测量桥的一个臂，当工作电阻应变片由于螺栓受力变形，长度变化 ΔL 时，其电阻值也变化 ΔR，并且 $\Delta R/R$ 正比于 $\Delta L/L$，ΔR 使测量桥失去平衡，读出读数桥的调节量，即为被测螺栓的应变量。

4. 实验内容

设计螺栓组连接时，通常先进行结构设计，即确定结合面的形状、螺栓布置方式和数量，然后按螺栓组的结构和承载状况进行受力分析，找出受力最大的螺栓，求出其所受力的大小和方向，再按单个螺栓进行强度计算，最后确定螺栓尺寸，校核接合面是否被压溃或出现缝隙。

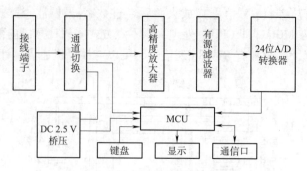

图 17-5　静态应变仪系统的组成

螺栓组的受力情况可分为受横向载荷、受转矩、受轴向载荷、受翻转力矩。其中受翻转力矩的螺栓组连接设计计算较为复杂，本实验测试螺栓组连接在翻转力矩作用下各螺栓所受的载荷，加深对螺栓组连接受力分析的认识。

（1）仪器连线。用导线从实验台的接线柱上把各螺栓的应变片引出端及补偿片的连线连接到电阻应变仪上。

（2）螺栓初预紧。抬起杠杆加载系统，不使加载系统的自重加到螺栓组连接件上。先将左端各螺母用手（不能用扳手）尽力拧紧，然后再把右端的各螺母也用手尽力拧紧。如果在实验前螺栓已经受力，则应将其拧松后再做初预紧。

（3）应变测量点预调平衡。以各螺栓初预紧后的状态为初始状态，先将杠杆加载系统安装好，使加载砝码的重力通过杠杆放大，加到托架上；然后再进行各螺栓应变测量的"调零"（预调平衡），即把应变仪上各测量点的应变量都调到"零"读数。预调平衡砝码加载前，应松开测试齿块（即使载荷直接加在托架上，测试齿块不受力），加载后，加载杠杆一般呈现向右倾斜状态。

（4）螺栓预紧。实现预调平衡后，再用扳手拧各螺栓右端螺母增加预紧力。为防止预紧时螺栓测试端受到扭矩作用产生扭转变形，在螺栓的右端设有一段 U 形断面，嵌入托架接合面处的矩形槽中，以平衡拧紧力矩。在预紧过程中，为防止各螺栓预紧变形的相互影响，各螺栓应先后交叉并重复预紧，使各螺栓均预紧到相同的设定应变量（即应变仪显示值为 $\varepsilon = 200 \pm 10 \, \mu\varepsilon$）。为此，要反复调整预紧 3~4 次或更多。在预紧过程中，用应变仪进行监测。螺栓预紧后，加载杠杆一般会呈右端上翘状态。

（5）加载实验。完成螺栓预紧后，在杠杆加载系统上依次增加砝码，实现逐步加载。加载后，记录各螺栓的应变值（据此计算各螺栓的总拉力）。注意，加载后任一螺栓的总应变值（预紧应变 + 工作应变）不应超过允许的最大应变值（$\varepsilon_{max} \leq 600 \, \mu\varepsilon$），以免螺栓超载损坏。

5. 实验步骤

（1）确认各螺栓为松弛状态，开启设备电源，在操作面板中按"切换"键，切换为螺栓组实验数据采集液晶界面。等待各通道数据采集并刷新后，按"置零"键清除应变初始值。

（2）运行多功能螺栓连接测试系统，进入"螺栓组实验"界面，选择设备后，单击

"读全通道预紧值"按钮，等待数据采集并刷新后单击"预紧数据清除"按钮。

注意，刚安装软件时，进行第（2）步操作，需要选择正确的通信串口号，然后检测可用设备，等扫描到设备后，单击该设备号，然后单击"返回"按钮进入主界面，再次单击"螺栓组实验"按钮进入，即可保存之前的通信端口和扫描设备信息，后续重新运行即可直接进行第（2）步操作。

（3）使用扳手预紧各螺栓，边拧紧边观察液晶界面，使预紧值为 200 ± 10 με。

拧紧技巧提示：通过对称组合拧紧。由于应变仪静态刷新时间较动态长，当拧紧后稍待片刻等待数据刷新后，观察数据结构再进行下一步拧紧操作，亦可根据手感经验，将多根螺栓拧紧后观察数据刷新。

（4）单击"预紧确认"按钮。

（5）将 2 kg 的砝码安装在砝码托盘上，修改"实验参数"界面"负荷 Q [N]"参数为 20 N，然后稍等数据刷新后，单击"负荷 1 实验"按钮。

（6）单击"负荷数据确认"按钮。

（7）增加 0.5 kg 砝码重复第（5）、（6）步操作。

（8）单击"实验报告"按钮，输出 Word 版实验报告，填写实验者信息后保存实验报告。

（9）实验完毕，取下所有砝码，将各螺栓拧松，然后关闭设备电源。

（10）实验结果处理与分析。

① 螺栓组连接实测工作载荷图。根据实测记录的各螺栓的应变量，计算各螺栓所受的总拉力为

$$F_{2i} = E\varepsilon_i S$$

式中　E——螺栓材料的弹性模量，GPa；

　　　S——螺栓测试段的截面积，m^2；

　　　ε_i——第 i 个螺栓在倾覆力矩作用下的拉伸变量。

根据 F_{2i} 绘制出螺栓组连接实测工作载荷图。

② 螺栓组连接理论工作载荷图。砝码加载后，螺栓组受到横向力 Q 和倾覆力矩 M 的作用，即

$$Q = 75G + G_0$$
$$M = QL$$

式中　G——加载砝码重力，N；

　　　G_0——杠杆系统自重折算的载荷（700 N）；

　　　L——力臂长（214 mm）。

在倾覆力矩的作用下，各螺栓所受的工作载荷 F_i 为

$$F_i = \frac{M}{\sum_{i=1}^{z} L_i} = F_{max} \frac{L_i}{L_{max}}$$

$$F_{max} = \frac{ML_{max}}{\sum_{i=1}^{z} L_i^2} = \frac{1}{2 \times 2(L_1^2 + L_2^2)}$$

式中　Z——螺栓个数；
　　　F_{max}——螺栓中的最大总拉力，N；
　　　L_i——螺栓轴线到底板翻转轴线的距离，mm。

6. 注意事项

（1）调零时应注意每个螺栓均预调平衡后置零。

（2）施加预紧力时应注意各螺栓预紧的先后顺序，同时应在预紧后等待应变值稳定后再进行调整，直至各螺栓达到相同的设定应变值。

7. 实验报告

1）实验目的
2）实验原理
3）实验数据

（1）实测数据记录表见表17-2。

表17-2　实测数据记录表

螺栓号	1		2		3		4		5	
数据	ε_1	F_1	ε_2	F_2	ε_3	F_3	ε_4	F_4	ε_5	F_5
预调零										
预紧										
加载										
螺栓号	6		7		8		9		10	
数据	ε_6	F_6	ε_7	F_7	ε_8	F_8	ε_9	F_9	ε_{10}	F_{10}
预调零										
预紧										
加载										

（2）理论计算表见表17-3。

表17-3　理论计算表

螺栓号	1	2	3	4	5	6	7	8	9	10
数据	F_1	F_2	F_3	F_4	F_5	F_6	F_7	F_8	F_9	F_{10}
预调零										
预紧										
加载										

（3）生成螺栓组连接工作载荷图，并填入表17-4。

表17-4　螺栓组连接工作载荷图

实测	理论

4）心得体会

思 考 题

1. 分析实验数据说明螺栓变形与被连接件变形的协调关系。
2. 分析影响螺栓连接相对刚度的因素。
3. 提高承受动载荷的螺栓连接疲劳强度的措施有哪些？
4. 螺栓组连接理论计算与实测的工作载荷间存在误差的原因有哪些？
5. 实验台上的螺栓组连接可能的失效形式有哪些？

拓 展 阅 读

螺钉、螺母虽小，其作用重大！螺纹的发明有几千年的历史，随着螺纹紧固件更加广泛地使用，螺纹松动问题愈加凸显，这个问题一直没有得到根本解决。1985 年，唐宗才毕业于华中科技大学电气自动化专业，刚满 20 岁的他被分配到马钢中板厂成为一名电气工程师。能不能设计一种"不会松动的螺栓"结构？这个想法在他的不懈努力下变为现实，由他设计的唐氏螺纹螺母由作为紧固螺母的右旋螺母和作为锁紧螺母的左旋螺母组成，两种螺纹复合在同一段螺纹上，因为方向不同，紧固螺母的松动力变成锁紧螺母的紧固力，因此螺母防松效果大大提高。

第18章　渐开线齿轮范成原理实验

导读：
渐开线齿廓切削加工方法分为仿形法和范成法。范成法是批量生产高精度齿轮最常用的一种方法，如插齿、滚齿、剃齿、磨齿等都属于这种方法。范成法切制渐开线齿廓是在专用机床（如插齿机、滚齿机、剃齿机、磨齿机等）上进行的，渐开线齿廓的形成过程不容易清晰地看到，课堂讲授时学生可能感到比较抽象，需要配合实验进行展示和验证。齿轮的范成法加工实验是利用专用实验仪器模拟齿条插刀与轮坯的范成加工过程，用纸坯代替轮坯，用铅笔记录刀具在切削过程中的一系列位置，展现包络线形成的过程，可清楚地观察到范成法加工齿轮齿廓的过程。

1. 实验目的

（1）掌握加工齿轮的方法，理解用范成法加工渐开线齿轮的基本原理。

（2）通过实验进一步理解渐开线齿轮产生根切的原因和防止根切的措施。

2. 实验设备

（1）齿轮范成仪如图 18-1 所示，圆盘 2 代表齿轮加工机床的工作台，固定在它上面的圆形纸代表被加工齿轮的轮坯，它们可以绕机架 5 上的轴线转动。齿条 3 代表切齿刀具，安装在滑板 4 上，移动滑板时，齿轮齿条使圆盘 2 与滑板 4 作纯滚动，齿条刀具 3 可以相对于圆盘作径向移动。

（2）学生自备：圆规、剪刀、三角板、铅笔、橡皮、外径为 $\phi 220$ mm 圆形纸坯一个。

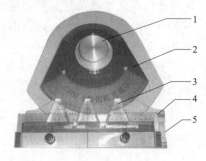

1—压板；2—圆盘；3—齿条；
4—滑板；5—机架。
图 18-1　齿轮范成仪

3. 实验原理

范成法利用一对齿轮相互啮合时其共轭齿廓互为包络线的原理加工齿轮。假想将一对相啮合的齿轮（或齿轮与齿条）之一作为刀具，另一个作为轮坯，并使两者仍按原传动比传动，同时刀具作切削运动，则在轮坯上便可加工出与刀具齿廓共轭的齿轮齿廓；并用铅笔将刀具刀刃的各个位置画在图纸上，这样就可以清楚地观察到齿轮范成的过程。

4. 实验内容

（1）分别绘制 $m = 20$ mm、$z = 8$、$\alpha = 20°$、$h_a^* = 1$、$c^* = 0.25$ 的渐开线标准齿轮，正变位齿轮（$x_1 = 0.5$）以及负变位齿轮（$x_2 = -0.5$）的齿廓，各 2 个完整齿，比较三种齿廓的异同点。

（2）分析比较标准齿轮与变位齿轮的异同点，说明变位齿轮的优缺点。

5. 实验步骤

1）实验课前准备

按 $m = 20$ mm、$z = 8$、$\alpha = 20°$、$h_a^* = 1$、$c^* = 0.25$、$x_1 = 0.5$、$x_2 = -0.5$ 分别计算标准、

正变位、负变位三种渐开线齿廓的分度圆直径 d、齿顶圆直径 d_a、齿根圆直径 d_f、基圆直径 d_b。将作为轮坯的圆形绘图纸均分为三个扇形区，分别在三个扇形区内画出三种齿廓的上述四个圆，并沿最大圆的圆周剪成圆形纸片，作为实验的轮坯。此步骤应在实验课前完成。

2）绘制标准齿轮齿廓

（1）将圆形纸片（轮坯）安装在范成仪的圆盘上，使二者圆心重合，然后使标准齿轮扇形区正对齿条位置，旋紧螺母用压板 1 压紧轮坯。

（2）调整齿条刀 3 的位置，使其分度线与轮坯分度圆相切，并将齿条刀 3 与滑板 4 固紧。

（3）将齿条刀推至一边极限位置，依次移动齿条刀 3（单向移动，每次不超过 1 mm），并依次用铅笔描出刀具刀刃各瞬时的位置，要求绘出两个以上的完整齿形。

（4）观察根切现象，并分析根切的原因。

3）绘制正变位齿轮齿廓

（1）松开压紧螺母，转动轮坯，将正变位扇形区正对齿条位置，并压紧轮坯。

（2）将齿条刀 3 分度线调整到远离轮坯分度圆 $x_1 m = 0.5 \times 20$ mm $= 10$ mm 处，并将齿条刀 3 与滑板 4 固紧。

（3）绘制出两个以上的完整齿形 [重复绘制标准齿轮齿廓操作中的第（3）步]。

（4）观察此齿形与标准齿形的区别（如齿顶圆、齿根圆、分度圆齿厚和齿槽宽）。

4）绘制负变位齿轮齿廓

（1）松开压紧螺母，转动轮坯，将负变位扇形区正对齿条位置，并压紧轮坯。

（2）将齿条刀 3 分度线调整到靠近轮坯中心，距分度圆 $x_2 m = |-0.5 \times 20|$ mm $= 10$ mm 处，并将齿条刀 3 与滑板 4 固紧。

（3）绘制出两个以上的完整齿形 [重复绘制标准齿轮齿廓操作中的第（3）步]。

（4）观察此齿形与标准、正变位齿形的区别及根切现象。

6. 注意事项

（1）代表轮坯的纸片应有一定的厚度，纸面应平整无明显翘曲。

（2）轮坯纸片装在圆盘 2 上时应固定可靠，在实验过程中不得随意松开或重新固定，否则可能导致实验失败。

（3）在绘制正变位齿轮齿廓步骤中，应自始至终将滑板从一个极限位置沿一个方向推动，直到画出所需的全部齿廓，不得来回推动，以免范成仪啮合间隙影响实验结果的精确性。

（4）实验完成后将范成仪擦拭干净，齿条移动到中间位置，放在指定的位置。

7. 实验报告

1）实验目的

2）实验原理

3）实验数据（附齿廓范成图）

实验原始数据见表 18-1，标准齿轮与变位齿轮的参数比较报告表见表 18-2。

表 18-1　实验原始数据

模数 m/mm	压力角 α	齿顶高系数 h_a^*	顶隙系数 c^*	分度圆直径 d/mm	齿数 z	变位系数	
20	20°	1	0.25	160	8	$x_1 = 0.5$	$x_2 = -0.5$

表 18-2　标准齿轮与变位齿轮的参数比较报告表

项　目	结　果			
	计算公式	标准	正变位	负变位
分度圆直径 d/mm				
齿顶圆直径 d_a/mm				
齿根圆直径 d_f/mm				
基圆直径 d_b/mm				
变位量（齿条刀移动的距离）xm/mm				
变位系数 x				
齿距 p/mm				
齿槽宽 e/mm				
齿厚 s/mm				
是否发生根切				

4）心得体会

思　考　题

1. 用齿轮刀具加工标准齿轮时，刀具和轮坯之间的相对位置和相对运动有何要求？
2. 观察实验结果，定性说明标准齿轮齿廓和正、负变位齿轮齿廓的形状有何不同，不同的原因是什么？
3. 刀具的齿顶高为什么等于 $(h_a^* + c^*) m$？
4. 通过实验，思考产生根切的原因是什么？如何避免根切现象？

●视频
指状铣刀加工齿轮

●视频
盘状铣刀加工齿轮

●视频
齿轮插刀加工齿轮

●视频
滚齿刀加工齿轮

第 19 章　渐开线齿轮及其啮合参数测定实验

导读：
　　渐开线齿轮的几何参数较多，各参数之间又有一定的内在关系，变位齿轮的某些几何参数又有相应变化。不同类型的变位齿轮啮合传动参数变化较大，关系更复杂，长期以来缺乏齿轮啮合传动参数的测定实验，不利于学生对啮合参数的理解和掌握。
　　本章利用渐开线齿轮及其啮合参数测定仪，既能测试各种单个齿轮的几何参数，又能测定各种齿轮传动类型的啮合参数，使齿轮参数测量实验课内容更加丰富。

19.1　渐开线直齿圆柱齿轮几何参数测定实验

1. 实验目的
（1）掌握使用游标卡尺测定渐开线直齿圆柱齿轮几何尺寸的方法。
（2）通过测量和计算，确定渐开线直齿圆柱齿轮的基本参数。

2. 实验设备
（1）齿数分别为奇数和偶数的标准齿轮各一个。
（2）游标卡尺（0~200 mm）若干把。

3. 实验原理
齿轮的基本参数有五个：齿数 z、模数 m、压力角 α、齿顶高系数 h_a^*、顶隙系数 c^*，其中 m、α、h_a^*、c^* 均应取标准值，z 为正整数。对于变位齿轮，还有一个重要参数，即变位系数 x，变位齿轮及变位齿轮传动的诸多尺寸均与 x 有关。通过测量公法线长度 W_k'、齿顶圆直径 d_a、齿根圆直径 d_f，可以确定齿轮的基本参数。

4. 实验内容
（1）通过测量公法线长度 W_k' 确定模数 m 和压力角 α。
（2）通过测量齿顶圆直径 d_a 和齿根圆直径 d_f，确定齿顶高系数 h_a^* 和顶隙系数 c^*。
（3）通过标准齿轮公法线长度与实测公法线长度的比较，判断齿轮的变位类型，并计算变位系数 x，确定齿轮是否根切。

5. 实验步骤
1）数出各齿轮齿数 z
2）确定跨齿个数 k
　　测量公法线长度时，k 应根据被测齿轮的齿数 z 确定，$k = z/9 + 0.5 \approx 0.111z + 0.5$，按四舍五入原则取整代入。
3）测定齿轮的模数 m 和分度圆压力角 α
　　任选一齿轮，用游标卡尺跨过 k 个齿，测得齿廓间的公法线长度 W_k'（齿轮上，跨过一定

齿数 k，所量得的渐开线间的法线距离称为公法线长度），如图 19-1 所示；再跨过 $k+1$ 个齿，测得公法线长度 W'_{k+1}。

根据渐开线的性质，发生线沿基圆滚过的长度，等于基圆上被滚过的弧长。

跨 k 个齿时，其公法线长度应为

$$W'_k = (k-1)P_b + s_b$$

跨 $k+1$ 个齿时，其公法线长度应为

$$W'_{k+1} = kP_b + s_b$$

所以 $P_b = W'_{k+1} - W'_k$

又因为 $P_b = P\cos\alpha = \pi m\cos\alpha$

所以 $m = \dfrac{P_b}{\pi\cos\alpha}$

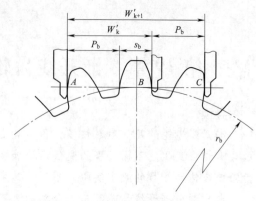

图 19-1 公法线的测量

其中，P 为分度圆齿距；P_b 为基圆齿距；α 一般为 20°或 15°；m 应符合标准模数系列，分别用 20°和 15°代入模数公式，算出两个模数；查表 19-1 模数标准系列，其中最接近标准模数值的一组 m 和 α，即为所求齿轮的模数和压力角。

表 19-1 标准模数系列（GB/T 1357—2008）　　　　　　　　　　　　　　　　单位：mm

系列	
系列 I	系列 II
1	1.125
1.25	1.375
1.5	1.75
2	2.25
2.5	2.75
3	3.5
4	4.5
5	5.5
6	(6.5)
8	7
10	9
12	11
16	14
20	18
25	22
32	28
40	35
50	45

4）计算变位系数 x

被测齿轮若是变位齿轮，还需确定变位系数 x。将用游标卡尺测量的实测公法线长度 W'_k 与理论公法线长度 W_k 计算值作比较，若 $W_k = W'_k$，则被测齿轮为标准齿轮；若 $W_k \neq W'_k$，

则被测齿轮为变位齿轮。

由
$$W'_k = W_k + 2xm\sin\alpha$$

可得变位系数 x 计算公式为
$$x = \frac{W'_k - W_k}{2m\sin\alpha}$$

若 $x>0$，则被测齿轮为正变位齿轮；若 $x<0$，则被测齿轮为负变位齿轮。

在变位系数 x 的计算公式中，W_k 为理论公法线长度，$W_k = W_k^* m$，其中，W_k^* 为 $m=1$，$\alpha=20°$ 的标准直齿圆柱齿轮的公法线长度。

在实际情况中，为简化计算，$m=1$，$\alpha=20°$ 的标准直齿圆柱齿轮的公法线长度 W_k^* 可通过查表 19-2 得到；当 $m\neq 1$ 时，只要将表中查得的 W_k^* 值乘以模数 m 即可。

表 19-2 公法线长度 W_k^*（$m=1$ mm，$\alpha=20°$）　　　　　　　单位：mm

齿轮齿数 z	跨测齿数 k	公法线长度 W_k^*	齿轮齿数 z	跨测齿数 k	公法线长度 W_k^*	齿轮齿数 z	跨测齿数 k	公法线长度 W_k^*	齿轮齿数 z	跨测齿数 k	公法线长度 W_k^*	齿轮齿数 z	跨测齿数 k	公法线长度 W_k^*
4	2	4.4842	27	4	10.7106	50	6	16.9370	73	9	26.1155	96	1122	32.3419
5		4.4982	28		10.7246	51		16.9510	74		26.1295	97		32.3559
6		4.5122	29		10.7386	52		16.9660	75		26.1435	98		32.3699
7		4.5262	30		10.7526	53		16.9790	76		26.1575	99		35.3361
8		4.5402	31		10.7666	54		19.9452	77		26.1715	100		35.3500
9		4.5542	32		10.7806	55		19.9591	78		26.1855	101		35.3660
10		4.5683	33		10.7946	56		19.9731	79		26.1995	102	12	35.3780
11		4.5823	34		10.8086	57		19.9871	80		26.2135	103		35.3920
12		4.5965	35		10.8226	58	7	20.0011	81		29.1797	104		35.4060
13		4.6103	36		13.7888	59		20.0152	82		29.1937	105		35.4200
14		4.6243	37		13.8028	60		20.0292	83		29.2077	106	13	35.4340
15		4.6383	38		13.8168	61		20.0432	84		29.2217	107		35.4481
16		4.6523	39		13.8308	62		20.0572	85	10	29.2357	108		38.4142
17		4.6663	40	5	13.8448	63		23.0233	86		29.2497	109		38.4282
18		7.6324	41		13.8588	64		23.0373	87		29.2637	110		38.4422
19		7.6424	42		13.8728	65		23.0513	88		29.2777	111		38.4562
20		7.6604	43		13.8868	66		23.0653	89		29.2917	112		38.4702
21		7.6744	44		13.9008	67	8	23.0793	90		32.2579	113	14	38.4842
22	3	7.6884	45		16.8670	68		23.0933	91		32.2718	114		38.4982
23		7.7024	46		16.8810	69		23.1073	92		32.2858	115		38.5122
24		7.7165	47	6	16.8950	70		23.1213	93	11	32.2998	116		38.5262
25		7.7305	48		16.9090	71		23.1353	94		32.3136	117		41.4924
26		7.7445	49		16.9230	72	9	26.1050	95		32.3279	118		41.5064

5）测定齿顶圆直径 d_a 和齿根圆直径 d_f

若齿轮的齿数为偶数，可用游标卡尺直接从被测齿轮上量出 d_a 和 d_f，如图 19-2（a）所示，但要求在齿轮的不同部位测量三次，然后取其平均值；若齿轮齿数为奇数，先量出被测齿轮装配孔的直径 d_k，再分别量出孔壁到齿顶的距离 H_1 和孔壁到齿根的距离 H_2，计算 $d_a = d_k + 2H_1$，$d_f = d_k + 2H_2$，如图 19-2（b）所示。

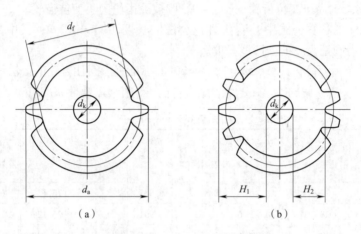

图 19-2　齿轮 d_a 和 d_f 的测量和计算

6）确定齿顶高系数 h_a^* 和顶隙系数 c^*

齿根高公式为

$$h_f = m(h_a^* + c^* - x) = \frac{mz - d_f}{2}$$

式中，d_f 已知，只有 h_a^* 和 c^* 未知。此时分别将 $h_a^* = 1$，$c^* = 0.25$ 和 $h_a^* = 0.8$，$c^* = 0.3$ 两种标准值代入式中，其中必有符合等式者，符合等式的 h_a^* 和 c^* 即为所求的值。

7）计算不根切的最小变位系数 x_{min}

要保证变位齿轮不产生根切，应满足：

$$(h_a^* - x_{min})m \leqslant \frac{mz}{2}\sin^2\alpha$$

标准齿轮不根切的最小齿数为

$$z_{min} = \frac{2h_a^*}{\sin^2\alpha}$$

所以

$$x_{min} \geqslant h_a^*(z_{min} - z)/z_{min}$$

6. 注意事项

（1）实验前应检查游标卡尺与公法线千分尺的使用和正确读数方法。

（2）测量齿轮的几何尺寸时，应选择不同轮齿测量 3 次，取其平均值作为测量结果。

（3）通过实验求出的基本参数 m、α、h_a^*、c^* 必须圆整为标准值。

（4）测量的尺寸精确到小数点后第 2 位。

7. 实验报告

1）实验目的
2）实验原理
3）实验数据

渐开线直齿圆柱齿轮几何参数测定实验报告表见表 19-3。

表 19-3　渐开线直齿圆柱齿轮几何参数测定实验报告表

齿轮编号			奇数齿轮				偶数齿轮				计算公式
项　　目		单位	测量数据			平均值	测量数据			实际平均值	
			1	2	3		1	2	3		
公法线长度	W_k										
	W'_{k+1}										
齿根圆直径 d_f											
齿顶圆直径 d_a											
齿数 z											
模数 m											
压力角 α											
齿顶高系数 h_a^*											
顶隙系数 c^*											
变位系数 x											
齿轮孔径 d_k											
最小变位系数 x_{min}											

4）心得体会

19.2　渐开线齿轮啮合传动实验

1. 实验目的

（1）加深对直齿圆柱齿轮啮合传动过程的理解。
（2）掌握通过实验确定变位齿轮的传动类型及啮合参数的方法。

2. 实验设备

1）游标卡尺（0~200 mm）若干把
2）渐开线齿轮及其啮合参数测定仪

（1）实验仪结构。渐开线齿轮及其啮合参数测定仪结构如图 19-3 所示。齿轮轴 1、2 固定在台板上，其中心距为 100 ± 0.027 mm，齿轮轴 1 的轴颈上可分别安装 2、3、5、6 实验齿轮（齿轮编号见实验箱标注），齿轮轴 2 的轴颈上可分别安装 1、4 实验齿轮，1 齿轮可分别与 2、3 齿轮啮合，4 齿轮可分别与 5、6 齿轮啮合，共组成四对不同的齿轮传动。实验仪还配有 4 块有机玻璃制成的透明面板，面板相当于齿轮箱体的一部分，面板上刻有齿顶圆、基圆、啮合线等,两孔同时安装在齿轮轴 1、2 的轴颈上。面板 Z_1、Z_2 和面板 $Z_1 \sim Z_3$ 分别用于齿轮 1~2 和齿轮 1~3 两对啮合传动,面板 Z_4、Z_5 和面板 $Z_4 \sim Z_6$ 分别用于齿轮 4~5 和齿轮 4~6 两对啮合传动(面板编号见实验箱标注)。

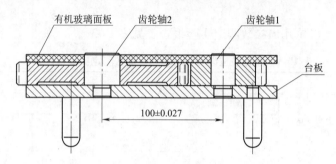

图 19-3　渐开线齿轮及其啮合参数测定仪结构

实验仪所配齿轮有标准齿轮、正变位齿轮、负变位齿轮;正常齿制齿轮、短齿制齿轮;标准压力角齿轮、小压力角齿轮;根切齿轮、不根切齿轮。组成传动的类型有标准齿轮传动、等变位齿轮传动(高度变位)以及不等变位齿轮传动(角度变位)的正传动和负传动。

(2) 实验仪的配置见表 19-4 和表 19-5。

表 19-4　被测齿轮参数

编号	齿数 z	模数 m/mm	压力角	齿顶高系数 h_a^*	顶隙系数 c^*	变位系数 x
1	35	4	20°	1	0.25	-0.46
2	16	4	20°	1	0.25	0
3	15	4	20°	1	0.25	+0.46
4	27	4	15°	0.8	0.3	0
5	23	4	15°	0.8	0.3	0
6	22	4	15°	0.8	0.3	+0.564

表 19-5　面板的啮合参数

配对	齿轮	传动类型	标准中心距 a/mm	实际中心距 a'/mm	啮合角 α'	基圆 d_b/mm	齿顶圆 d_a/mm	中心距变动系数 y	齿顶高变动系数 Δy
1-2	1	负传动	102	100	16.5671°	131.56	144	-0.5	0.04
	2					60.14	71.68		
1-3	1	等变位	100	100	20°	131.56	(144.32)	0	0
	3					56.38	71.68		
4-5	4	标准	100	100	15°	104.32	(114.4)	0	0
	5					88.87	98.4		
4-6	4	正传动	98	100	18.8075°	104.32	113.89	+0.5	0.064
	6					85.00	98.4		

注:齿轮 1 的齿顶圆直径 d_{a1} 按 ϕ144 mm 制造,对 1-3 齿轮对啮合顶隙增加 0.16 mm;同样,齿轮 4 的齿顶圆直径 d_{a4} 按 ϕ113.89 mm 制造,对 4-5 齿轮对啮合顶隙增加 0.255 mm。

3. 实验原理

1) 渐开线齿轮啮合传动过程

一对渐开线齿轮啮合传动，其理论啮合线是两基圆的内公切线 N_1N_2，其实际啮合线是两齿顶圆与理论啮合线交点之间的线段 B_2B_1（见图19-4），两轮轮齿在 B_2 点开始进入啮合，接触点为从动轮的齿顶圆齿廓与主动轮的齿根部位齿廓。随着传动的进行，两齿廓的啮合点将逐渐由 B_2 点沿实际啮合线移向 B_1 点，同时啮合点沿着主动轮的齿廓，由齿根逐渐移向齿顶；沿着从动轮的齿廓，由齿顶逐渐移向齿根。当啮合进行到 B_1 点时，两轮齿廓即将脱离啮合。为使两轮能够连续啮合传动，实际啮合线 B_2B_1 长度应大于（至少等于）齿轮的法向齿距 P_n（即基圆齿距 P_b），重合度 $\varepsilon_a = B_2B_1/P_b \geq 1$。

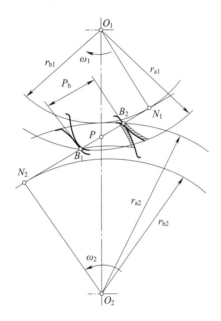

图 19-4 渐开线齿轮的啮合过程

2) 变位齿轮传动类型及啮合参数的确定原理

按照相互啮合的两齿轮变位系数（x_1、x_2）的不同，可将变位齿轮传动分为三种基本类型：

(1) $x_1 + x_2 = 0$ 且 $x_1 = x_2 = 0$ 时为标准齿轮传动。

(2) $x_1 + x_2 = 0$ 且 $x_1 = -x_2 \neq 0$ 时为等变位齿轮传动，又称高度变位齿轮传动，也称零传动。

(3) $x_1 + x_2 \neq 0$ 时为不等变位齿轮传动，又称角度变位齿轮传动，其中，$x_1 + x_2 > 0$ 时为正传动；$x_1 + x_2 < 0$ 时为负传动。

表19-6给出了外啮合直齿圆柱齿轮传动的几何参数计算公式；表19-7给出了渐开线齿轮几何参数计算值；表19-8给出了外啮合直齿圆柱齿轮传动的啮合参数计算值。

表 19-6 外啮合直齿圆柱齿轮传动的几何参数计算公式

名　称	符号	标准齿轮传动	变位齿轮传动	
			零传动	正传动、负传动
变位系数	x	$x_1 = x_2 = 0$	$x_1 + x_2 = 0$，$x_1 = -x_2 \neq 0$	$x_1 + x_2 \neq 0$
分度圆直径	d	\multicolumn{3}{c}{$d = mz$}	
基圆直径	d_b	\multicolumn{3}{c}{$d_b = mz\cos\alpha$}	
啮合角	α'	$\alpha' = \alpha$	$\alpha' = \alpha$	$\mathrm{inv}\,\alpha' = \dfrac{2(x_1+x_2)}{z_1+z_2}\tan\alpha + \mathrm{inv}\,\alpha$
中心距	a、a'	$a = \dfrac{m}{2}(z_1+z_2)$	$a = \dfrac{m}{2}(z_1+z_2)$	$a' = \dfrac{\cos\alpha}{\cos\alpha'}a$
节圆直径	d'	$d' = d$	$d' = d$	$d' = \dfrac{\cos\alpha}{\cos\alpha'}d$
中心距变动系数	y	$y = 0$	$y = 0$	$y = \dfrac{a'-a}{m} = \dfrac{z_1+z_2}{2}\left(\dfrac{\cos\alpha}{\cos\alpha'}-1\right)$
齿高变动系数	Δy	$\Delta y = 0$	$\Delta y = 0$	$\Delta y = x_1 + x_2 - y$
齿顶高	h_a	$h_a = h_a^* m$	$h_a = (h_a^* + x)m$	$h_a = (h_a^* + x - \Delta y)m$
齿根高	h_f	$h_f = (h_a^* + c^*)m$	\multicolumn{2}{c}{$h_f = (h_a^* + c^* - x)m$}
全齿高	h	$h_a = (2h_a^* + c^*)m$	\multicolumn{2}{c}{$h_a = (2h_a^* + c^* - \Delta y)m$}
齿顶圆直径	d_a	\multicolumn{3}{c}{$d_a = d + 2h_a$}	
齿根圆直径	d_f	\multicolumn{3}{c}{$d_f = d - 2h_f$}	
分度圆齿厚	s	$s = \dfrac{\pi m}{2}$	\multicolumn{2}{c}{$s = \dfrac{\pi m}{2} + 2xm\tan\alpha$}

表 19-7 渐开线齿轮几何参数计算值

被测齿轮	1	2	3	4	5	6
z	35	16	15	27	23	22
k	4	2	3	3	2	4
W_k'/mm	42.03	18.61	31.62	30.99	18.75	44.19
W_{k+1}'/mm	53.84	30.42	43.43	43.13	30.89	56.31
m/mm	4	4	4	4	4	4
$\alpha/(°)$	20	20	20	15	15	15
d_a/mm	144	71.68	71.68	113.89	98.4	98.4
d_f/mm	126.32	54	53.68	99.2	83.2	83.712
h_a^*	1	1	1	0.8	0.8	0.8
c^*	0.25	0.25	0.25	0.3	0.3	0.3
W_k/mm	43.29	18.61	30.36	30.99	18.75	30.87
x	−0.46	0	+0.46	0	0	+0.57
$x_{\min}$	−1.059	0.059	0.118	−0.588	−0.353	−0.294

表 19-8 外啮合直齿圆柱齿轮传动的啮合参数计算值

参数名称	符号	齿轮 1-2		齿轮 1-3		齿轮 4-5		齿轮 4-6	
变位系数	x	−0.46	0	−0.46	+0.46	0	0	0	+0.564
传动类型		负传动		等变位齿轮传动		标准齿轮传动		正传动	
分度圆直径	d/mm	140	64	140	60	108	92	108	88
基圆直径	d_b/mm	131.56	60.14	131.56	56.38	104.32	88.87	104.32	85.00
啮合角	α'/(°)	16.5671		20		15		18.8075	
中心距	a'/mm	100		100		100		100	
节圆直径	d'/mm	137.26	62.74	140	60	108	92	110.20	89.80
中心距变动系数	y	−0.5		0		0		+0.5	
齿顶高变动系数	Δy	0.04		0		0		0.064	
齿顶高	h_a/mm	2	3.84	2.16	5.84	3.2	3.2	2.944	5.2
齿根高	h_f/mm	6.84	5	6.84	3.16	4.4	4.4	4.4	2.144
全齿高	h/mm	8.84	8.84	9	9	7.6	7.6	7.344	7.344
齿顶圆直径	d_a/mm	144	71.68	144.32	71.68	114.4	98.4	113.89	98.4
齿根圆直径	d_f/mm	126.32	54	126.32	53.68	99.2	83.2	99.2	83.712
分度圆齿厚	s/mm	4.94	6.28	4.94	7.26	6.28	6.28	6.28	7.49
实际啮合线长（实测）	$\overline{B_2B_1}$/mm	19.5		17.21		18.1		15.39	
重合度≈	ε_a	1.67		1.457		1.499		1.268	

4. 实验内容

（1）确定变位齿轮的传动类型及啮合参数。

（2）观察直齿圆柱齿轮的啮合传动过程，测定重合度。

5. 实验步骤

（1）分别将齿轮 1、2，齿轮 1、3，齿轮 4、5，齿轮 4、6 装在实验仪台板的齿轮轴上，再装上相应的面板（将其刻画面朝下），转动各对中的小齿轮，观察齿轮传动的啮合过程，注意啮合点位置的变化及其与啮合线的位置关系。

（2）初测这四对齿轮的实际啮合线长度 B_2B_1（当齿顶圆与理论啮合线交点 B_2 超出 N_1 点位置时，实际啮合线长度为 N_1B_1），并计算重合度 ε_a。

（3）判断这四对齿轮传动的类型，比较其特点，计算其啮合传动的几何参数。

6. 注意事项

（1）实验仪台板、被测齿轮及卡尺等应轻拿轻放，不要掉下，以免受伤或损坏实验器材。

（2）有机玻璃面板应将刻度面朝下（贴近齿轮端面）安装，板面应避免划痕。

7. 实验报告

1）实验目的

2）实验原理

3）实验数据

外啮合直齿圆柱齿轮传动的啮合参数计算值报告表见表 19-9。

表 19-9　外啮合直齿圆柱齿轮传动的啮合参数计算值报告表

参数名称	符号	齿轮 1-2	齿轮 1-3	齿轮 4-5	齿轮 4-6
变位系数					
传动类型					
分度圆直径/mm					
基圆直径/mm					
啮合角/（°）					
中心距/mm					
节圆直径/mm					
中心距变动系数					
齿顶高变动系数					
齿顶高/mm					
齿根高/mm					
全齿高/mm					
齿顶圆直径/mm					
齿根圆直径/mm					
分度圆齿厚/mm					
实际啮合线长（测试）/mm					
重合度					

4）心得体会

思 考 题

1. 决定齿廓形状的基本参数有哪些？
2. 测量公法线长度时，把卡尺的量足放在渐开线齿廓的不同位置上，对所测得的公法线长度有无影响？为什么？
3. 简述直齿圆柱齿轮传动的啮合过程，一对齿廓的啮合点位置在主、从动齿廓及啮合线上是如何变化的？
4. 什么是齿轮传动的重合度 ε_a？它是如何计算的？
5. 试比较当其他参数相同时 $\alpha = 20°$ 与 $\alpha = 15°$ 齿轮、正常制与短齿制齿轮在渐开线齿形、主要几何参数及啮合传动性能方面各有何不同？

拓 展 阅 读

所有齿轮的损伤过程是一成不变的吗？

齿轮表面损伤表现为磨粒磨损和疲劳磨损。磨损初期，由于润滑较好且洁净，磨粒磨损较少出现，此时以齿面点蚀为主。随着损伤进一步发生，点蚀产生的颗粒会加剧磨粒磨损的发生，转变成磨粒磨损为主。而长期磨损导致齿厚减薄，从而以断裂损伤为主。这让我们学习到解决问题时，应用发展的眼光看问题、分析问题，自觉把握事物运动变化中的主要矛盾和次要矛盾。

第 20 章　机构运动创新设计实验

导读：

在机械产品设计中，运动方案的设计是设计过程中非常重要的阶段，也是最能体现设计者创新性的阶段，它直接决定着产品的性能及市场竞争力。

任何机构都可以看作是由若干个基本杆组依次连接在原动件和机架上而构成的，这是机构的组成原理。本章是基于机构组成原理的机构运动方案拼装实验。根据从动件工作的运动要求，创新构思运动方案，利用虚拟软件完成所构思机构的装配训练、运动仿真及拆卸过程爆炸图演示。同时还可以再利用实验台提供的多功能零部件，将其组装成机构模型，启动电动机带动其运动。本实验不仅可以对机构运动的可行性、构件布局的合理性等设计构思进行直观验证，而且还可以通过修改和调整完善设计，以确定最终设计方案。通过虚拟机构装配、运动仿真和实物机构装配、运转实验过程，培养学生的创新能力、动手能力和独立进行运动方案设计的能力，掌握机构创新的基本方法。

1. 实验目的

（1）加深学生对平面机构组成原理、结构组成的认识，掌握平面机构组成及运动特点。

（2）培养学生的机构综合设计能力、创新能力和实践动手能力。

2. 实验设备

（1）CQJP-D 机构运动创新设计方案实验台（见图 20-1）。

图 20-1　实验台机架

（2）组装、拆卸工具：一字螺丝刀、十字螺丝刀、固定扳手、内六角扳手、钢板尺、卷尺。

（3）实验需自备笔和纸。

3. 实验原理

1）机构的组成原理

机构具有确定运动的条件是其原动件的数目等于其所具有的自由度的数目。因此，如将机构的机架及与机架相连的原动件从机构中拆分开来,则由其余构件构成的构件组必然是一个自由度为 0 的构件组,该构件组有时还可以拆分成更简单的自由度为 0 的构件组,将最后不能再拆的最简单的自由度为 0 的构件组称为基本杆组(或阿苏尔杆组),简称杆组。

由杆组定义可知,组成平面机构的基本杆组应满足条件:
$$F = 3n - 2P_l - P_h = 0$$
其中,n 为杆组中的构件数;P_l 为杆组中的低副数;P_h 为杆组中的高副数。由于构件数和运动副数目均应为整数,故当 n、P_l、P_h 取不同数值时,可得各类基本杆组。

当 $P_h = 0$ 时,杆组中的运动副全部为低副,称为低副杆组。此时由于 $F = 3n - 2P_l = 0$,故 $n = \dfrac{2P_l}{3}$,因此 n 应为 2 的倍数,而 P_l 应为 3 的倍数,即 $n = 2, 4, 6, \cdots$,$P_l = 3, 6, 9, \cdots$,当 $n = 2$,$P_l = 3$ 时的基本杆组称为Ⅱ级组。Ⅱ级组是应用最多的基本杆组,绝大多数的机构均由Ⅱ级杆组组成,常见的Ⅱ级杆组如图 20-2 所示。

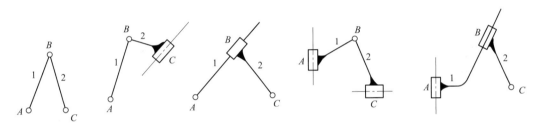

图 20-2 常见Ⅱ级杆组

当 $n = 4$,$P_l = 6$ 时的基本杆组称为Ⅲ级杆组,常见的Ⅲ级杆组如图 20-3 所示。

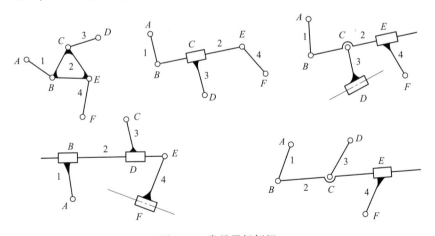

图 20-3 常见Ⅲ级杆组

由上述分析可知:任何平面机构均可以通过零自由度的杆组依次连接到机架和原动件上的方法形成。因此,上述机构的组成原理也是机构创新设计拼装的基本原理。

2)杆组的正确拆分

杆组的正确拆分应按照如下步骤:

(1)正确计算机构的自由度(注意去掉机构中的虚约束和局部自由度),并确定原动件。

(2) 从远离原动件的构件开始拆杆组。先试拆 II 级组，若拆不出 II 级组，再试拆 III 级组。即杆组的拆分应从低级别杆组开始，依次向高一级杆组拆分。

正确拆分的判别标准：每拆分出一个杆组后，留下的部分仍应是一个与原机构有相同自由度的运动链，不能有不成组的零散构件或运动副存在，直至全部杆组拆出只剩下原动件和机架为止。

图 20-4 所示为锯木机机构，先去掉 K 处的局部自由度，计算此时机构的自由度 $F = 3n - 2P_l - P_h = 3 \times 8 - 2 \times 11 - 1 = 1$，并确定凸轮为原动件。先拆分出由构件 4 和 5 组成的 II 级组，再拆分出由构件 6 和 7 及构件 3 和 2 组成的两个 II 级组和由构件 8 组成的单构件高副杆组，最后剩下原动件 1 和机架 9。

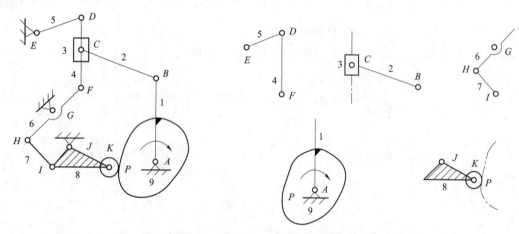

图 20-4　杆组拆分例图（锯木机机构）

3) 杆组的正确拼装

根据事先拟定的机构运动简图，首先进行虚拟拼装，即在实验台软件零件库中选择零部件，按正确装配顺序装配出所构思的机构，单击"运动仿真"按钮，观察机构的运动；然后再利用机构运动创新设计方案实验台提供的零件，按机构运动的传递顺序进行拼装。拼装时，通常先从原动件开始，按运动传递规律进行拼装，应保证各构件均在相互平行的平面内运动，这样可避免各运动构件之间的干涉，同时保证各构件运动平面与轴的轴线垂直。拼装应以机架铅垂面为参考平面，由内向外拼装。

完成实物拼装后用手动的方式驱动原动件，观察各部分的运动都畅通无阻后，再与电动机相连，检查无误后，方可接通电源。

4. 实验内容

该实验台提供的配件可完成不少于 40 种机构运动方案的拼接实验，实验时每台实验台可由 3~4 名学生一组，完成不少于两种的不同机构运动方案的拼接设计实验。该实验的运动方案可由学生对平面机构运动简图进行创新构思并完成方案的拼接，达到开发学生创造性思维的目的；也可从下列实用机械中应用的各种平面机构中选择拼接方案并进行实验。

1) 内燃机机构（见图 20-5）

机构组成：该机构由曲柄滑块与摇杆滑块组成。

工作特点：当曲柄 1 作连续转动时，滑块 6 作往复直线移动，同时摇杆 DE 作往复摆动带动滑块 5 作往复直线移动。

该机构用于内燃机中，滑块 6 在压力气体的作用下作往复直线运动（故滑块 6 是实际的主动件），带动曲柄 1 回转并使滑块 5 作往复运动，使压力气体通过不同路径进入滑块 6 的左、右端并实现进排气。

2）精压机机构（见图 20-6）

机构组成：该机构由曲柄滑块机构和两个对称的摇杆滑块机构组成。对称部分由杆件 4-5-6-7 和杆件 8-9-10-7 两部分组成，其中一部分为虚约束。

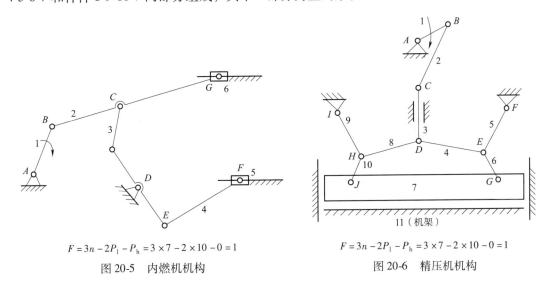

$F = 3n - 2P_1 - P_h = 3 \times 7 - 2 \times 10 - 0 = 1$

图 20-5　内燃机机构

$F = 3n - 2P_1 - P_h = 3 \times 7 - 2 \times 10 - 0 = 1$

图 20-6　精压机机构

工作特点：当曲柄 1 连续转动时，滑块 3 上下移动，通过杆 4-5-6 使滑块 7 作上下移动，完成物料的压紧。对称部分 8-9-10-7 的作用是使构件 7 平稳下压，使物料受载均衡。

钢板打包机、纸板打包机、棉花打捆机、剪板机等均可采用此机构完成预期工作。

3）牛头刨床机构（见图 20-7）

机构组成：该机构由摆动导杆机构与双滑块机构组成。在图 20-7（a）中，构件 2、3、4 组成两个同方向的移动副；图 20-7（b）是将图 20-7（a）中的构件 3 由导杆变为滑块，将构件 4 由滑块变为导杆形成。图 20-7（b）将图 20-7（a）中的 D 点滑块移至 A 点，使 A 点移动副在箱底处，易于润滑，使移动副摩擦损失减少，机构工作性能得到改善。图 20-7（a）和 20-7（b）所示机构的运动特性完全相同。

工作特点：当曲柄 1 回转时，导杆 3 绕点 A 摆动并具有急回性质，使杆 5 完成往复直线运动，并具有工作行程慢、非工作行程快的特点。

4）齿轮-曲柄摇杆机构（见图 20-8）

机构组成：该机构由曲柄摇杆机构和齿轮机构组成，其中齿轮 5 与摇杆 2 形成刚性连接。

工作特点：当曲柄 1 回转时，连杆 2 驱动摇杆 3 摆动，通过齿轮 5 与齿轮 4 的啮合驱动齿轮 4 回转。由于摆杆 3 往复摆动，从而实现齿轮 4 相对摆杆 3 的往复回转。

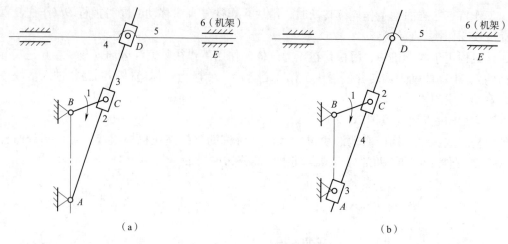

$$F = 3n - 2P_1 - P_h = 3 \times 5 - 2 \times 7 - 0 = 1$$

图 20-7　牛头刨床机构

5）齿轮-曲柄摆块机构（见图 20-9）

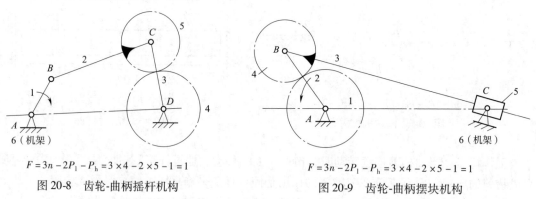

$F = 3n - 2P_1 - P_h = 3 \times 4 - 2 \times 5 - 1 = 1$

图 20-8　齿轮-曲柄摇杆机构

$F = 3n - 2P_1 - P_h = 3 \times 4 - 2 \times 5 - 1 = 1$

图 20-9　齿轮-曲柄摆块机构

机构组成：该机构由齿轮机构和曲柄摆块机构组成。其中齿轮 1 与杆 2 可相对转动，齿轮 4 则装在铰链 B 点并与导杆 3 固连。

工作特点：杆 2 为曲柄作圆周运动，通过连杆使摆块摆动从而改变连杆的姿态，使齿轮 4 带动齿轮 1 作相对曲柄的同向回转与逆向回转。

6）喷气织机开口机构（见图 20-10）

机构组成：该机构由曲柄摆块机构、齿条-齿轮机构和摇杆滑块机构组成，其中齿条与导杆 BC 固连，摇杆 DD' 与齿轮 G 固连。

工作特点：曲柄 AB 以等角速度回转，带动导杆 BC 随摆块摆动的同时与摆块作相对移动，在导杆 BC 上固装的齿条 E 与活套在轴上的齿轮 G 相啮合，从而使齿轮 G 作大角度摆动，与齿轮 G 固连在一起的杆 DD' 随之运动，通过连杆 DF（D'F'）使滑块作上下往复运动。组合机构中，齿条 E 的运动是由移动和转动合成的复合运动，齿轮 G 的运动取决于这两种运动的合成。

7）双滑块机构（见图 20-11）

机构组成：该机构由导路相互垂直的双滑块组成，也可看成由曲柄滑块机构 A-B-C 构成，从而将滑块 4 看作虚约束。

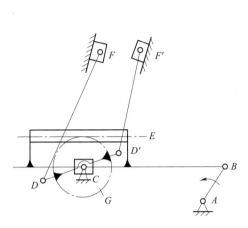

$F = 3n - 2P_1 - P_h = 3 \times 8 - 2 \times 11 - 1 = 1$

图 20-10　喷气织机开口机构

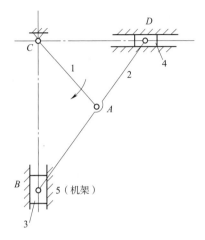

$F = 3n - 2P_1 - P_h = 3 \times 3 - 2 \times 4 - 0 = 1$

图 20-11　双滑块机构

工作特点：当曲柄 1 作匀速转动时，滑块 3、4 均作直线运动，同时，杆件 2 上任一点的轨迹为一椭圆。

可应用在椭圆规和剑杆织机引纬机构中。

8）冲压机构（见图 20-12）

机构组成：该机构由齿轮机构与对称配置的两套曲柄滑块机构组成，AD 杆与齿轮 1 固连，BC 杆与齿轮 2 固连。要求 $z_1 = z_2$，$l_{AD} = l_{BC}$，$\alpha = \beta$。

工作特点：齿轮 1 匀速转动，带动齿轮 2 反向同速回转，从而通过连杆 3、4 驱动杆 5 作上下直线运动，完成预定功能。

该机构可拆去杆件 5，而 E 点运动轨迹不变，且对称布置的曲柄滑块机构可使滑块运动受力状态好，故该机构可用于因受空间限制无法安置滑槽但又须获得直线进给的自动机械中，如冲压机、充气泵、自动送料机等。

9）插床机构（见图 20-13）

机构组成：该机构由转动导杆机构与对心曲柄滑块机构组成。

工作特点：曲柄 1 匀速转动，通过滑块 2 带动导杆 3 绕 B 点回转，通过连杆 4 驱动滑块 5 作直线移动。由于导杆机构驱动滑块 5 作往复运动时对应的曲柄 1 转角不同，故滑块 5 具有急回特性。

此机构可应用于刨床和插床等机械中。

10）筛料机构（见图 20-14）

机构组成：该机构由曲柄摇杆机构和摇杆滑块机构组成。

工作特点：曲柄 1 匀速转动，通过摇杆 3 和连杆 4 带动滑块 5 作往复直线运动，由于曲柄摇杆机构的急回性质，使得滑块 5 的速度、加速度变化较大，从而更好地完成筛料工作。

11）凸轮-连杆组合机构（见图 20-15）

机构组成：该机构由凸轮机构和曲柄连杆机构以及齿轮齿条机构组成，且曲柄 EF 与齿轮为固连构件。

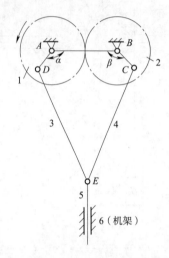

$F = 3n - 2P_1 - P_h = 3 \times 3 - 2 \times 4 - 0 = 1$（将对称部分看作虚约束）

或 $F = 3n - 2P_1 - P_h = 3 \times 4 - 2 \times 5 - 1 = 1$（将5看作虚约束）

图 20-12　冲压机构

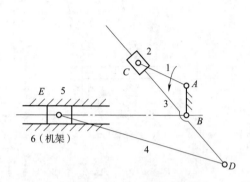

$F = 3n - 2P_1 - P_h = 3 \times 5 - 2 \times 7 - 0 = 1$

图 20-13　插床机构

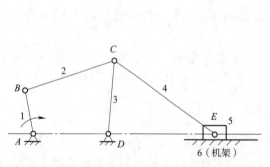

$F = 3n - 2P_1 - P_h = 3 \times 5 - 2 \times 7 - 0 = 1$

图 20-14　筛料机构

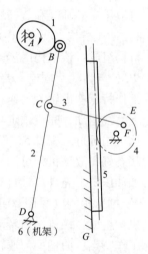

$F = 3n - 2P_1 - P_h = 3 \times 5 - 2 \times 6 - 2 = 1$

图 20-15　凸轮-连杆组合机构

工作特点：凸轮为主动件作匀速转动，通过摇杆2、连杆3使齿轮4回转，通过齿轮4与齿条5的啮合使齿条5作直线运动，由于凸轮轮廓曲线和行程限制以及各杆件的尺寸制约关系，齿轮4只能作往复转动，从而使齿条5作往复直线移动。

可用应于粗梳毛纺细纱机钢领板运动的传动机构。

12）凸轮-五杆机构（见图20-16）

机构组成：该机构由凸轮机构和连杆机构组成，其中凸轮与主动曲柄1固连，又与摆杆

4 构成高副。

工作特点：凸轮 1 匀速回转，通过杆 1 和杆 3 将运动传递给杆 2，因此杆 2 的运动是两种运动的合成运动，连杆 2 上的 C 点可以实现按给定运动轨迹运动。

13）行程放大机构（见图 20-17）

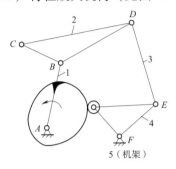

$F = 3n - 2P_l - P_h = 3 \times 4 - 2 \times 5 - 1 = 1$

图 20-16 凸轮-五杆机构

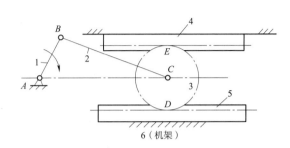

$F = 3n - 2P_l - P_h = 3 \times 4 - 2 \times 4 - 2 - 1 = 1$

图 20-17 行程放大机构

机构组成：该机构由曲柄滑块机构和齿轮齿条机构组成，其中齿条 5 固定为机架，齿条 4 为移动件。

工作特点：曲柄 1 匀速转动，连杆上 C 点作直线运动，通过齿轮 3 带动齿条 4 作直线移动，齿条 4 的移动行程是 C 点行程的两倍，故为行程放大机构。若为偏置曲柄滑块，则齿条 4 具有急回性质。

14）冲压机构（见图 20-18）

机构组成：该机构由齿轮机构、凸轮机构、连杆机构组成，其中凸轮 3 与齿轮 2 固连。

工作特点：齿轮 1 匀速转动，齿轮 2 带动与其固连的凸轮 3 一起转动，通过连杆机构使滑块 7 和滑块 10 作往复直线移动，其中滑块 7 完成冲压运动，滑块 10 完成送料运动。

该机构可应用于连续自动冲压机床或剪床（剪床由滑块 7 作为剪切工具）。

15）双摆杆摆角放大机构（见图 20-19）

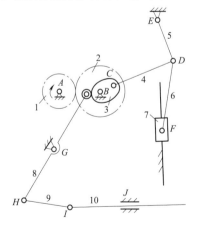

$F = 3n - 2P_l - P_h = 3 \times 9 - 2 \times 12 - 2 = 1$

图 20-18 冲压机构

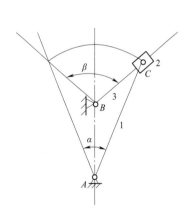

$F = 3n - 2P_l - P_h = 3 \times 3 - 2 \times 4 - 0 = 1$

图 20-19 双摆杆摆角放大机构

机构组成：该机构由摆动导杆机构组成，且有 $L_1 > L_{AB}$（$AC > AB$）。

工作特点：当主动摆杆 1 摆动 α 角时，从动杆 3 的摆角为 β，且有 $\beta > \alpha$，实现了摆角放大。各参数间关系为

$$\beta = 2\arctan \frac{\dfrac{AC}{AB}\tan\dfrac{\alpha}{2}}{\dfrac{AC}{AB} - \sec\dfrac{\alpha}{2}}$$

5. 实验步骤

（1）构思所要拼装的机构，画出机构运动示意图。建议在仿真软件提供的机构中选择。

（2）启动计算机，进入机构运动方案创新设计及仿真软件主界面，可以看到实验目的、实验注意事项、机架介绍、零件介绍、运动副搭接、装配训练等功能页面，按构思的机构示意图搭接运动副、装配成机构，并进行运动仿真及拆卸过程爆炸图演示。

（3）在零件存放柜中选出所需零部件。

（4）在机架上装配出所构思的机构。

（5）手动运转无误后启动电动机，并连接电动机及带传动，观察机构运动情况。

（6）拆卸，零件要在存放柜中归位。

6. 注意事项

（1）先进行软件部分的实验，即运动副搭接、装配训练、运动仿真及拆卸过程爆炸图演示，然后再在机架上进行实际零件的装配及运动演示。

（2）拼装时，应保证各构件均在相互平行的平面内运动；应以机架铅垂面为参考平面，由内向外拼装，同时保证各构件运动平面与轴的轴线垂直。

（3）为避免连杆之间运动平面相互紧贴而导致摩擦力过大或发生运动干涉，在装配时应相应装入层面限位套。

（4）启动电动机前要仔细检查各部分安装是否到位，启动电动机后不要过于靠近运动零件，不得伸手触摸运动零件。

（6）同一小组中指定一人进行电动机开关操作，遇紧急情况时立即停车。

7. 实验报告

1）实验目的

2）实验原理

3）实验数据

将创新构思且完成拼接方案的平面机构运动简图绘制在表 20-1 中。

表 20-1　机构创新设计分析（2~4 种）

机构名称			
机构运动简图			
	比例尺 $\mu =$		自由度计算 $F =$

续表

机构名称					
基本杆组拆分简图					
	Ⅱ级杆组数		Ⅲ级杆组数		机构级别	

4) 心得体会

思 考 题

1. 机构的组成原理是什么？什么是基本杆组？
2. 将你所拆分的基本杆组，按不同的拼装方式进行组装，可能组成的机构运动方案有哪些？通过运动简图表示出来。

视频 装载机构　　视频 牛头刨床　　视频 蜂窝煤压制　　视频 飞机起落架

第 21 章　轴系结构的测绘与分析实验

导读：
　　任何回转机械都具有轴系结构，其性能的优劣直接决定了机器的使用性能及寿命。轴系设计涉及的内容较多，如轴上零件的定位与固定方式，轴承组合设计及其调整、润滑、密封方法等。同时轴系结构设计实践性强、灵活性大，是课程讲授与学习中的难点。轴系结构的测绘与分析实验可以让学生亲自动手进行轴系结构的设计、装配、调整、拆卸等全过程操作，不仅可以增强学生对轴系零部件结构的感性认识，还能帮助学生深入理解轴的结构设计、轴承组合设计的基本要领，综合创新轴系结构设计方案，达到提高创新设计能力和工程实践能力的目的。

1. 实验目的
（1）熟悉并掌握轴的结构及其设计方法，培养学生正确的设计理念。
（2）掌握轴上零件的定位方式，为轴系结构的学习提供感性认识。
（3）综合创新轴系结构设计方案，培养学生进行设计性实验与创新性实验的能力。

2. 实验设备
（1）组合式轴系结构设计与分析实验箱。箱内提供可组成圆柱齿轮轴系、圆锥齿轮轴系和蜗杆轴系三类轴系结构模型的成套零件，并进行模块化轴段设计，可组装不同结构的轴系部件。
　　实验箱按照组合设计法，采用较少的零部件，可以组合出尽可能多的轴系部件，以满足实验要求。实验箱内有齿轮类、轴类、套筒类、端盖类、机座类、轴承类、连接件类等 8 类 40 种 168 个零件。可以组合出十余种轴系结构方案。注意，每箱零件只能单独装箱存放，不得与其他箱内零件混杂在一起，以免影响下次实验。
（2）测量及绘图工具。主要有游标卡尺、钢板尺、内外卡钳、铅笔、三角板等。

3. 实验原理
1）轴系的基本组成
　　轴系是由轴、轴承、传动件、机座及其他辅助零件组成的，以轴为中心的相互关联的结构系统。传动件是指带轮、链轮、齿轮和其他作回转运动的零件；辅助零件是指键、轴承端盖、调整垫片和密封件等。
2）轴系零件的功用
　　轴用于支撑传动件并传递运动和转矩，轴承用于支撑轴，机座用于支撑轴承，辅助零件，起连接、定位、调整和密封等作用。
3）轴系结构应满足的要求
（1）定位和固定要求：轴和轴上零件要有准确、可靠的工作位置。
（2）强度要求：轴系零件应具有较高的承载能力。
（3）热冷缩要求：轴的支撑应能适应轴系的温度变化。
（4）工艺性要求：轴系零件要便于制造、装拆、调整和维护。

4. 实验内容

(1) 根据教学要求给每组学生指定实验内容（圆柱齿轮轴系、圆锥齿轮轴系或蜗杆轴系）。

(2) 学生拟定轴系结构方案，选择相应零部件进行轴系结构模型的组装。

(3) 分析轴系结构模型的装拆顺序，掌握传动件的圆周及轴向定位方法；了解轴的类型、支撑形式、间隙调整；轴承类型、布置、润滑和密封方式等。

(4) 通过分析并测绘轴系部件，画轴系结构装配图 1 张。

将测量各零件所得的尺寸，对照轴系实物，按比例画出轴系结构装配图。要求结构合理，装配关系清楚，绘图规范，注明必要的尺寸（如轴承间距，齿轮直径与宽度，主要零件的配合尺寸）。

对于因拆卸困难或需专用量具等原因难以测量的有关尺寸，允许根据实物相对大小和结构关系估算出来，或利用标准查询。对支撑的箱体部分只要求画出与轴承和端盖相配的局部部分。

5. 实验步骤

1) 读懂轴系装配参考图（见图 21-1 ~ 图 21-5）

(1) 仔细观察轴系的整体结构，观察轴上共有哪些零件，分析每一个轴上零件的结构及作用是什么。

(2) 观察轴上每一个轴肩的作用，确定哪些是定位轴肩，哪些是非定位轴肩，并分析非定位轴肩的作用。

(3) 观察轴系结构所选用的滚动轴承类型及每个轴承的轴向定位与固定方式，观察轴系的轴承组合采用哪种轴向固定方式，并分析判断所采用的方式是否适合其他工作场合。

(4) 观察轴、轴上零件以及其他相邻零件的装配关系。

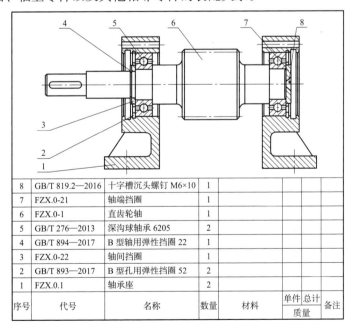

8	GB/T 819.2—2016	十字槽沉头螺钉 M6×10	1				
7	FZX.0-21	轴端挡圈	1				
6	FZX.0-1	直齿轮轴	1				
5	GB/T 276—2013	深沟球轴承 6205	2				
4	GB/T 894—2017	B 型轴用弹性挡圈 22	1				
3	FZX.0-22	轴间挡圈	1				
2	GB/T 893—2017	B 型孔用弹性挡圈 52	2				
1	FZX.0.1	轴承座	2				
序号	代号	名称	数量	材料	单件	总计	备注
					质量		

图 21-1 齿轮轴轴系结构组装图①

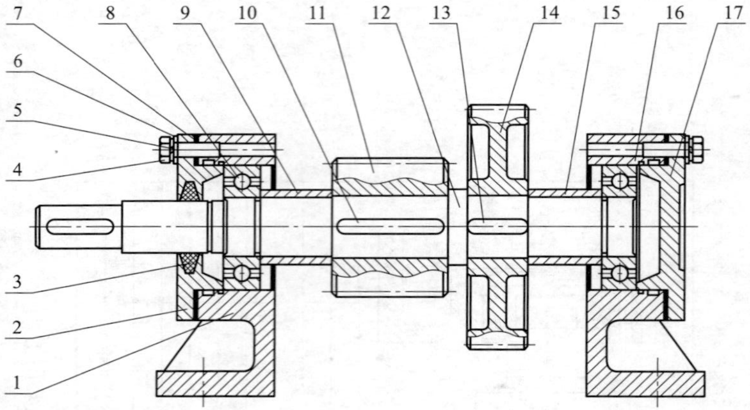

17	FZX.0-12	轴承闷盖	1				
16	FZX.0-19(20)	调整垫	2				
15	FZX.0-25	轴套Ⅰ	1				
14	FZX.0-4	大直齿轮	1				
13	FZX.0-26	键Ⅰ	1				
12	FZX.0-23	轴	1				
11	FZX.0-3	小直齿轮	1				
10	FZX.0-27	键	1				
9	FZX.0-24	轴套	1				
8	GB/T 276—2013	深沟球轴承 6205	2				
7	FZX.0-18	石棉密封垫	2				
6	GB/T 95—2002	平垫圈 6	8				
5	GB/T 93—1987	标准型弹簧垫圈 6	8				
4	GB/T 5781—2016	六角头螺栓 M6×20	8				
3	FJ145-79	毡圈 22	1	羊毛毡			
2	FZX.0-2	轴承透盖	1				
1	FZX.0-1	轴承座	2				
序号	代号	名称	数量	材料	单件	总计	备注
					质量		

图 21-2 圆柱齿轮轴系结构组装图①

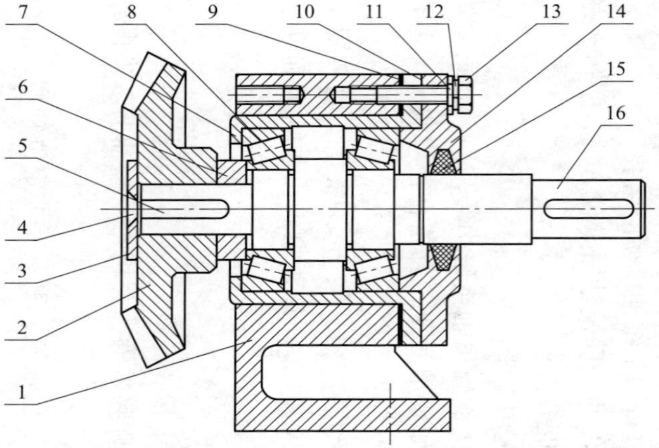

16	FZX.0-36	锥齿轮轴	1				
15	FJ145-79	毡圈 22	1	羊毛毡			
14	FZX.0-34	轴承透盖Ⅱ	1				
13	GB/T 5781—2016	六角头螺栓 M6×25	4				
12	GB/T 93—1987	标准型弹簧垫圈 6	4				
11	GB/T 95—2002	平垫圈 6	4				
10	FZX.0-41	调整垫Ⅱ	1				
9	FZX.0-40	调整垫Ⅲ	1				
8	GB/T 297—2015	圆锥滚子轴承 30205	2				
7	FZX.0-33	套杯	1				
6	FZX.0-35	锥齿轮衬套	1				
5	FZX.0-37	C 键	1				
4	GB/T 819.2—2016	十字槽沉头螺钉 M5×12	1				
3	FZX.0-39	轴端挡圈Ⅱ	1				
2	FZX.0-8	大锥齿轮	1				
1	FZX.0-3	双轴承座Ⅰ	1				
序号	代号	名称	数量	材料	单件	总计	备注
					质量		

图 21-3 锥齿轮轴系结构组装图

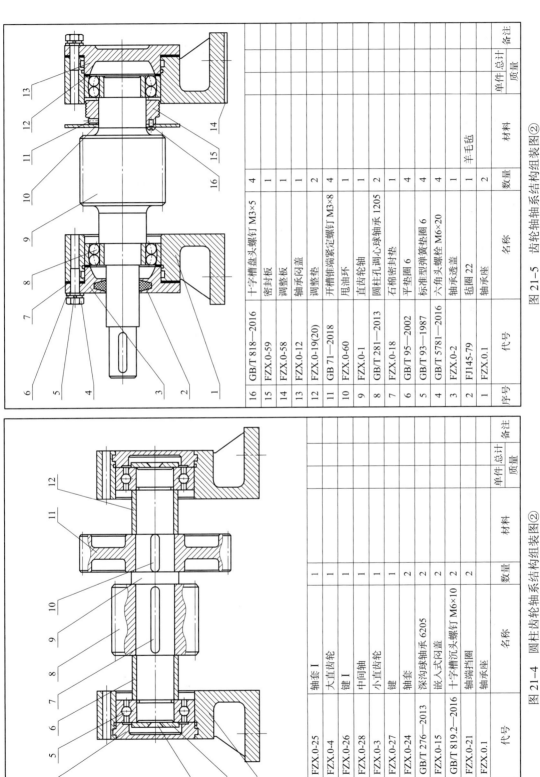

图 21-4 圆柱齿轮轴系结构组装图②

图 21-5 齿轮轴轴系结构组装图②

2）构思轴系结构方案

（1）每组学生使用一个实验箱，构思轴系结构装配方案，绘制轴系结构方案示意图。

（2）在实验箱内选取所需要的零部件，进行轴系结构模型的组装，保证每个零件定位可靠。

（3）检查所设计的轴系结构是否正确，包括轴承的类型、支撑形式、间隙调整、润滑和密封方式等。

（4）徒手绘制轴系结构的装配草图。

3）测量有关尺寸，在装配草图上做好记录

（1）把轴系结构拆开并记住拆卸顺序，测量轴系主要装配尺寸和零件的主要结构尺寸。

（2）测量阶梯轴上每个轴段的直径与长度；判断各轴段的直径是否符合国家标准，判断每个定位轴肩、非定位轴肩的高度是否合适。

（3）观察轴上的键槽，判断键槽的位置是否便于加工，测出键槽的尺寸，并检测是否符合国家标准。

（4）观察轴上是否有砂轮越程槽、螺纹退刀槽等，判断它们的位置是否合适；测量出其具体尺寸，并检测是否符合国家标准。

（5）测量出每个轴上零件的轴向长度，并与阶梯上对应的轴段长度相比较，判定每个轴段长度是否合理，是否能够保证每个零件定位与固定可靠。

4）绘制轴系结构装配图

根据前面绘出的装配草图和测量的有关尺寸，画出轴系结构装配图，要求装配关系表达正确，标注必要尺寸（如支撑跨距、主要配合尺寸及配合标注、齿轮顶圆直径及宽度等），填写明细栏及明细表。

5）拆卸

把所有零部件和工具，放入实验箱内规定位置，经指导教师检查后可以结束实验。

6. 注意事项

（1）装配中保证每个零件定位可靠。

（2）装配时应考虑轴承的受力，选择合适的轴承。

7. 实验报告

1）实验目的

2）实验原理

3）实验数据

（1）绘制设计组装的轴系装配图。

（2）轴系结构设计说明。

包括轴承型号选择、轴承组合设计安装及调整、轴上零件的定位与固定、端盖选择、润滑与密封方法等。

4）心得体会

思 考 题

1. 轴上各段直径及长度是怎样确定的，轴各段的过渡部位结构应注意什么？
2. 轴系中是否采用了挡圈、紧定螺钉、压板、定位套筒等零件，它们的作用是什么，结构形状有何特点？
3. 简要说明装配过程和绘图过程中应分别注意什么问题。

第22章 减速器的结构分析与拆装实验

导读:

减速器是一种由封闭在刚性壳体内的齿轮传动、蜗杆传动、齿轮-蜗杆传动、行星齿轮传动、摆线针轮传动、谐波齿轮传动等组成的独立传动装置,常用在原动机与工作机之间,用于降低转速和相应地增大转矩。在少数场合下也用作增速的传动装置,这时称为增速器。减速器由于结构紧凑、效率较高、传递运动准确可靠、使用维护简单,且可成批生产,故在现代机器中应用广泛。

减速器种类繁多,但其基本结构有很多相似之处。减速器的结构装拆方法及其主要零件的加工工艺性,在机械产品中具有典型的代表性,作为机械类学生有必要熟悉减速器的结构与设计,以便为机械设计课程设计打下良好的基础。

1. 实验目的

(1) 熟悉减速器的基本结构,了解各组成零部件的结构、功用及装配关系,并分析其结构工艺性。

(2) 通过减速器的拆装,了解减速器的安装、拆卸、调整过程及方法,提高学生的机械结构设计能力。

(3) 通过减速器的参数测定及简图绘制,提高学生的测绘和绘图能力。

2. 实验设备

(1) 扳手、螺丝刀、游标卡尺、钢板尺等拆装工具。

(2) 减速器若干,包括圆柱齿轮减速器、圆锥齿轮减速器、圆锥圆柱齿轮减速器、蜗杆蜗轮减速器等。

3. 实验原理

拆装减速器实验主要基于齿轮的啮合原理。在实验中,通过改变齿轮的大小和组合,可以实现不同的传动比,从而改变输入端和输出端的速度关系。具体来说,减速器的工作过程是将电动机的转速通过齿轮的转动传递到输出轴上,同时降低输出轴的转速,提高扭矩。这样,输出轴就能以较低的转速输出较大的扭矩,满足不同的动力传递需求。

4. 实验内容

(1) 按拆卸规程要求拆开减速器和各轴系,分析减速器的结构,分析各零件的功用和装配关系。

(2) 测定减速器的基本参数,绘制出减速器的装配简图。

5. 实验步骤

(1) 拆卸前,先观察减速器的外部结构(见图3-14),分析它的传动方式、级数、输入和输出轴。用手分别转动输入轴和输出轴,体会转矩;用手沿轴向来回推动和转动输入轴、输出轴，感受轴向窜动。观察箱体附件（油标、油塞、定位销、起盖螺钉、窥视孔盖和通气器等）的位置、结构、材料，分析它们的作用（见本书3.7节）。

（2）用扳手拧开箱盖与箱体的连接螺栓及轴承端盖与箱体间的连接螺钉，取下轴承端盖和调整垫片，再拔出定位销。然后用起盖螺钉顶起并卸下箱盖，把它平稳地放在实验台上。

（3）观察箱体内各零部件的结构及位置，然后将轴和轴上零件随轴一起取出，按合理的顺序拆卸，观察轴及轴上零件的固定方式、轴承游隙及轴系位置是如何调整的。

（4）观察箱体结构形状，注意箱体的剖分面是否与传动件轴心线平面重合。观察箱体的结构工艺性，如薄厚壁之间的过渡、起模斜度、箱座底面结构、同一轴线上的两轴承孔直径是否相等、各轴承座孔外端面是否处于同一平面、支撑肋板和凸台的位置及高度，各部分螺栓的尺寸及间距，它们与外箱壁和凸台边缘的距离，并注意扳手空间是否合适。

（5）观察润滑及密封装置。分析传动件采用何种润滑方式，观察传动件与箱体底面间的距离；分析滚动轴承的润滑方式，如飞溅润滑等；观察箱体剖分面上的油沟位置、形状和结构。

（6）测量和计算减速器零部件的主要参数 a、m、z_1、z_2、z_3、z_4、i_1、i_2 等，将这些参数记录于实验报告表中。

（7）画出减速器的装配简图，注明必要的参数。

（8）确定减速器的装配顺序，将减速器装配好，清理工具和现场。

在减速器的拆装过程中，要掌握拆装的基本程序，即先拆的零件后装配，后拆的零件先装配。装配轴和滚动轴承时，应注意方向，按滚动轴承的合理拆装方法进行；装配上、下箱的连接之前，应先安装好定位销钉。

6. 注意事项

（1）未经教师允许，不得将减速器搬离工作台。

（2）拆装时，把拆下的零件按种类排好，防止丢失或损坏，避免掉落受伤。

（3）拆装滚动轴承时，应使用专用工具，拆装时滚动体不能受力。

（4）拆卸纸垫时应小心，避免撕坏。

（5）爱护工具及设备、仔细拆装，使箱体外的油漆少受损坏。

（6）拆装完成后要把设备和工具整理好，经指导教师同意后方可离开实验室。

7. 实验报告

1）实验目的

2）实验原理

3）实验数据

（1）减速器参数测量报告表见表22-1。

表 22-1 减速器参数测量报告表

	名称		符号	数值		名称		符号	数值
高速级	小齿轮	齿数	z_1		低速级	小齿轮	齿数	z_1	
		齿顶圆直径	d_{a1}/mm				齿顶圆直径	d_{a3}/mm	
		齿根圆直径	d_{f1}/mm				齿根圆直径	d_{f3}/mm	
		螺旋角、旋向	β_1/(°)				螺旋角、旋向	β_3/(°)	
		分度圆直径	d_1/mm				分度圆直径	d_3/mm	
	大齿轮	齿数	z_2			大齿轮	齿数	z_4	
		齿顶圆直径	d_{a2}/mm				齿顶圆直径	d_{a4}/mm	
		齿根圆直径	d_{f2}/mm				齿根圆直径	d_{f4}/mm	
		螺旋角、旋向	β_2/(°)				螺旋角、旋向	β_4/(°)	
		分度圆直径	d_2/mm				分度圆直径	d_4/mm	
	模数	端面	m_t/mm			模数	端面	m_t/mm	
		法面	m_n/mm				法面	m_n/mm	
	中心距		a_1/mm			中心距		a_2/mm	
	传动比		i_1			传动比		i_2	
	中心高		H/mm		中间轴轴承	型号			
	总传动比		i			外径		D_2/mm	
	输入轴最小直径		d_1/mm			内径		d_2/mm	
	中间轴最小直径		d_2/mm			宽度		B_2/mm	
	输出轴最小直径		d_3/mm			支撑跨距		L_2/mm	
输入轴轴承	型号				输出轴轴承	型号			
	外径		D_1/mm			外径		D_3/mm	
	内径		d_1/mm			内径		d_3/mm	
	宽度		B_1/mm			宽度		B_3/mm	
	支撑跨距		L_1/mm			支撑跨距		L_3/mm	

注：根据实际拆装减速器的测量参数填写，减速器中没有涉及到的参数在表格中画横线"—"。

（2）绘制减速器简图（滚动轴承、轴毂连接应用符号表示）。

4）心得体会

● 视频
差速器

● 视频
调速器

思 考 题

1. 说明常用减速器的类型、特点及应用情况。
2. 减速器中的齿轮传动和轴承分别采用什么润滑方式、润滑装置和密封装置？
3. 说明减速器中通气器、定位销、起盖螺钉、油标、放油螺塞等附件的用途及安装位置要求。

第 23 章 机械设计创意组合实验

导读：

机器是一种可用于变换或传递能量、物流与信息的机构的组合。机器由原动机、传动装置、控制部分及工作机三个基本部分组成。其中传动装置是大多数机器的主要组成部分，传动装置的种类繁多，如带传动、同步齿形带传动、链传动、齿轮传动、蜗杆传动、螺旋传动等。机器的各个部分通过连接搭接成一体，完成预定的功能。在搭装安装时，诸多精度问题需要通过测试进行调整，使其满足要求，如机座水平、零件的尺寸精度、轴与轴的同轴度、轴与轴的平行度、轴与面的垂直度、回转件的轴向和径向跳动等；诸多运动性能参数也需要通过测试，如转速、转矩、电动机的电流、带的张紧力、链条垂度、齿轮的齿侧间隙、噪声等。还有各种传动搭接顺序不同，传动系统性能将不同，这些都可通过对比实验得出结论。

1. 实验目的

（1）电动机的安装与校准，共线轴系及平行、垂直轴系的安装与校准，多种传动装置（带传动、链传动、齿轮传动、曲柄摇杆机构、曲柄滑块机构）的安装与调整，同时进行零部件精度及安装精度的静态测试。建立机械装配、安装调整及同轴度、平行度、垂直度等形位公差的直观概念。

（2）在搭接安装完成后启动电动机，使机械运转，进行动态参数测试，根据测试结果分析机械系统的使用性能。

（3）掌握相关工业测量量具的使用方法。

（4）对各种不同类型传动的性能和不同搭接顺序传动系统的性能进行比较分析，评判装配误差对机械传动性能的影响。

2. 实验设备

机械设计创意组合实验工作台；电动机一台；三向水平仪一个（多用型，可测水平、垂直及与水平呈45°角平面，水平仪长度为230 mm）；水平仪一个（长度为90 mm）；百分表一个（0.01 mm/格）；磁性表座一个；接触式转速表一个；直尺一把（20 cm）；塞尺（0.038 1～0.635 mm）；带刻度盘的游标卡尺（0～150 mm）；开口调整垫片若干；螺栓螺母若干。

3. 实验原理

一个机械系统是由主动件、连接件、轴、齿轮、轴承或其他构件组成的装置，将力和运动从一个设备传输到另一个设备。本实验通过对多种机械系统的安装、测试、调整、对比分析等环节，对学生进行实际操作技能的综合训练，加深对机械精度设计及不同传动类型特点的理解。

4. 实验内容

（1）认识实验平台基本的机械部件。
（2）利用水平仪测量平面的水平度。
（3）电动机的安装、校准（含调水平、轴向跳动及径向跳动的测量）。
（4）利用接触式转速表测量电动机转速。
（5）测量键和键槽的实际尺寸。
（6）使用带式制动器测量轴的力矩。

5. 实验步骤

1）安装并检查电动机轴的水平

（1）用装配螺栓、螺母和垫圈将电动机安装到工作表面并拧紧固定，如图23-1所示。用15 cm的尺子将电动机与工作台的边对准，调整电动机使其两个脚到工作台边缘的距离相等。

图 23-1　安装电动机

（2）将水平仪放置在电动机轴上，观察气泡的位置。务必使水平仪放置在轴的光滑表面上，一些轴是阶梯轴，所以水平仪必须放置在同一直径的轴段上。

在水平仪底部的一端插入塞尺叶片直到气泡处于中心位置，记录此时塞尺叶片的厚度。如果气泡向右边倾斜，用塞尺叶片垫其左端，反之则用塞尺叶片垫右端。

（3）测量并记录水平仪有效长度（L_E），如图23-2所示。
（4）测量并记录电动机装配螺栓之间的距离（L_B），如图23-2所示。
（5）计算装配螺栓距离与水平仪有效长度之比 $R = L_B / L_E$。
（6）计算所需要的调整垫片厚度 = 塞尺叶片厚度 × R。
（7）拧松4个螺栓，在电动机的两个脚下插入相应厚度的调整垫片［按步骤（6）中计算出的垫片厚度］，前两个或后两个都可以，使轴上的水平仪气泡处于中心位置。
（8）检查电动机轴的水平。如果已经水平，则进入下一步，否则应继续更换垫片。

2）测量电动机轴径向跳动

（1）在工作台上安装好磁性表座、百分表，使百分表的测头与电动机轴接触，如图23-3所示。
（2）调整百分表使其表盘指针处于量程范围的中间并调零。

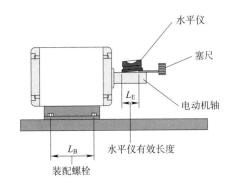

图 23-2 有效的水平仪长度和装配螺栓距离

图 23-3 电动机轴径向跳动测量

（3）转动电动机轴从键槽的一边转到相反方向的另一边，记录最大最小读数。
（4）计算指针的总读数，即最大读数和最小读数之间的差值。
（5）计算轴的径向跳动，径向跳动是指针总读数的 1/2，如果大于 0.05 mm，则应重新调试。
（6）拧紧螺栓。

3）测量电动机轴轴向跳动
（1）调整百分表位置使测头处于轴端，如图 23-4 所示。
（2）调整百分表使其表盘指针处于量程范围的中间并调零。
（3）用手朝着电动机方向尽可能推电动机轴，记录指针的读数（D_1）。
（4）沿背离电动机方向用手拉电动机轴，记录指针的读数（D_2）。
（5）计算轴向跳动。轴向跳动是两读数（D_1、D_2）之差，如果轴向跳动大于 0.025 mm，则应重新进行调试。

图 23-4 电动机轴轴向跳动测量

4）用接触式转速表测量电动机转速
（1）熟悉转速表（见图 23-5），按住测量按钮找到并检查转速表及其上的按钮。
（2）启动电动机，将转速表测量头与电动机轴端接触。

（3）待转速表上显示的数字稳定后，此时数字即为电动机的转速。
（4）关闭电动机，关闭带锁的安全开关。
（5）拆卸电动机，将各部件整理好。
5）测量键槽的实际尺寸，选用合适的键将轴和轮毂装配在一起

在该步骤中，将测量键槽的大小，然后将测量值与标准值进行比较，确定其是否在允许的公差范围内。

（1）测量电动机轴上键槽的宽度、深度和长度。
①用卡尺测量键槽的宽度，如图23-6所示。

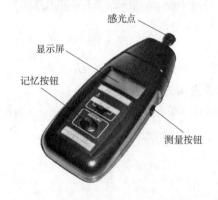

图23-5　转速表　　　　　图23-6　用卡尺测量电动机轴上键槽的宽度

②用游标卡尺测量键槽的深度，如图23-7所示。
③用20 cm直尺测量键槽的长度。
注意：有些末端倒圆角的键槽，测量时只测量其有效长度。
（2）测量圆柱形制动器轮毂上键槽的宽度、深度和长度。
①用卡尺测量键槽的宽度，如图23-8所示。

 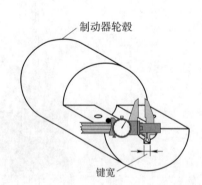

图23-7　用游标卡尺测量电动机轴上键槽的深度　　图23-8　圆柱形制动器轮毂键槽宽度测量

②用游标卡尺测量轮毂壁的厚度，如图23-9所示。
③用游标卡尺测量从轮毂外壁到键槽底部的厚度，如图23-10所示。

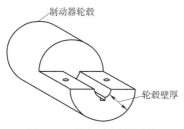 

图 23-9　轮毂壁厚度测量　　　　图 23-10　轮毂外壁到键槽底部厚度测量

④用轮毂壁的厚度（步骤②的测量结果）减去轮毂外壁到键槽底部的厚度（步骤③的测量结果）从而得到轮毂键槽的深度。

⑤用 20 cm 直尺测量键槽的长度。

（3）选择键的公称尺寸。

①选择键的公称宽度。

②选择键的公称高度。

③选择键的公称长度。

（4）选用合适的键，将轴和轮毂装配在一起。

6）使用带式制动器测量轴的力矩

此步骤将把电动机和带式制动器连接并加载。通过带式制动器测量轴的输出力矩的变化，展现当动力通过不同类型的机械传动系统进行传输时的不同输出效果，即通过该现象可看出各种机械传动系统的机械效率；还将测量电动机的转速随着载荷增加发生的变化；以及交流电动机对载荷变化的反应。

（1）将带式制动器与电动机轴相连。

①拧松带式制动器顶部的加载螺母（俯视时为逆时针方向），直到手柄（即加载螺母）与螺纹齐平。

②将带式制动器放置在工作台上，让其安装孔与工作台的安装孔对齐，确定制动带放置在轮毂下方，如图 23-11 所示。

③找到 4 个 M8 的螺栓及其相应的平垫圈、弹簧垫圈和螺母，用螺栓等将带式制动器安装到工作台面，确保带式制动器的制动带均匀缠绕在轮毂上，如图 23-12 所示。

④拧松电动机的紧固件以便调整电动机位置，使之与带式制动器的制动带接触良好，重新拧紧电动机的紧固件。

图 23-11　在轮毂下方放置制动带　　　　图 23-12　将带式制动器安装到工作台面

(2)启动电动机。

用水瓶向轮毂的凹槽中装水,水的高度距轮毂开口下表面大约为 6 mm(从轮毂开口处到液面高度),将一小片白色双面胶纸贴在制动轮毂的前端部,如图 23-13 所示。

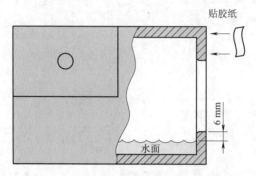

图 23-13　制动器轮毂注水和贴胶纸

①清理工作台上的工具和散件,将它们放入储物柜或工具箱。
②将电动机控制箱的电源线插头与墙上插座连接。
③连接电动机电缆到电动机控制箱的电动机端口。
④确定电动机控制箱上的电源开关处于关闭状态。
⑤插入安全锁钥匙。
⑥打开安全开关,此时电动机控制箱上的主电源指示灯呈开启状态(红色)。
⑦确定电动机附近没有人,打开电动机电源开关,电动机将很快加速到全速,并以定速运转。

(3)测量电动机在不同载荷下的转速。

①观察带式制动器上刻度的读数,初始状态应为 0,如果不是,则调整制动器上的加载螺钉,用转速表测量电动机转速。

②在电动机运转过程中,把制动器上的载荷由 0 逐渐增加到满量程的 1/3 左右(每次增加的量相同);在各种载荷情况下测量电动机转速,并将不同情况下的载荷和转速记录在表 23-1 中。

表 23-1　制动器的载荷、转速和扭矩变化

加载载荷/N	转速/(r/min)	扭矩/(N·m)

注:加载载荷根据制动器实际加载范围进行调节。

③通过加载螺钉将载荷卸载到零。关闭电动机电源及安全开关,电动机将逐渐停止,将

安全开关锁钥匙拔出。

④计算电动机在各载荷下的力矩。

力矩＝所加载荷（N）×加载力臂（m），其中加载力臂为刻度盘到加载螺钉中心的距离，约为152 mm。

7）传动系统性能对比分析实验

此外，本实验台还可以做带传动实验、链传动实验、齿轮传动实验、曲柄摇杆机构实验以及这些机构的组合、运转与分析实验，此处不再详细描述。

6. 注意事项

（1）穿着合身的衣服（不可穿较宽松的）；穿短袖衣服或将长袖挽起来。

（2）将长发盘起或置于帽子内。

（3）地面不可潮湿。

7. 实验报告

1）实验目的

2）实验原理

3）实验数据

（1）绘制被测传动装置机构简图（可参考表7-18）。

（2）测量并画出电动机轴的轴向跳动。

（3）测量并画出电动机轴的端面跳动。

4）心得体会

视频

分路传动

思 考 题

1. 如果轴向跳动超标，如何进行装调？
2. 如果端面跳动超标，如何进行装调？
3. 联轴器和离合器在使用上有何不同？
4. 带传动和链传动的传动分别有何特点？哪个应放在高速级？哪个应放在低速级？为什么？

第24章　机构传动性能综合测试实验

导读：

机械传动装置是机器的主要组成部分，它的功用是将机器的原动机和工作机连接起来，传递动力并改变运动。

机械传动分为啮合传动、摩擦传动、液力传动和气力传动，"机械原理"与"机械设计"课程只研究啮合传动与摩擦传动。啮合传动包括齿轮传动、蜗杆传动、链传动、同步带传动；摩擦传动包括带传动和摩擦轮传动。

根据机械的功能要求，为实现功能、成本的优化，常采用不止一种传动组成传动链，以完成运动形式、参数、力或转矩大小的转变。在传动链中如何布置各种传动形式，是传动链总体设计的首要问题。传动顺序的合理安排原则是：

(1) 在齿轮传动中，斜齿轮传动平稳性好，与直齿轮串联时应放在高速级；圆锥齿轮传动与圆柱齿轮传动串联时应放在高速级，这是因为高速级的转速高、转矩小，可使锥齿轮的尺寸小，避免大直径锥齿轮加工的困难，同时也使其轴向力较小，有利于减少轴承的轴向载荷；闭式齿轮传动与开式齿轮传动串联时，为防止前者尺寸过大应放在高速级，而后者在外廓尺寸上通常没有严格限制且平稳性较差，应放在低速级。

(2) 带传动靠摩擦力工作，承载能力较小，载荷相同时，结构尺寸较齿轮传动、链传动等更大，为减小传动尺寸，减缓传动系统对原动机的冲击，应放在传动链的高速级。

(3) 链传动由于多边形效应，冲击振动较大，且速度越高越严重，应放在传动链的低速级。

(4) 改变运动形式的传动或机构，如齿轮齿条传动、螺旋传动、凸轮机构、连杆机构等，因存在动载荷，为减少对传动系统的冲击，也为布置简单，应放在传动链的低速级。

(5) 蜗杆传动与齿轮传动串联时，若蜗轮材料为锡青铜，允许齿面有较高的相对滑动速度，且相对滑动速度越高，越有利于形成润滑油膜、减小摩擦因数，应放在高速级；若蜗轮材料为无锡青铜或其他材料时，允许的齿面相对滑动速度较低，为防止齿面胶合或严重磨损，应放在低速级。

机构传动的运动学与动力学参数测试原理与方法是机械研究与设计人员应该掌握的基本知识。机械传动性能综合测试实验通过组装多种单级或多级的机械传动装置，综合测试其传动性能参数（如速比、转速、转矩、功率等），并绘制性能曲线，进行各种不同布置传动系统的性能对比，从而深入理解机械传动的性能特点。

1. 实验目的

(1) 通过测试常见机械传动装置（如带传动、链传动、齿轮传动、蜗杆传动等）在传递运动与动力过程中的参数曲线（如速度曲线、转矩曲线、传动比曲线、功率曲线及效率曲线等），加深对常见机械传动性能的认识和理解。

（2）通过测试由常见机械传动组成的不同传动系统的参数曲线，培养学生合理布置机械传动的能力。

（3）通过实验认识机械传动性能综合测试实验台的工作原理，掌握计算机辅助实验的新方法，培养进行设计性实验与创新性实验的能力。

2. 实验设备

机械传动性能综合测试实验台，由不同种类的机械传动装置、联轴器、变频电动机、加载装置和工控机等模块组成，可进行多级组合传动，变型功能强大；采用模块化结构，学生可以根据要求选择或设计实验类型、方案和内容，自己动手进行传动连接、安装调试和测试，可进行设计性实验、综合性实验或创新性实验；自动进行数据采集处理、工况控制实验结果自动输出，测试精度高。

3. 实验原理

本实验台由机械传动装置、联轴器、动力输出装置、加载装置和控制及测试软件、工控机等模块组成，变频调速、加载均采用程控调节，同步采样输入输出端的扭矩、转速及功率，测量精度高，所有电动机程控起停。其工作原理系统图如图 24-1 所示。

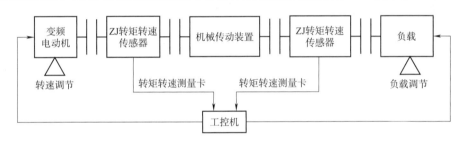

图 24-1　实验台的工作原理系统图

下面分别介绍实验台三个主要组成部分的工作原理。

1）ZJ 转矩转速传感器

ZJ 型转矩转速传感器（简称传感器）是根据磁电转换和相位差原理，将转矩、转速机械量转换成两路有一定电压信号的精密仪器。它一般与转矩转速仪（测量仪）或转矩转速测量卡配套使用，能直接测量各种动力机械的转矩与转速（即机械功率），具有测量精度高、操作简便、显示直观、测量范围广等优点，可以测量轴静止状态至额定转速范围内的转矩。

图 24-2 所示为 ZJ 转矩转速传感器的结构示意图，它由机座、端盖、扭力轴、内齿轮、外齿轮、磁钢、线圈、轴承等机构组成。内齿轮、磁钢固定在套筒上，线圈固定在端盖上，外齿轮固定在扭力轴上，当内外齿轮发生相对转动时，由于磁通不断变化，在线圈中便感应出近似正弦波的感应电势 μ_1、μ_2，两感应电势的初始相位差是恒定的，考虑到正反加载，初始相位差 a_0 设计在大约 180°的位置上，当加上扭力时，扭力轴发生扭转变形。在弹性范围内，外加转矩与机械扭转角成正比，此时 μ_1、μ_2 信号的相位差会发生变化，$a = a_0 \pm \Delta a$。当传感器的转矩增加到额定值时，变化的相位 Δa 大约为 90°。因此，测量出 a 即为间接测量出轴上的外加转矩，这样，传感器就实现了把机械量（扭角变化）转换成电子量（相位

差变化）的过程。图 24-3 所示为信号的时序波形图，横轴为磁场旋转角度。此时，扭力轴的机械扭转角 $\Delta\varphi$ 为 $360/z$ 的 $1/4$（z 为齿轮齿数）。

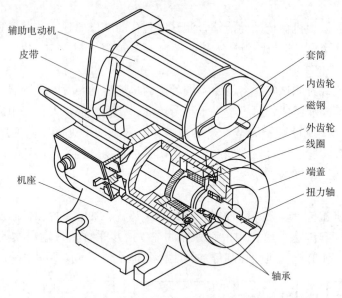

图 24-2 ZJ 转矩转速传感器结构示意图

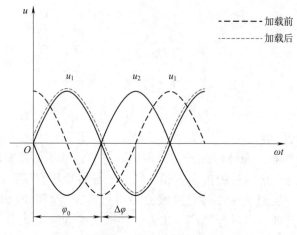

图 24-3 信号时序波形图

2）磁粉制动器

机械传动性能综合测试实验台以磁粉制动器作为负载装置。磁粉制动器是一种性能优越的自动控制元件，它以磁粉为工作介质，以激磁电流为控制手段，达到控制制动或传递转矩的目的。其输出转矩与激磁电流呈良好的线性关系，与转速或滑差无关，并具有响应速度快、结构简单等优点，广泛应用于印刷、包装、造纸及纸品加工、纺织、电线、电缆、橡胶皮革、金属箔带加工等有关卷取装置的张力自动控制系统中，与张力控制仪及张力检测传感器配套可组成成套张力自动控制系统。磁粉制动器还可作为模拟加载器使用，与转矩转速传感器、转矩转速功率测量仪及转矩转速功率测量卡配套组成成套测功装置,广泛应用于电动机、内燃机、变速箱等动力及传动机械的功率、效率测量。

(1)激磁电流-力矩特性。激磁电流与转矩基本成线性关系,通过调节激磁电流可以控制力矩的大小,其特性如图 24-4 所示。

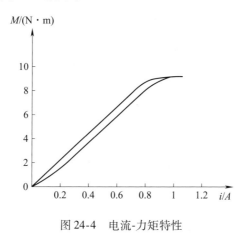

图 24-4　电流-力矩特性

(2)转速-力矩特性。力矩与转速无关,保持定值,静力矩和动力矩没有差别,其特性如图 24-5 所示。

(3)负载特性。磁粉制动器的允许滑差功率,在散热条件一定时是定值。其连续运行时,实际滑差需在允许滑差功率以内;使用转速高时,需降低力矩使用,其特性如图 24-6 所示。

例如,CZ-10 型磁粉制动器额定力矩 $M = 100$ N·m,滑差功率 $P = 7$ kW,则转速 $n = 670$ r/min。此时力矩 $M = 9\,550\,P/n = 9\,550 \times 7/1\,500$ N·m $= 45$ N·m,式中 9 550 为单位换算常数。即当转速提高为 1 500 r/min 时,力矩只能在 45 N·m 以下连续使用。

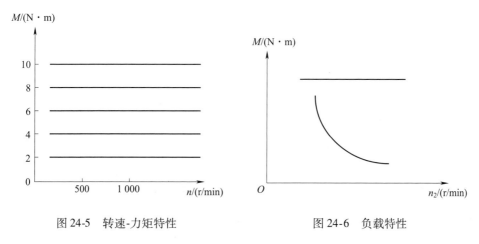

图 24-5　转速-力矩特性　　　　图 24-6　负载特性

3)TC-1 转矩转速测量卡

机械传动性能综合测试实验台用 TC-1 转矩转速测量卡与计算机及磁电式相位差型

转矩转速传感器配套，配备相应软件，实现转矩、转速的高精度测量。TC-I 卡的功能有：

（1）标准的 PC/AT/PCI 总线。只要将 TC-1 卡插入计算机的 ISA/PCI 槽，传感器转矩信号直接输入 TC-1 卡，无须外接转矩二次仪表，使用简单、方便、可靠。

（2）Windows 10 软件平台，界面生动，操作极其简单方便。

（3）不仅转矩、转速、功率 CRT 数字实时显示，而且显示实时曲线。

（4）既可快速存储，又可慢速选点存储，支持数据、曲线回放。

（5）转矩、转速特性误差全程校正。

（6）TC-1 卡不仅提供标准的转矩转速及其曲线的测量、显示软件，而且向用户提供 DOS、Windows XP 环境下的接口：DOS 采用内存驻留技术及库函数，Windows 则以 DLL 函数/WDM 驱动程序供用户调用；因此用户可以方便地嵌入自己的测量系统。例如，电动机、水泵、变速箱、风机等测试系统。TC-1 卡接口函数如下：

启动测量函数：StartTest（卡号）

判断测量结束标志函数：GetTestFlag（卡号）

取测量数据函数：GetTestValue（卡号，M，n）

注意，一台计算机最多可同时使用 64 块转矩转速测量卡，编号为 0~63。

（7）TC-1 卡与计算机并行工作，当 TC-1 卡完成一组数据的采集后，其硬件自动保存测量数据，用户可以在下一次启动测量之前的任意时刻提取测量数据。

（8）方便客户二次开发，TC-1 转矩转速测量卡能够快速轻松地接入客户测试系统。

4. 实验内容

运用本实验台能完成多类实验项目（见表 24-1），教师可根据专业特点和实验教学改革需求进行指定，也可以让学生自主选择或设计实验类型与实验内容。

表 24-1 机械传动性能综合测试实验项目

类型编号	实验项目名称	被测试件	项目适用对象	备 注
A	典型机械传动装置性能测试实验	在带传动、链传动、齿轮传动、摆线针轮传动、蜗杆传动等中选择	专科、本科	
B	组合传动系统布置优化实验	由典型机械传动装置按设计思路组合	本科	部分被测试件由教师提供，或另购拓展性实验设备
C	新型机械传动性能测试实验	新开发研制的机械传动装置	研究生	被测试件由教师提供，或另购拓展性实验设备

无论选择哪类实验，其基本内容都是通过某种机械传动装置性能参数的测试曲线分析机械传动的性能特点。

利用实验台的自动控制测试技术，能自动测试出机械传动的性能参数，并按照以下关系自动绘制参数曲线：

$i = n_1/n_2$

$T = 9\,550\,P/n$

$P_1 = T_1 n_1 / 9\,550$

$P_2 = T_2 n_2 / 9\,550$

$\eta = P_2/P_1 = T_2 n_2 / T_1 n_1$

式中　n_1、n_2——输入和输出的转速，r/min；

　　　P_1、P_2——输入和输出的功率，kW；

　　　T_1、T_2——输入和输出的转矩，N·m；

　　　　i——传动比；

　　　　η——传动效率。

根据参数曲线可以对被测机械传动装置或传动系统的传动性能进行分析。

5. 实验步骤

参考图 24-7 所示实验步骤，用鼠标和键盘进行实验操作。

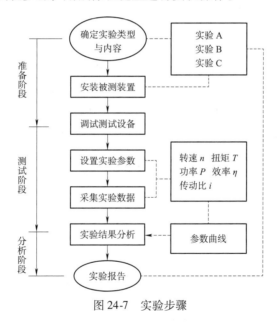

图 24-7　实验步骤

1) 准备阶段

(1) 确定实验类型与实验内容：

选择实验 A（典型机械传动装置性能测试实验）时，可从 V 带传动、同步带传动、套筒滚子链传动、圆柱齿轮减速器、蜗杆减速器中，选择 1～2 种进行传动性能测试实验。

选择实验 B（组合传动系统布置优化实验）时，则要确定选用的典型机械传动装置及其组合布置方案，并进行方案比较实验，实验内容见表 24-2。

选择实验 C（新型机械传动性能测试实验）时，应了解被测机械的功能与结构特点。

(2) 布置、安装被测机械传动装置（系统）。注意选用合适的调整垫块，确保传动轴之间的同轴线要求。

(3) 按要求对测试设备进行调零，以保证测量精度。

表 24-2　实验 B 方案比较实验内容

编　　号	组合布置方案 a	组合布置方案 b
实验内容 B1	V 带传动-齿轮减速器	齿轮减速器-V 带传动
实验内容 B2	同步带传动-齿轮减速器	齿轮减速器-同步带传动
实验内容 B3	链传动-齿轮减速器	齿轮减速器-链传动
实验内容 B4	带传动-蜗杆减速器	蜗杆减速器-带传动
实验内容 B5	链传动-蜗杆减速器	蜗杆减速器-链传动
实验内容 B6	V 带传动-链传动	链传动-V 带传动
实验内容 B7	V 带传动-摆线针轮减速器	摆线针轮减速器-V 带传动
实验内容 B8	链传动-摆线针轮减速器	摆线针轮减速器-链传动

2）测试阶段

（1）打开实验台电源总开关和工控机电源开关。

（2）进入系统主界面，熟悉主界面的各项内容。

（3）填写实验教学信息：实验类型、实验编号、小组编号、实验人员、指导老师、实验日期等。

（4）单击"设置"按钮，确定实验测试参数：转速 n_1、n_2，转矩 M_1、M_2 等。

（5）单击"分析"按钮，确定实验分析所需项目：曲线选项、绘制曲线、打印表格等；

（6）启动主电动机，进入试验环境。使电动机转速加快至接近同步转速后，进行加载。加载时应缓慢平稳，否则会影响采样的测试精度；待数据显示稳定后，即可进行数据采样。分级加载、分级采样，采集数据 10 组左右即可。

（7）从"分析"界面中查看参数曲线，确认实验结果。

（8）打印实验结果。

（9）结束测试。注意应逐步卸载，关闭电源开关。

3）分析阶段

（1）对实验结果进行分析。对于实验 A 和实验 C，重点分析机械传动装置传递运动的平稳性和传递动力的效率。对于实验 B，重点分析不同的布置方案对传动性能的影响。

（2）整理实验报告。实验报告的内容主要有：测试数据（表）、参数曲线；对实验结果的分析；实验中的新发现、新设想或新建议。

4）设备调零

设备中的传动装置发生变化，或者发生特殊情况，需要对设备进行调零，以保证测量精度。

（1）确认加载和调速处于零位，操控按钮处于手动状态。

（2）启动电源，长按"求助设置"按钮，设置 n_1、$n_2 = 0\ 000$，t_1、$t_2 = 00.00$。

（3）转动调速按钮，至 n_1 达到 500 左右，打开两个小电动机，以两电动机的 n 为两个转速的叠加上升为标准，检测转向是否正确。此时 n_1 大约为 1 300、n_2 大约为 900，否则变换小电动机转向。

（4）关调速为零，长按"求助设置"按钮，n_1 保持不动，设置 $n_2 = 0\ 000$，t_1、$t_2 = 00.00$。

（5）调速，确认调零是否正确，n_2 有转速，η 较小，$t_1 > 0$，t_2 小于 t_1 且可以小于 0，不正确时应关机重新调整。

6. 注意事项

（1）本实验仪器属于精密贵重仪器，没有教师同意学生不得擅自操作。

（2）无论做何种实验，均应先启动主电动机后再加载荷，严禁先加载荷后开机。实验结束后应及时卸除载荷。

（3）在施加试验载荷时，手动状态下应平稳地旋转电流微调旋钮，自动状态下也应平稳地加载，加载时必须从 2 开始，逐步加载，不得一次加载太多，并注意输入传感器的最大转矩均不应超过其额定值的 120%。

（4）在试验过程中，如遇电动机转速突然下降或出现不正常的噪声和振动时，必须卸载或紧急停车（关闭电源开关），以防电动机温度过高，导致烧坏电动机、电器及其他意外事故的发生。

（5）变频器出厂前已设定完成，若需更改，必须由专业技术人员或熟悉变频器的技术人员担任，防止由于不适当的设定造成人身安全或损坏机器等意外事故。

7. 实验报告

1）实验目的

2）实验原理

3）实验数据

（1）传动装置参数测定记录表见表 24-3。

表 24-3 传动装置参数测定记录表

次数	输入			输出			效率 η/%
	转速 n_1 /(r/min)	转矩 M_1 /(N·m)	功率 P_1 /kW	转速 n_2 /(r/min)	转矩 M_2 /(N·m)	功率 P_2 /kW	
1							
2							
⋮							

（2）绘制被测装置传动简图。

（3）绘制传动特性曲线。

4）心得体会

思 考 题

1. 比较表 24-2 中 a、b 两种布置方案传动性能的优劣。
2. 简述转矩转速传感器及磁粉制动器的工作原理。
3. 测试系统是如何采集运动参数信息的？

第25章 滚动轴承性能实验

导读：

滚动轴承是依靠其主要元件间的滚动接触对轴进行支撑的部件，是机械中最常用的标准件之一，但其所受的载荷及应力变化较抽象，给学生的学习带来困难。

本章利用滚动轴承实验台，测试轴承工作时轴承元件上载荷的分布规律、载荷及应力的变化规律、成对使用的向心角接触轴承载荷分析及当量动载荷的计算。这些问题属于滚动轴承的承载机理，是本章教学内容的难点、重点，通过软件分析、处理实测数据、模拟载荷及应力分布曲线，对巩固、加深理论知识，以及提高学生的实验动手能力是非常必要的。

1. 实验目的

(1) 通过软件分析，处理实测数据，加强难点、重点内容的理解。

(2) 提高学生的实验动手能力。

2. 实验设备

滚动轴承实验台，主要配置有直流减速电动机1台（40 W，22 V，输出转速为 0~100 r/min），径向加载传感器1个（量程为 0~10 kN），轴向加载传感器1个（量程为 0~10 kN），实验用轴承2个（型号为30213）。

3. 实验原理

1）轴承外圈上的载荷分布

以正装（面对面）无游隙圆锥滚子轴承（30213）为测试对象，轴承外圈上贴有均布的8个电阻应变片，由电阻应变仪测得各应变片的变形，从而得出均布各点的载荷分布。

轴承承载时，载荷通过轴颈作用于内圈上，再通过内外圈间的滚动体传递，如图25-1所示。径向载荷 F_R 通过轴颈作用于内圈，位于上半圈的滚动体不会受力，内外圈下半圈与滚动体接触处共同产生局部接触变形，在 F_R 作用线上接触点处的变形量最大，向两边逐渐减小。因此接触载荷也是处于 F_R 作用线上接触点处时最大，向两边逐渐减小。所有滚动体作用在内圈上的接触力的向量和必定等于径向载荷 F_R。

当径向载荷 F_R 大小一定时，受载滚动体数目（即承载区大小）与轴承所受的轴向载荷 F_A 的大小有关。当轴向载荷 F_A 逐渐增大时，轴承内接触的滚动体数目逐渐增多。当 $F_A \approx F_R \tan \alpha$ 时，仅有1~2个滚动体受载，F_A 逐

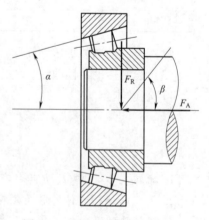

图25-1 圆锥滚子轴承受载图

渐加大，承载滚动体逐渐增多，如图 25-2（a）所示；当 $F_A \approx 1.25 F_R \tan \alpha$ 时，可达下半圈滚动体全部受载，如图 25-2（b）所示；当 $F_A \approx 1.7 F_R \tan \alpha$ 时，开始使全部滚动体受载，如图 25-2（c）所示，此时 F_R 作用线上接触点处的接触载荷反而比图 25-2（b）的小；当 $F_A > 1.7 F_R \tan \alpha$ 时，全部滚动体受载，如图 25-2（d）所示。

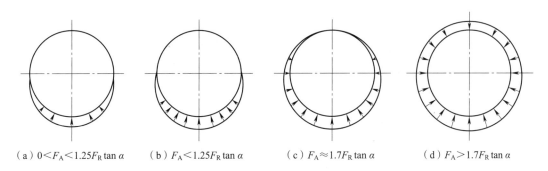

(a) $0 < F_A < 1.25 F_R \tan \alpha$　　(b) $F_A < 1.25 F_R \tan \alpha$　　(c) $F_A \approx 1.7 F_R \tan \alpha$　　(d) $F_A > 1.7 F_R \tan \alpha$

图 25-2　轴向载荷变化时受载滚动体数目的变化

2）轴承工作时，轴承元件上的载荷及应力变化规律

轴承工作时各个元件上所受的载荷及产生的应力是时刻变化的，轴承的滚动体、内圈和外圈各自的载荷及应力变化规律是各不相同的。滚动轴承工作时，对于滚动体上的某一点 A 而言（见图 25-3），它的载荷以及应力是周期性变化的，当滚动体进入承载区后所受载荷由零逐渐增加到某一最大值，然后再逐渐降低到零，如图 25-4（a）所示。对于转动套圈（如内圈）上的某一点 F（见图 25-3），它会随着滚动体的运动而运动，与滚动体的受载情况类似。当和滚动体接触时就承受载荷，脱离接触时所受载荷就降为零，所受载荷也是周期性不稳定变化的，但是和滚动体存在区别，如图 25-4（b）所示。对于固定套圈（如外圈）上的一个具体的点，每当一个滚动体滚过时，便承受一次载荷，其大小是不变的，也就是承受稳定的脉动循环载荷的作用。载荷变动频率的高低取决于滚动体中心的圆周速度。但是对不同的点其载荷大小又不同，如图 25-3 所示，

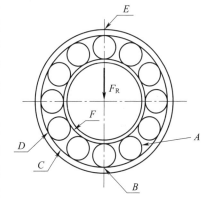

图 25-3　滚动轴承受力点

处于 F_R 作用线上的点 B 将受到最大的载荷，向两边（C、D 点）逐渐减少，如果只是部分滚动体受载，上半部的点 E 及其左右就不受载荷，所以在不同的点就有一系列这样的脉动循环载荷的作用，如图 25-4（c）所示。

3）成对组合安装的向心角接触轴承载荷分析及当量动载荷、轴承寿命的计算

图 25-5 所示为一对正装的圆锥滚子轴承（30213），当这对轴承支撑的转轴上承受某一确定大小的外加径向力 F_R 和外加轴向力 F_A 时，随着 F_R 作用的轴向位置不同，轴承 I、II 将得到不同的径向载荷 F_{r1}、F_{r2}，以及由径向载荷产生的派生轴向力（即内部轴向力）S_1、S_2。一个轴承的派生轴向力对另一个轴承来说就是外部轴向力，当然，F_A 也是外部轴向力，

二者之和或差才是轴承Ⅰ或Ⅱ的全部外部轴向力 A_1、A_2；派生轴向力 S 使轴承"放松"，外部轴向力 A 使轴承"压紧"，比较它们的大小即可判定两个轴承中哪个是"放松"的，哪个是"压紧"的。

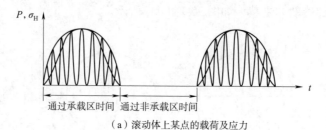

（a）滚动体上某点的载荷及应力

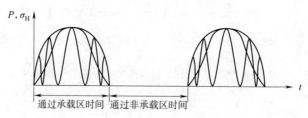

（b）转动套圈上某点的载荷及应力

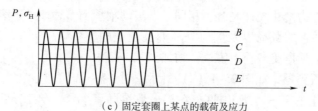

（c）固定套圈上某点的载荷及应力

图 25-4 轴承元件上的载荷及应力变化图

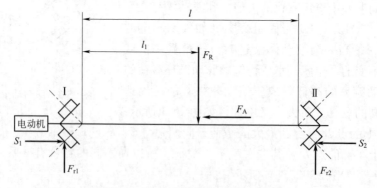

图 25-5 向心角接触轴承载荷分析

"放松"轴承的轴向载荷 A 即为其派生轴向力（$A_1 = S_1$ 或 $A_2 = S_2$）；"压紧"轴承的轴向载荷 A 为其外部轴向力的综合结果（$A_1 = F_A + S_2$，$A_2 = S_1 - F_A$）。成对安装的两个向心角接触轴承总有一个是"放松"的，另一个是"压紧"的，即

$S_1 > F_A + S_2$ 时，Ⅰ轴承"放松"，$A_1 = S_1$；Ⅱ轴承"压紧"，$A_2 = S_1 - F_A > S_2$。

$S_1 < F_A + S_2$ 时,Ⅰ轴承"压紧",$A_1 = F_A + S_2$;Ⅱ轴承"放松",$A_2 = S_2 > S_1 - F_A$。

根据 $P = f_p(XF_R + YA)$ 计算出两个轴承的当量动载荷 P_1、P_2,其中,X、Y 分别为径向动载荷系数和轴向动载荷系数;f_p 为载荷系数,无冲击或轻微冲击时 $f_p = 1.0 \sim 1.2$,中等冲击时,$f_p = 1.2 \sim 1.8$,强大冲击时,$f_p = 1.8 \sim 3.0$。

根据 $L_h = 10^6/60n\,(C/P)^\varepsilon$ 分别计算出两个轴承的寿命,其中,C 为额定动载荷、ε 为指数。30213 单列圆锥滚子轴承参数见表 25-1。

表 25-1 30213 单列圆锥滚子轴承参数

参数名称	接触角 α	派生轴向力 S	判断因子 e	$A/F_R \leq e$		$A/F_R \geq e$		额定动载荷 C	指数 ε
				X	Y	X	Y		
数值	15°6′34″	$F_R/2Y$	1.5tan $\alpha \approx 0.4$	1	0	0.4	0.4tan $\alpha \approx 1.5$	112 kN	10/3

4. 实验内容

(1) 轴承外圈上的载荷分布。

(2) 轴承外圈载荷及应力变化规律的测试,滚动体及内圈载荷应力变化规律的模拟。

(3) 对成对组合安装的向心角接触轴承进行载荷分析及当量动载荷、轴承寿命的计算,观察不同载荷下内部轴向力引起的"放松"和"压紧"现象。

5. 实验步骤

(1) 打开电源开关。

(2) 确定径向加载手柄和轴向加载手柄均为拧松状态后按"置零"键。

(3) 打开滚动轴承实验软件,读取在线设备,成功扫描到设备后会在列表处显示设备。

(4) 勾选当前设备,在"实验选择"中选择第一项实验,然后单击"获取实验数据"按钮。

(5) 旋转电动机转速旋钮,调节转速为 60 r/min 左右。

(6) 施加轴向力 1 000 N(100 kg)左右。

(7) 观察软件径向力和轴向力框数值(注:如不符合实验要求,框背景色会变为红色),缓慢旋转径向加载手柄,施加载荷并观察软件变化,达到要求后停止加载。

(8) 单击"确定实验数据"按钮。

(9) 单击"单轴承载荷及应力分布曲线"按钮,观察分布曲线图,然后单击"单点载荷及应力曲线"按钮,观察单点载荷及应力曲线图,最后单击"成对安装轴承计算结果"按钮,观察当前状况下轴承的相关计算结果。

(10) 返回并选择"实验选择"中第二项实验。

(11) 缓慢加载径向力直到符合实验要求,重复步骤(8)、步骤(9)。

(12) 完成四项实验后,单击"实验报告"按钮,输出 Word 版实验报告,填写实验者信息后保存实验报告。

(13) 旋松径向加载手柄和轴向加载手柄,逆时针旋转电动机转速旋钮使电动机停止,关闭电源开关。

6. 注意事项

(1) 电动机达到一定转速后再加载。

(2) 加载时需缓慢旋转加载手柄,并及时观察软件变化,严禁突然大幅加载。

7. 实验报告

1）实验目的

2）实验原理

3）实验数据

填写下列空白处内容，并完成实验记录表（见表 25-2 ~ 表 25-4）。

1）轴承外圈上的载荷分布

轴上径向载荷 $F_R =$ ____ N，作用点 $l_1 = l/2$；轴承上径向载荷 $F_{r1} =$ ____ N，$F_{r2} =$ ____ N；轴承派生轴向力 $S_1 = S_2 = F_r/2Y =$ ____ N。

表 25-2　30213 单列圆锥滚子轴承参数记录表

轴上轴向载荷 F_A/N									
轴承上轴向载荷/N	A_1								
	A_2								
	轴承号	Ⅰ轴承	Ⅱ轴承	Ⅰ轴承	Ⅱ轴承	Ⅰ轴承	Ⅱ轴承	Ⅰ轴承	Ⅱ轴承
应变片应变值	1								
	2								
	3								
	4								
	5								
	6								
	7								
	8								
Ⅰ轴承载区图									

2）轴承元件上的载荷及应力变化规律

轴上径向载荷 $F_R =$ ____ N，作用点位置 $l_1 = l/2$，轴向载荷 $F_A =$ ____ N，转速 $n =$ ____ r/min。

表 25-3　30213 单列圆锥滚子轴承载荷及应力变化记录表

Ⅰ轴承外圈各点应变值	应变片号	1	2	3	4	5	6	7	8
Ⅰ轴承外圈（固定套圈）上 1~5 点的载荷及应力变化图	应变值								
滚动体上某点载荷及应力变化模拟图									
Ⅰ轴承内圈（转动套圈）上某点的载荷及应力变化模拟图									

3）成对组合安装的圆锥滚子轴承载荷分析及当量动载荷、轴承寿命计算

轴上径向载荷 $F_R =$ ____ N，转速 $n =$ ____ r/min。

表 25-4 30213 单列圆锥滚子轴承载荷分析及寿命记录表

轴上轴向载荷 F_A/N							
轴上径向载荷 F_R 位置	$l_1 = l/2$	$l_1 = l/4$	$l_1 = 3l/4$	$l_1 = l/2$	$l_1 = l/4$	$l_1 = 3l/4$
F_{r1}						
F_{r2}						
S_1						
S_2						
A_1						
A_2						
P_1						
P_2						
L_{h1}						
L_{h2}						
"放松"轴承						
"压紧"轴承						

4）心得体会

思 考 题

1. 向心角接触轴承受到径向载荷作用时，为什么会产生派生轴向力？其方向如何判断？
2. 逐步增大向心角接触轴承的轴向载荷时，其承载区如何变化？半圈受载与整圈受载时，固定圈上的最大接触应力哪个更大？
3. 分别说明轴承固定套圈、滚动体、转动套圈上载荷及应力的变化规律。
4. 如何判断成对安装的向心角接触轴承的"放松"和"压紧"？
5. 如何计算轴承的当量动载荷 P 和轴承寿命 L_h？
6. 分别比较说明轴上径向载荷 F_R 作用位置及轴向载荷 F_A 大小对轴承寿命的影响。

拓 展 阅 读

轴承是机械设备中不可或缺的核心零部件，被视为工业装备的"关节"。以前我国在小型高端轴承批量生产技术上出现瓶颈，不得不依赖进口轴承完成高端设备制造。到 2020 年 10 月，我国已研制出时速 250 km 与 350 km 的高铁轴承，成功通过了 120 万千米的耐久性试验，这标志着我国高铁轴承国产化取得重大突破，具备了量产高端轴承的条件。一旦国产轴承完全取代进口，每生产一节车厢，将节省 3.2 万元。根据国家发展规划，到 2025 年高速精密数控机床和高速动车组轴承的自主化率要达到 90%，到 2030 年大飞机轴承的自主化率要达到 90%。

参考文献

[1] 王大康. 机械设计课程设计 [M]. 2版. 北京：中国铁道出版社有限公司，2022.
[2] 王军，田同海，何晓玲. 机械设计课程设计 [M]. 北京：机械工业出版社，2018.
[3] 吴宗泽，罗圣国，高志，等. 机械设计课程设计手册 [M]. 5版. 北京：高等教育出版社，2019.
[4] 濮良贵，陈国定，吴立言. 机械设计 [M]. 10版. 北京：高等教育出版社，2019.
[5] 陈彩萍，员创治. 机械制图 [M]. 北京：机械工业出版社，2020.
[6] 徐起贺，刘静香，付靖. 机械设计基础实训指南 [M]. 北京：北京理工大学出版社，2011.
[7] 杨昂岳，毛笠泓，夏宏玉. 实用机械原理与机械设计实验 [M]. 长沙：国防科技大学出版社，2009.
[8] 许立忠，周玉林. 机械设计 [M]. 北京：中国标准出版社，2009.
[9] 韩晓娟. 机械设计课程设计指导手册 [M]. 北京：中国标准出版社，2009.
[10] 龚溎义. 机械设计课程设计图册 [M]. 3版. 北京：高等教育出版社，2010.
[11] 贾春玉，董志奎. 机械工程图学 [M]. 北京：中国标准出版社，2019.
[12] 成大先. 机械设计手册 [M]. 北京：化学工业出版社，2008.
[13] 孙桓，葛文杰. 机械原理 [M]. 北京：高等教育出版社，2022.

附录 A 参考图例

1. 减速器零件图

轴、齿轮轴、锥齿轮、蜗杆、蜗轮、齿轮、箱体、箱盖零件图如图 A-1 至图 A-8 所示。

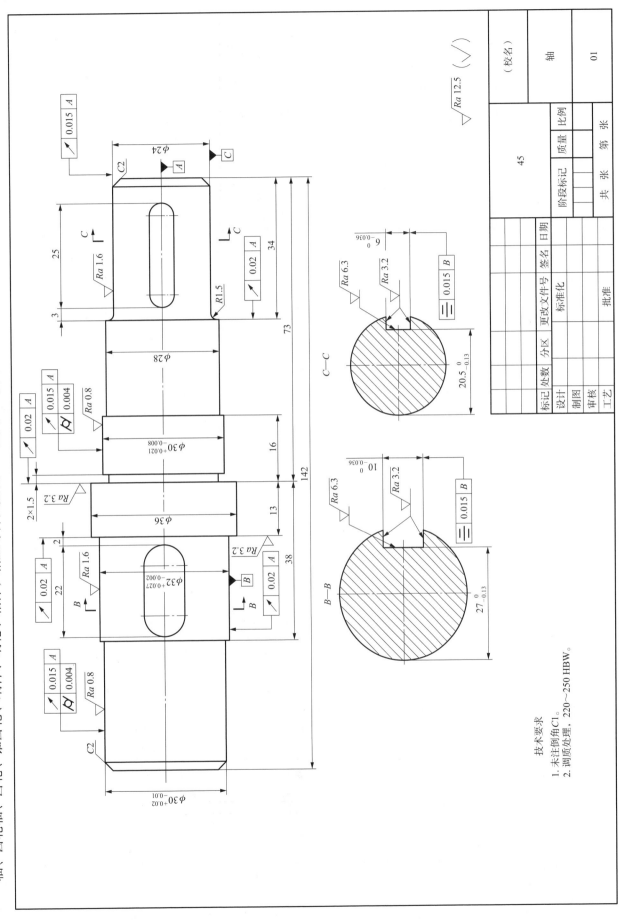

图 A-1 轴零件图

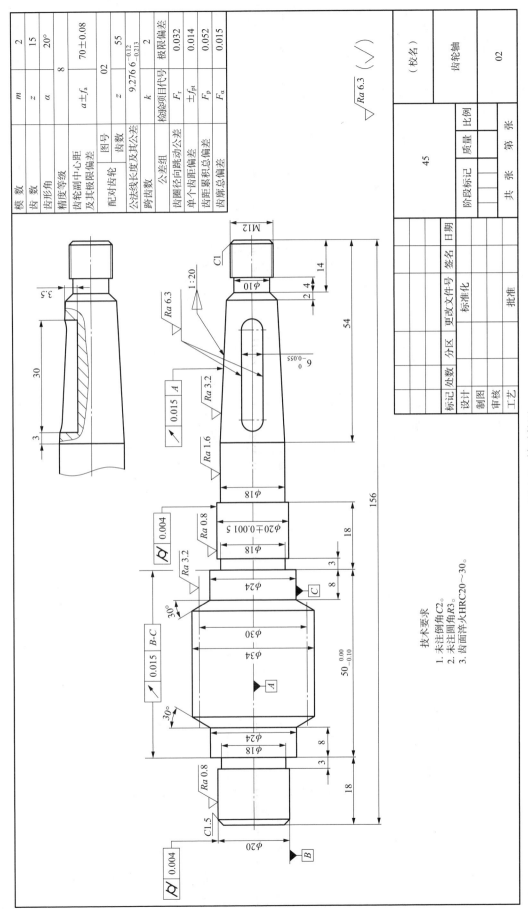

图 A-2 轴零件图

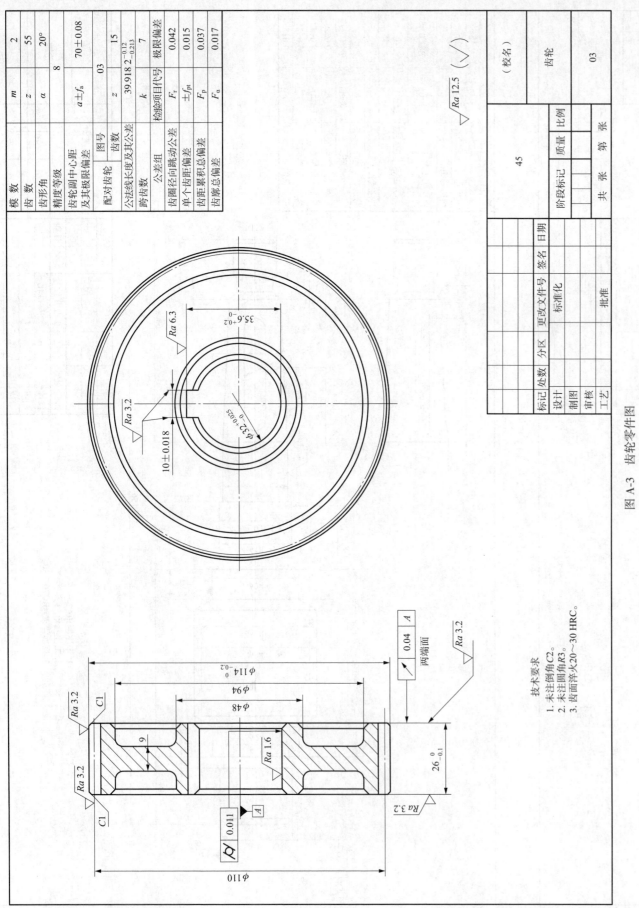

图 A-3 齿轮零件图

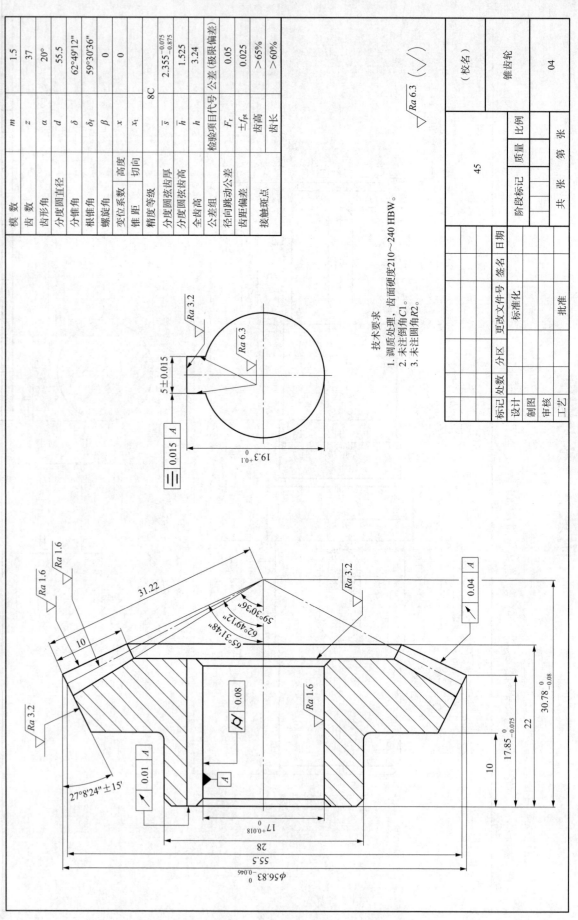

图 A-4 锥齿轮零件图

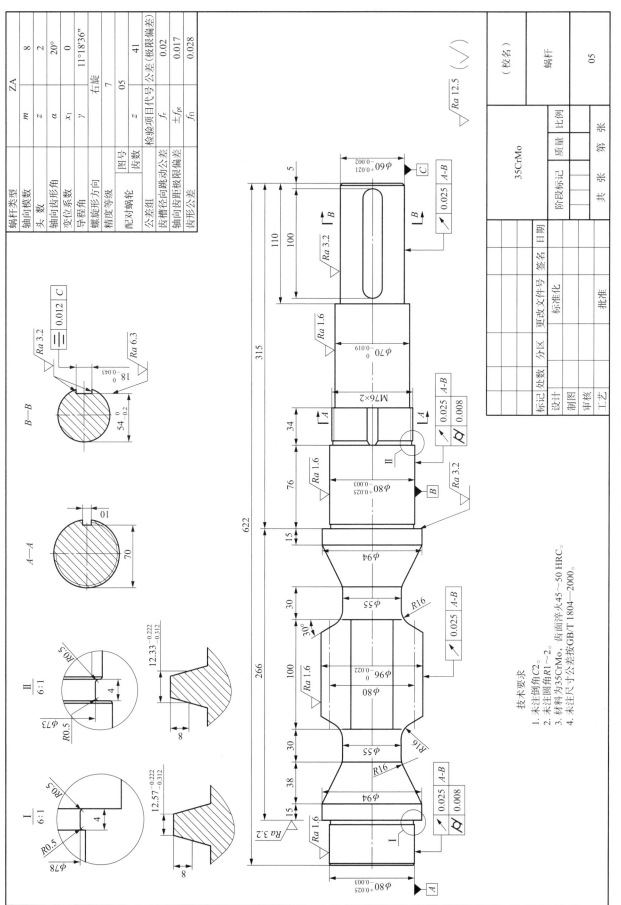

图 A-5 蜗杆零件图

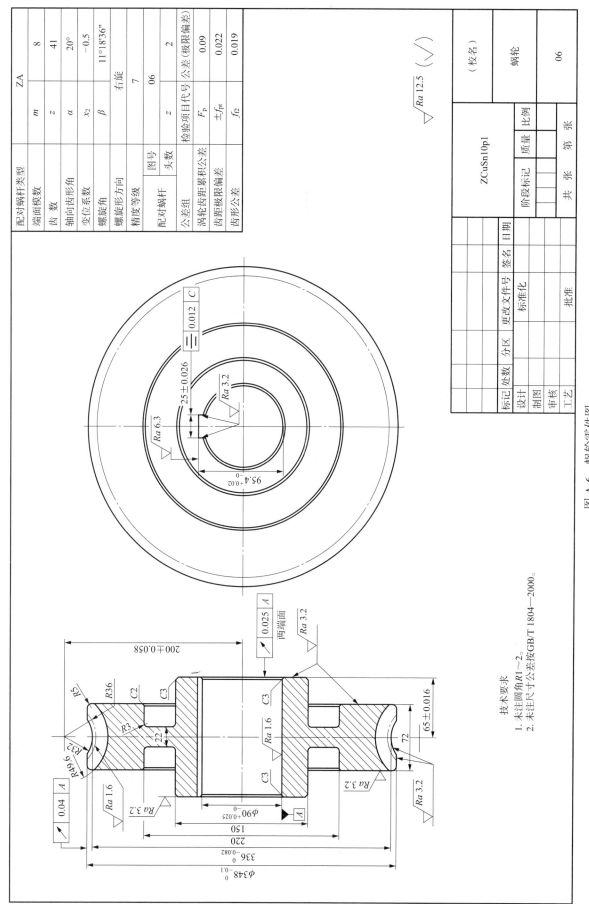

图 A-6 蜗轮零件图

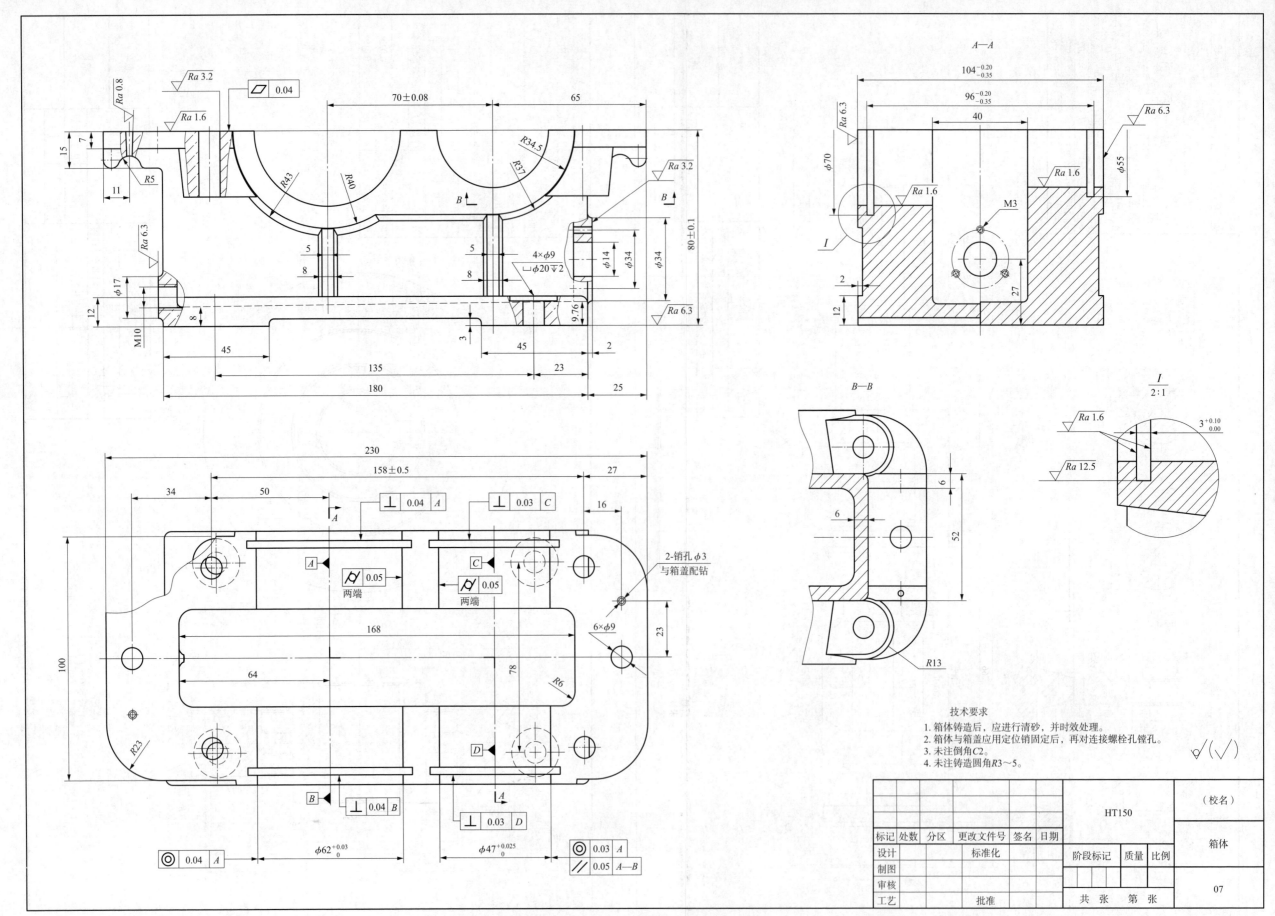

图 A-7 箱体零件图

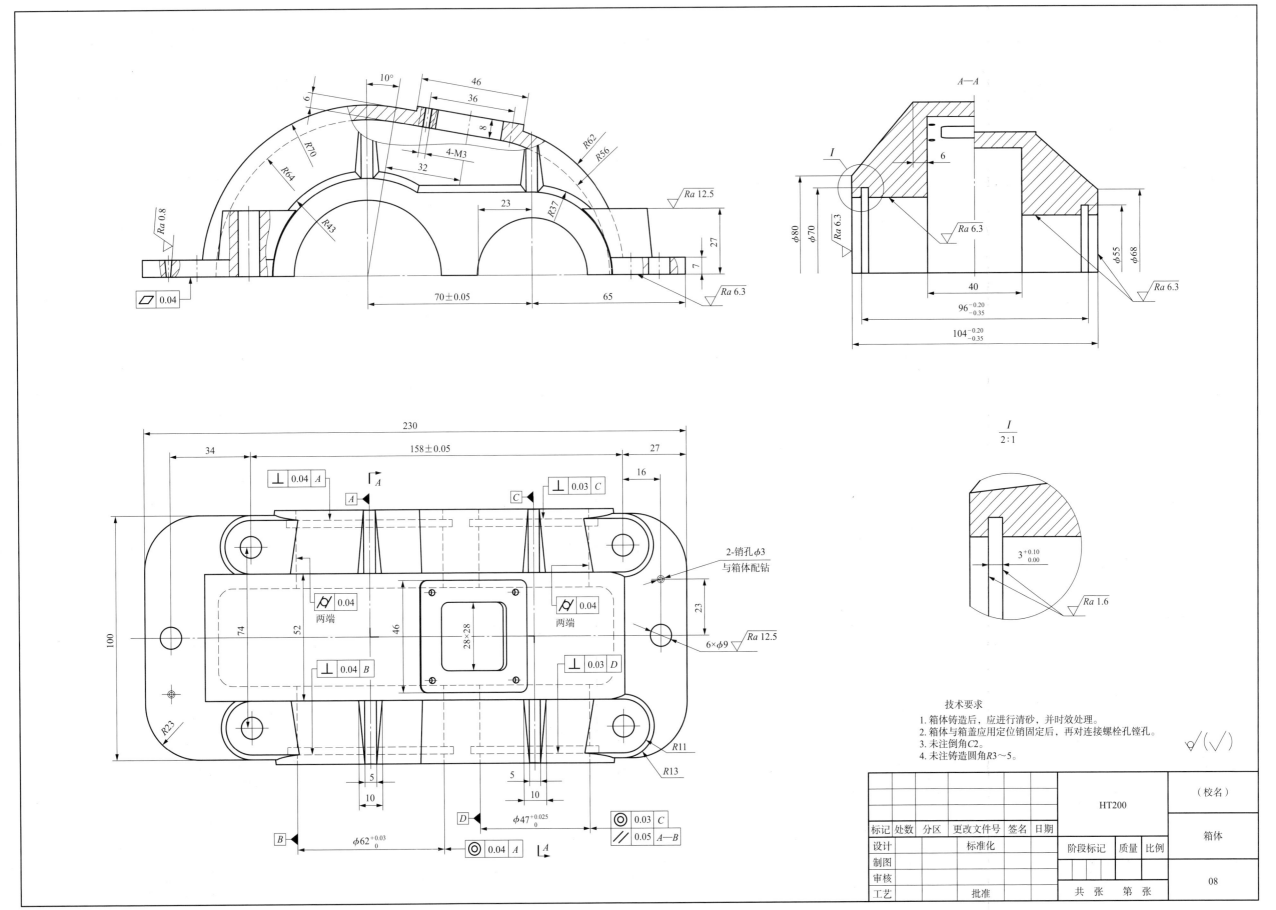

图 A-8 箱盖零件图

2. 减速器装配图

一级圆柱齿轮减速器、一级圆锥齿轮减速器、一级蜗轮蜗杆减速器、二级展开式圆柱齿轮减速器、二级蜗杆齿轮减速器、二级圆锥圆柱齿轮减速器、二级圆柱减速器装配图如图A-9至图A-15所示。

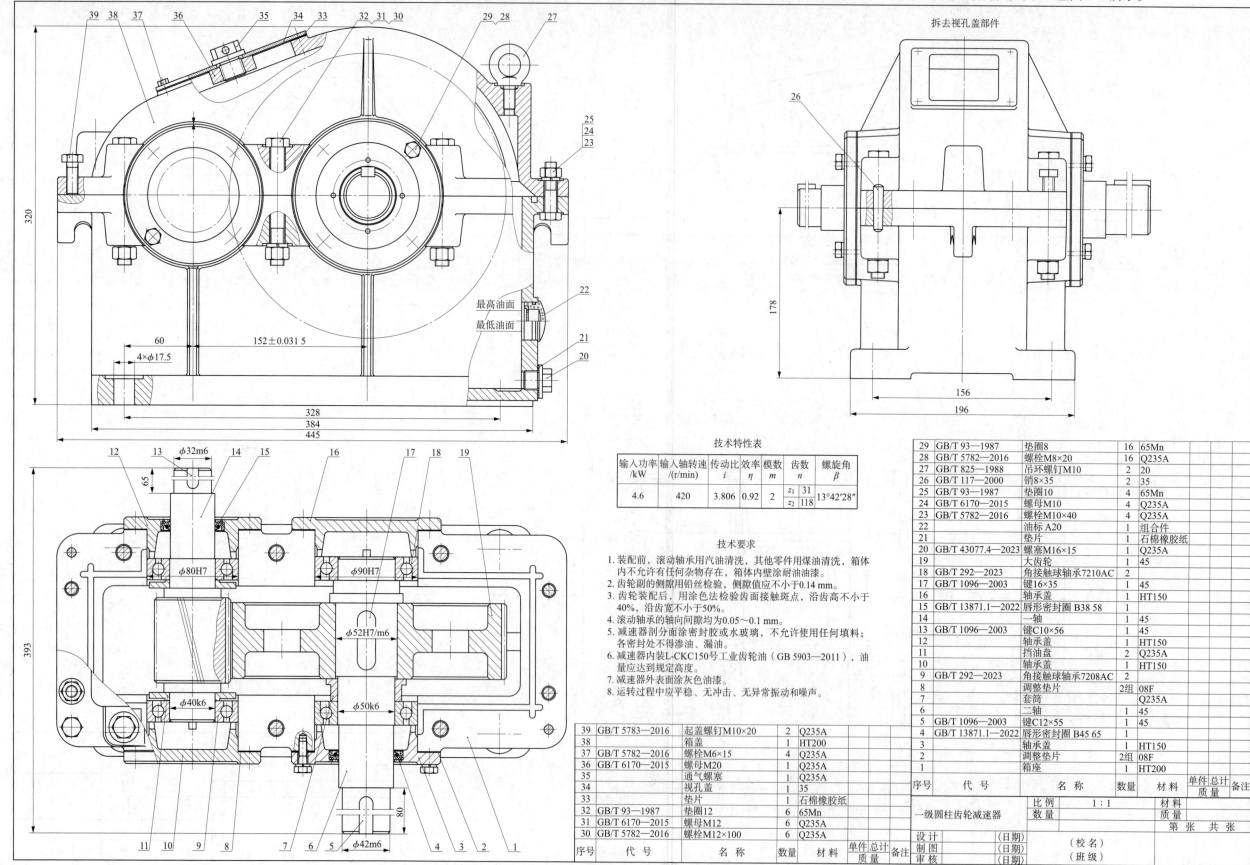

图 A-9 一级圆柱齿轮减速器装配图

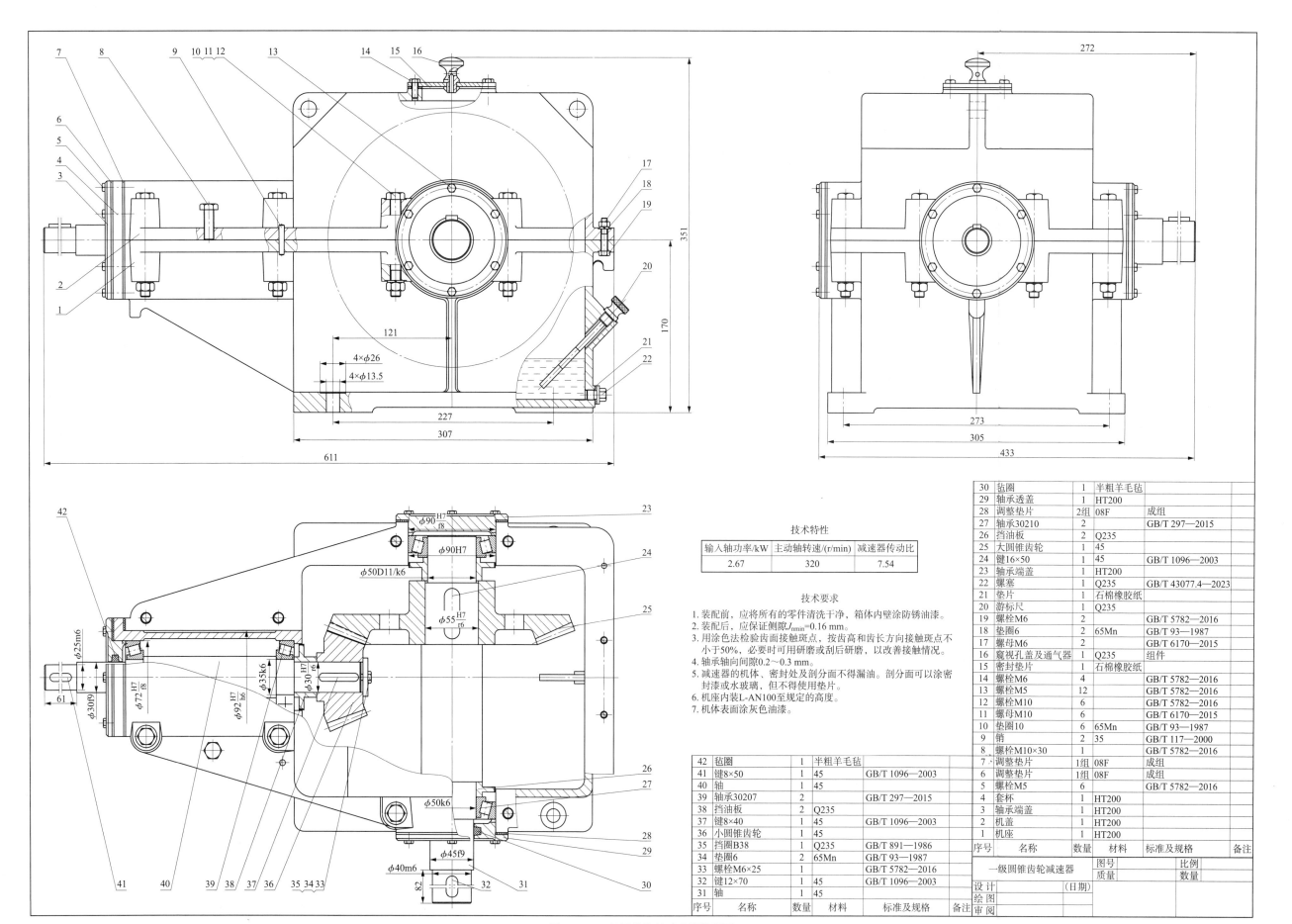

图 A-10 一级圆锥齿轮减速器装配图

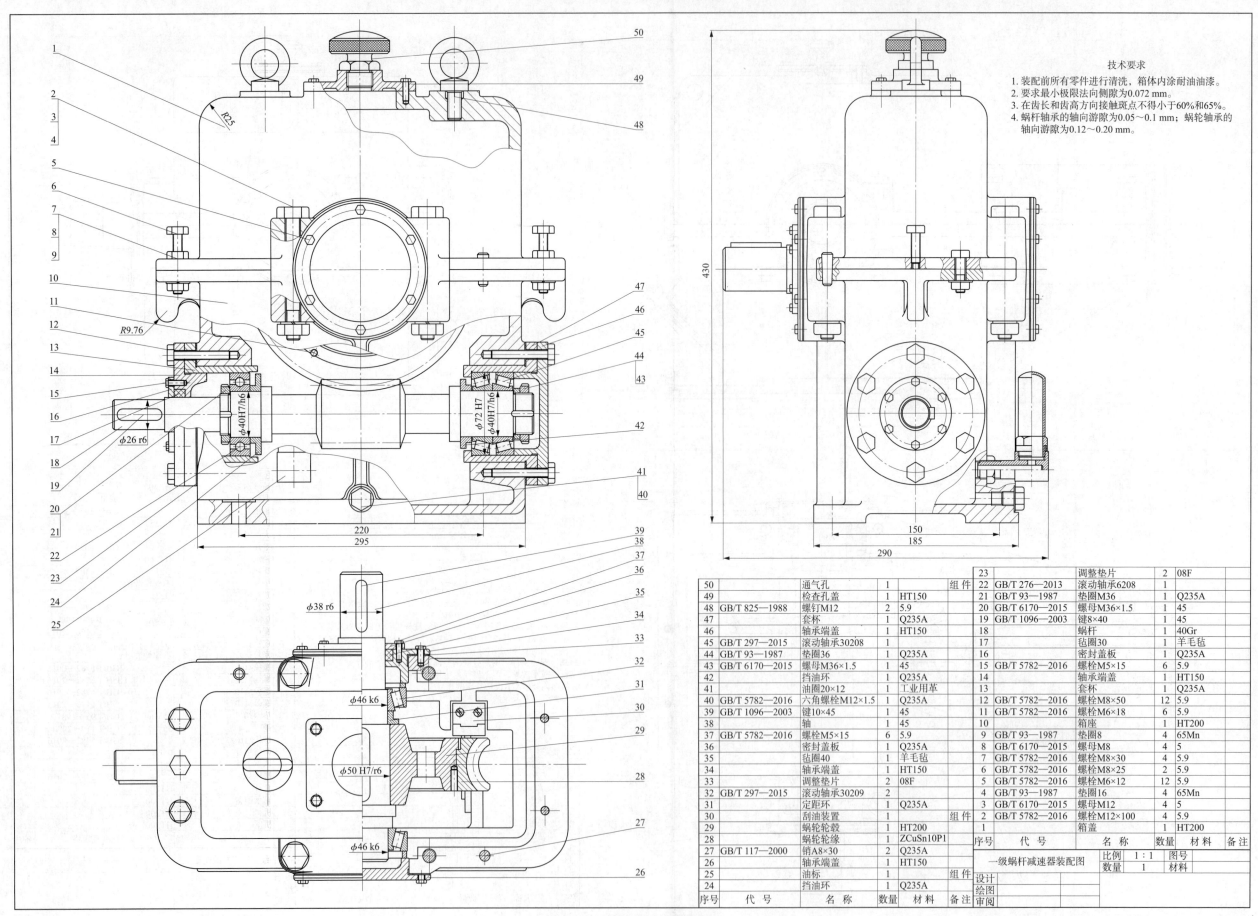

图 A-11 一级蜗杆减速器装配图

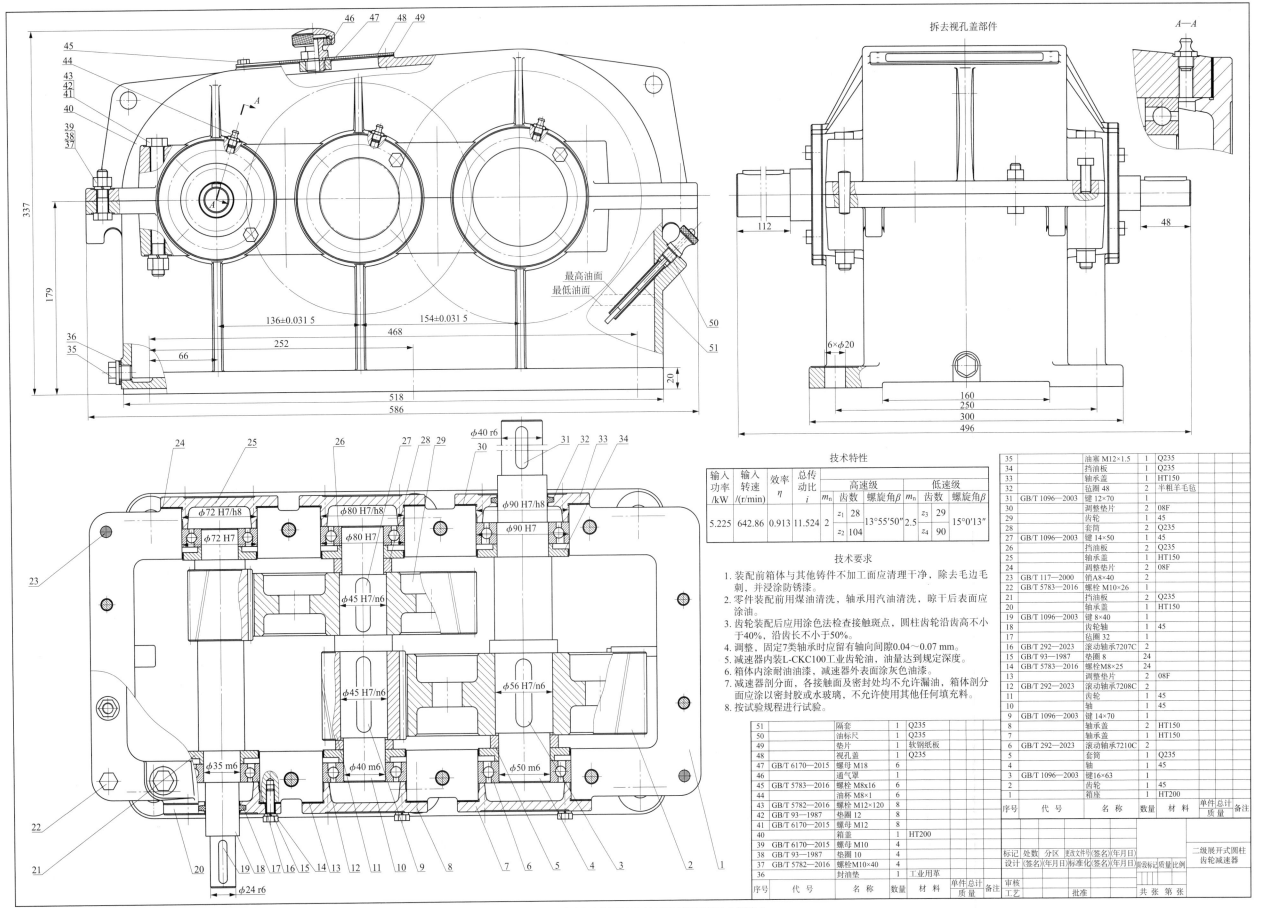

图 A-12 二级展开式圆柱齿轮减速器装配图（斜齿）

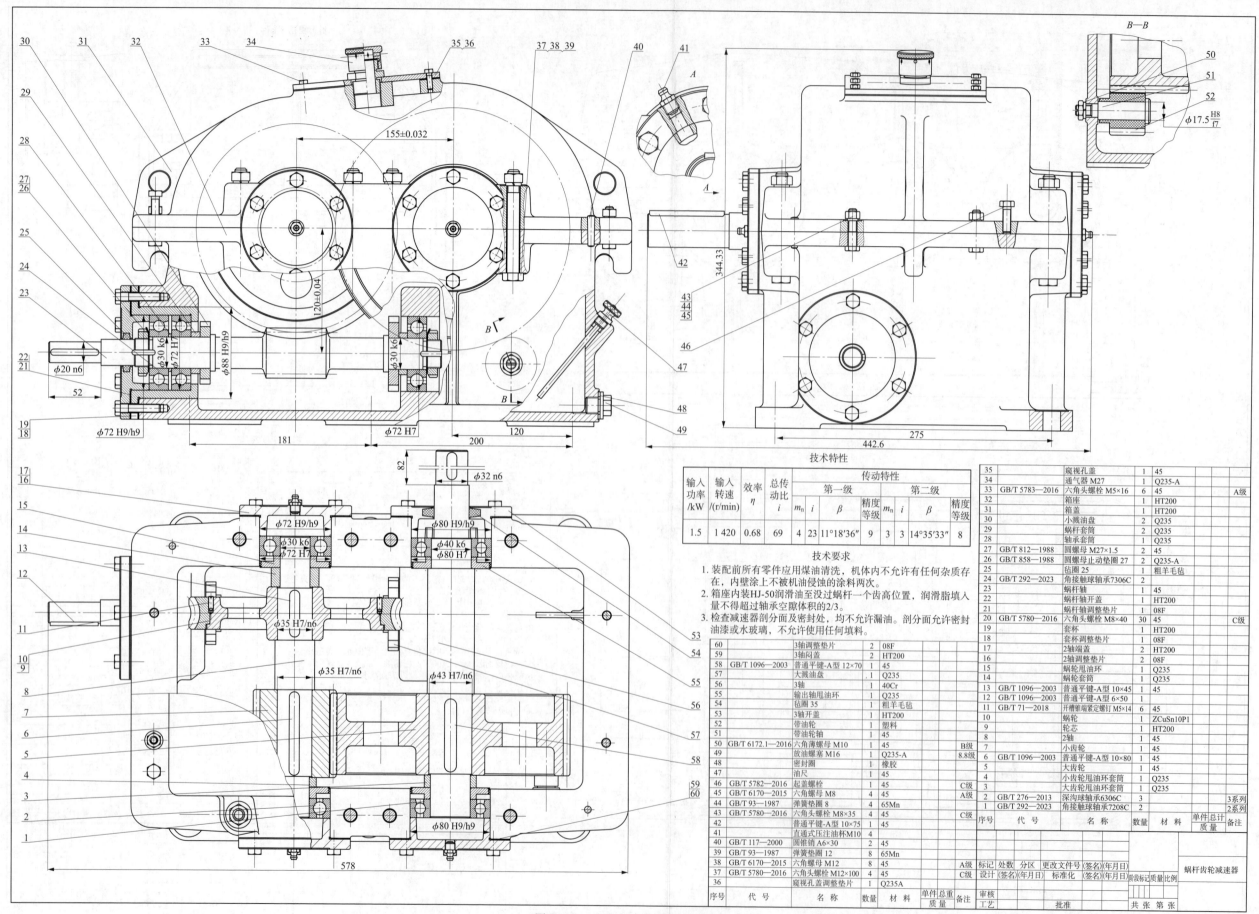

图 A-13 二级蜗杆齿轮减速器装配图

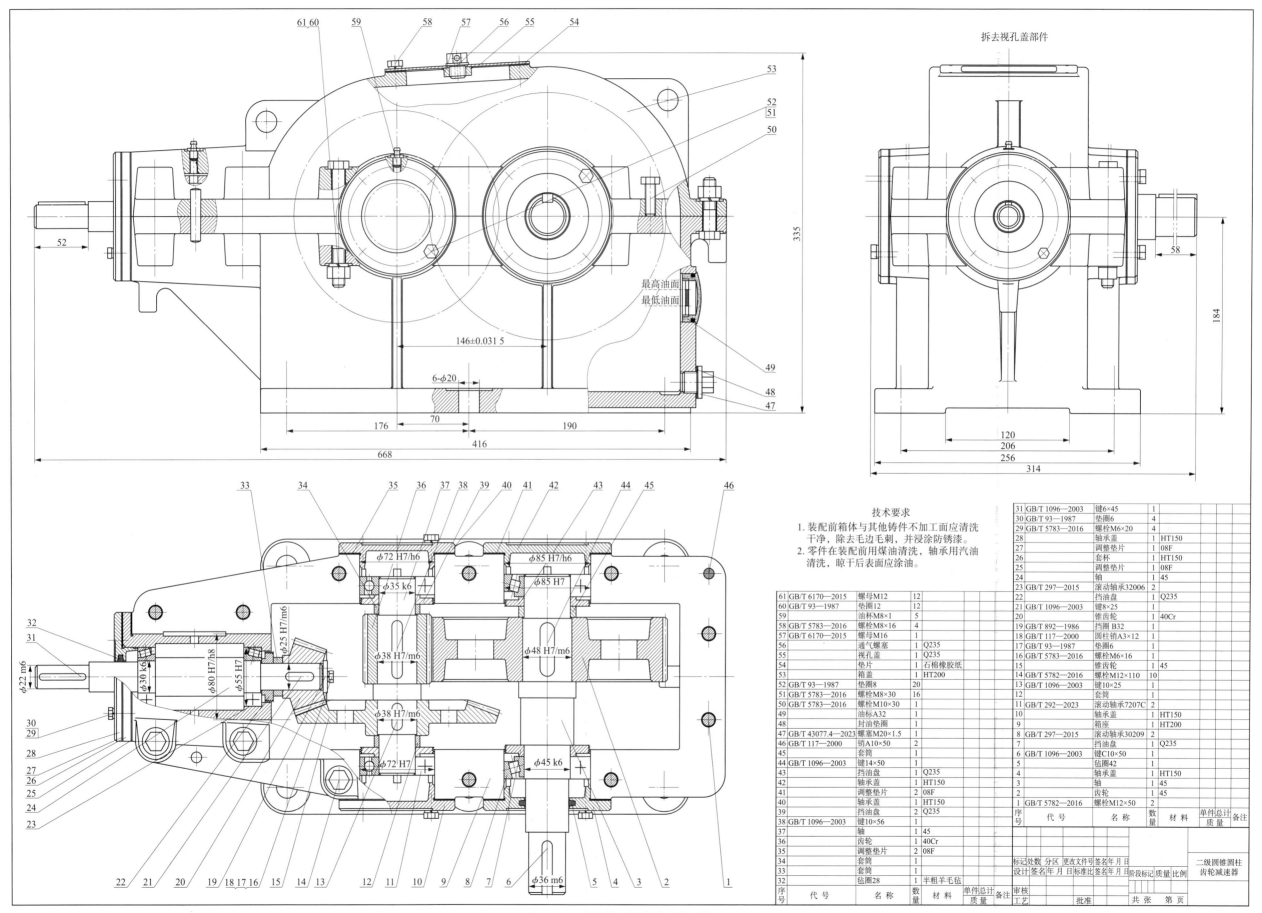

图 A-14 二级圆锥圆柱齿轮减速器装配图

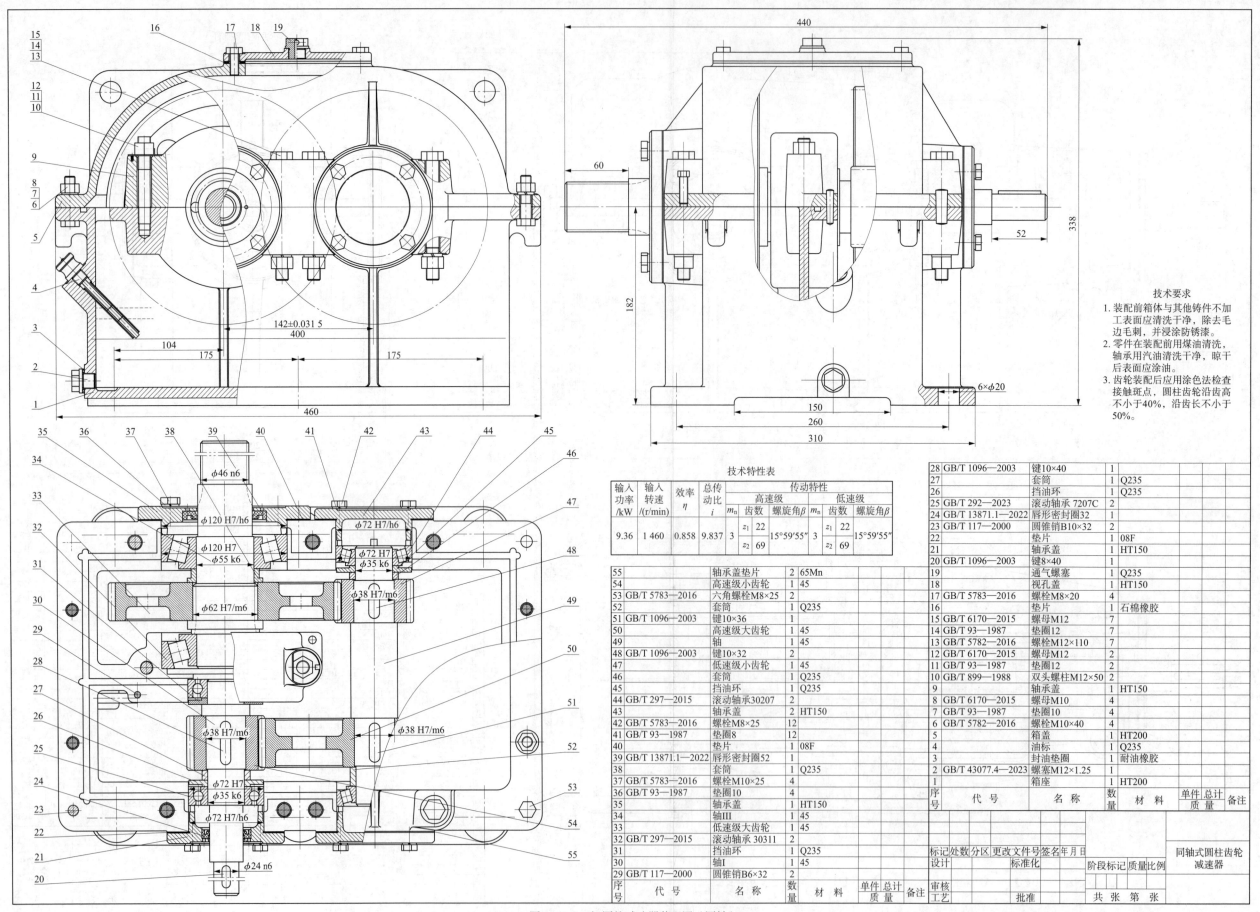

图 A-15 二级圆柱减速器装配图（同轴）